高等职业院校基于工作过程项目式系列教材
企业级卓越人才培养解决方案“十三五”规划教材

大数据综合应用项目实战

天津滨海迅腾科技集团有限公司　编著

图书在版编目(CIP)数据

大数据综合应用项目实战 / 天津滨海迅腾科技集团有限公司编著. — 天津 : 天津大学出版社, 2020.4

高等职业院校基于工作过程项目式系列教材 企业级卓越人才培养解决方案“十三五”规划教材

ISBN 978-7-5618-6651-1

Ⅰ. ①大… Ⅱ. ①天… Ⅲ. ①数据处理－高等职业教育－教材 Ⅳ. ①TP274

中国版本图书馆CIP数据核字（2020）第050254号

主　编：王　玲　孙学鹏

副主编：董善志　宋　凯　闫瑞雪

　　　　周真真　刘莞玲

出版发行　天津大学出版社

地　　址　天津市卫津路92号天津大学内（邮编：300072）

电　　话　发行部：022-27403647

网　　址　www.tjupress.com.cn

印　　刷　廊坊市海涛印刷有限公司

经　　销　全国各地新华书店

开　　本　185mm×260mm

印　　张　15.5

字　　数　387千

版　　次　2020年4月第1版

印　　次　2020年4月第1次

定　　价　69.00元

高等职业院校基于工作过程项目式系列教材
企业级卓越人才培养解决方案“十三五”规划教材
编写委员会

成永江　东营科技职业学院
陈章侠　德州职业技术学院
王作鹏　烟台职业学院
郑开阳　枣庄职业学院
景悦林　威海职业学院
常中华　青岛职业技术学院
张洪忠　临沂职业学院
宋　军　山西工程职业学院
刘月红　晋中职业技术学院
田祥宇　山西金融职业学院
任利成　山西轻工职业技术学院
赵　娟　山西旅游职业学院
陈　炯　山西职业技术学院
范文涵　山西财贸职业技术学院
郭社军　河北交通职业技术学院
麻士琦　衡水职业技术学院
娄志刚　唐山科技职业技术学院
刘少坤　河北工业职业技术学院
尹立云　宣化科技职业学院
廉新宇　唐山工业职业技术学院
崔爱红　石家庄信息工程职业学院
郭长庚　许昌职业技术学院
李庶泉　周口职业技术学院
周　勇　四川华新现代职业学院
周仲文　四川广播电视大学
张雅珍　陕西工商职业学院
夏东盛　陕西工业职业技术学院
景海萍　陕西财经职业技术学院
许国强　湖南有色金属职业技术学院
许　磊　重庆电子工程职业学院
谭维齐　安庆职业技术学院
董新民　安徽国际商务职业学院
孙　刚　南京信息职业技术学院
李洪德　青海柴达木职业技术学院
王国强　甘肃交通职业技术学院

基于产教融合校企共建产业学院创新体系简介

基于产教融合校企共建产业学院创新体系是天津滨海迅腾科技集团有限公司联合国内几十所高校，结合数十个行业协会及1 000余家行业领军企业的人才需求标准，在高校中实施十年而形成的一项科技成果，该成果于2019年1月在天津市高新技术成果转化中心组织的科学技术成果鉴定中被鉴定为国内领先水平。该成果是贯彻落实《国务院关于印发国家职业教育改革实施方案的通知》(国发〔2019〕4号)的深度实践，开发出了具有自主知识产权的"标准化产品体系"(含329项具有知识产权的实施产品)。从产业、项目到专业、课程，形成了系统化的操作实施标准，构建了具有企业特色的产教融合校企合作运营标准"十个共"，实施标准"九个基于"，创新标准"七个融合"等全系列、可操作、可复制的产教融合系列标准，取得了高等职业院校校企深度合作的系统性成果。该成果通过企业级卓越人才培养解决方案(以下简称解决方案)具体实施。

该解决方案是面向我国职业教育量身定制的应用型技术技能人才培养解决方案，是以教育部—滨海迅腾科技集团产学合作协同育人项目为依托，依靠集团的研发实力，通过联合国内职业教育领域相关的政策研究机构、行业、企业、职业院校共同研究与实践获得的方案。本解决方案坚持"创新校企融合协同育人，推进校企合作模式改革"的宗旨，消化吸收德国"双元制"应用型人才培养模式，深入践行基于工作过程"项目化"及"系统化"的教学方法，形成工程实践创新培养的企业化培养解决方案，在服务国家战略——京津冀教育协同发展、中国制造2025(工业信息化)等领域培养不同层次的技术技能型人才，为推进我国实现教育现代化发挥了积极作用。

该解决方案由初、中、高三个培养阶段构成，包含技术技能培养体系(人才培养方案、专业教程、课程标准、标准课程包、企业项目包、考评体系、认证体系、社会服务及师资培训)、教学管理体系、就业管理体系、创新创业体系等，采用校企融合、产学融合、师资融合"三融合"的模式在高校内共建大数据(AI)学院、互联网学院、软件学院、电子商务学院、设计学院、智慧物流学院、智能制造学院等，并以"卓越工程师培养计划"项目的形式推行，将企业人才需求标准、工作流程、研发规范、考评体系、企业管理体系引进课堂，充分发挥校企双方的优势，推动校企、校际合作，促进区域优质资源共建共享，实现卓越人才培养目标，达到企业人才招录的标准。本解决方案已在全国几十所高校实施，目前形成了企业、高校、学生三方共赢的格局。

天津滨海迅腾科技集团有限公司创建于2004年，是以IT产业为主导的高科技企业集团。集团业务范围覆盖信息化集成、软件研发、职业教育、电子商务、互联网服务、生物科技、健康产业、日化产业等。集团以科技产业为背景，与高校共同开展"三融合"的校企合作混合所有制项目。多年来，集团打造了以博士研究生、硕士研究生、企业一线工程师为主导的科研及教学团队，培养了大批互联网行业应用型技术人才。集团先后荣获全国模范和谐企业、国家级高新技术企业、天津市“五一”劳动奖状先进集体、天津市“AAA”级劳动关系和谐企业、天津市“文明单位”、天津市“工人先锋号”、天津市“青年文明号”、天津市“功勋企业”、天津市“科技小巨人企业”、天津市“高科技型领军企业”等近百项荣誉。集团将以“中国梦，腾之梦”为指导思想，深化产教融合，坚持围绕产业需求，坚持利用科技创新推动生产，坚持激发职业教育发展活力，形成“产业＋科技＋教育”生态，为我国职业教育深化产教融合、校企合作的创新发展作出更大贡献。

前　言

现在已经有越来越多的行业和技术领域需要大数据分析系统，例如金融行业需要使用大数据系统进行信贷风控，零售、餐饮行业需要通过大数据系统进行辅助销售决策，各种物联网场景需要大数据系统持续聚合和分析时序数据，各大科技公司需要建立大数据分析中台等等。

本书为培养和开发大数据全面人才的教材。同类型的书籍中，内容大多是关于知识点的介绍以及案例，缺乏真实项目开发过程中各个时期所遇到的问题。而本书由浅入深，全面、系统地介绍了智慧校园数据监控系统的实现过程，主要学习对应用开发的可行性研究、将用户需求转换为需求分析说明书、对应用进行详细设计以及数据库设计，根据需求分析进行系统相关内容的开发，包括数据的采集、存储、处理、分析、可视化等，对开发完成的项目进行包括业务测试、功能测试、系统测试在内的项目测试。

本书共八个模块，以“项目背景”→“需求分析”→“系统详细设计”→“数据库设计”→“登录与人员管理模块”→“综合信息分析模块”→“学生数据分析模块”→“系统测试和部署”为线索，根据智慧校园数据监控系统的开发背景和开发需求，完成智慧校园数据监控系统开发过程中各阶段的主要任务；从功能需求和非功能需求两方面介绍智慧校园数据监控系统需要实现的功能；根据需求分析进行系统详细设计；根据概念模型和关系模型进行智慧校园数据监控系统的数据库设计；介绍智慧校园数据监控系统各个模块的功能，通过各功能的实现，使学生具有模块所需数据的获取、存储、处理、分析和页面布局能力，能够结合所学过的知识完成本项目功能的开发。

本书的每个模块都按照学习目标、内容框架、知识准备、模块实施、模块小结等讲解相应的知识点。结构条理清晰、内容详细，使读者在学习过程中体会到项目开发的乐趣。

本书由王玲、孙学鹏担任主编，由董善志、宋凯、闫瑞雪、周真真、刘莞玲担任副主编，王玲和孙学鹏负责整书编排，模块一和模块二由董善志、宋凯负责编写，模块三和模块四由闫瑞雪、周真真负责编写，模块五和模块六由刘莞玲、董善志负责编写，模块七和模块八由宋凯、闫瑞雪、周真真负责编写。

本书内容系统、结构完整、简明扼要、方便实用，清晰地讲解项目开发过程中从需求分析到系统测试和部署的所有环节，可使读者体会项目开发的真实过程，是不可多得的好教材。

天津滨海迅腾科技集团有限公司
技术研发部

目 录

模块一　项目背景

本模块主要介绍智慧校园数据监控系统的开发背景和开发需求。通过本模块的学习，学生将掌握智慧校园数据监控系统开发过程中各阶段的主要任务，这些知识将为系统开发打下扎实的基础。

- 熟悉智慧校园数据监控系统开发中常用的建模工具与开发框架。
- 熟悉智慧校园数据监控系统的建设背景。
- 掌握智慧校园数据监控系统的功能和优势。
- 掌握如何对智慧校园数据监控系统进行可行性研究。

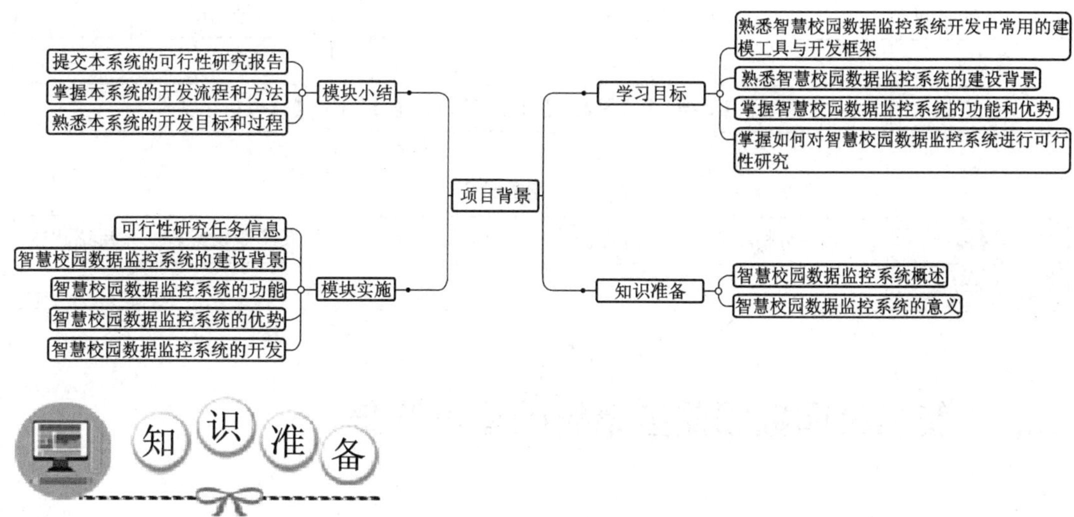

知识准备

智慧校园数据监控系统是在信息化发展的大趋势下提出的，通过信息化的结合、科学化的管理，对在校学生的行为习惯进行监控并加以分析。

●智慧校园数据监控系统概述

智慧校园数据监控系统通过对学生行为的监控,提高学生状态信息的及时性和准确性,从而满足学校对学生情况进行监控的要求。智慧校园数据监控系统能够提高学生管理工作的效率和准确性,即时正确地采集学生行为数据进行存储,之后调用数据并对其进行分析,最后将数据可视化,提高管理工作的效率和学生的自制能力。

●智慧校园数据监控系统的意义

智慧校园数据监控系统的提出为校园智能化发展提供了新的方向,科学、有效的管理模式能够充分发挥学生的潜力,使学生养成自主学习、生活自律的良好习惯,具有对校园管理迅速、灵活、正确地理解和决策的能力。

1.1 可行性研究任务信息

任务编号:SFCMS(Smart Factory Central Management System)-01-01。

表 1-1 基本信息

任务名称	可行性研究				
任务编号	SFCMS-01-01	版本	1.0	任务状态	
计划开始时间		计划完成时间		计划用时	
负责人		作者		审核人	
工作产品	【 】文档 【 】图表 【 】测试用例 【 】代码 【 】可执行文件				

表 1-2 角色分工

岗位	系统分析	系统设计	系统页面实现	系统逻辑编程	系统测试
负责人					

1.2 智慧校园数据监控系统的建设背景

1.2.1 智慧校园数据监控系统的提出

随着国家建设的发展,我国教育水平的不断提升,在校学生人数的飞速上涨,在给更多的孩子提供学习机会的同时，也给教师的学生管理工作带来了极大的压力，并且由于思想不同，教师很难对学生的相关情况进行全面了解，造成管理工作的困难。学生的生活、学习产生了大量的行为数据，用传统数据库查询分析的手段不能进行快速、有效、安全的数据分析，造成了数据资源浪费和管理效率低下，如图 1-1 所示。

类别	传统数字校园	智慧校园
建立基础	建立在互联网之上的校园网	以互联网为基础、云计算为核心，建立在物联网之上的校园网
互动方式	人与人之间互联	人与人、人与校园、人与物、物与物之间互联互通
解决目标	针对校园数字化的基础硬件与应用建设	针对校园管理和教学应用的软硬件与应用建设
系统关系	应用系统单独建设，各系统是独立不互通的“信息孤岛”	应用系统互联互通，用户身份统一认证，信息数据智能推送
数据呈现	校园信息数据化呈现，被动地接受结果	校园数据智能化分析与应用，主动地预测改进
教学资源	资源形式单一、共享性差，教学方式单一	资源形式多样，多种教学应用结合，个性化教学
校园安全	校园安全人为判断，容易疏漏	校园安防智能监控，主动预警
信息传递	信息传递方式单一	统一通信形式多样、操作便捷

图 1-1　传统数字校园与智慧校园的对比

1.2.2　民心所向

随着校园环境的不断优化，某公司对学校教师和各个阶层的领导对智慧校园数据监控系统的想法和愿景做了一次问卷调卷，由问卷调查结果得知各个阶层的领导和教师都希望智慧校园能够从生活、学习、日常习惯、消费等各个方面对校园情况进行监控，从而有针对性地管理学生、管理校园，实现一个安全、稳定、环保、节能的校园，如图 1-2 所示。

图 1-2　智慧校园数据监控系统

1.2.3 政府支持

为了加快推进教育现代化、教育强国建设以及积极推动“互联网 + 教育”的普及，教育部及国家标准化管理委员会相继出台了《教育信息化 2.0 行动计划》《智慧校园总体框架》等政策及标准，力争到 2022 年基本实现“三全两高一大”的发展目标，即教学应用覆盖全体教师、学习应用覆盖全体适龄学生、数字校园建设覆盖全体学校，信息化应用水平和师生信息素养普遍提高，建成“互联网 + 教育”大平台，如图 1-3 所示。这些政策充分体现了国家对智慧校园数据监控系统建设的高度重视。

图 1-3 互联网 + 教育

1.3 智慧校园数据监控系统的功能

智慧校园数据监控系统的功能结构如图 1-4 所示。

从图 1-4 中可以看出该项目主要分为四个模块，分别为登录模块、人员管理模块、综合信息分析模块和学生数据分析模块。

1）登录模块

登录模块主要提供用户登录和忘记密码两个功能，根据登录账号的不同跳转到不同的数据分析页面。

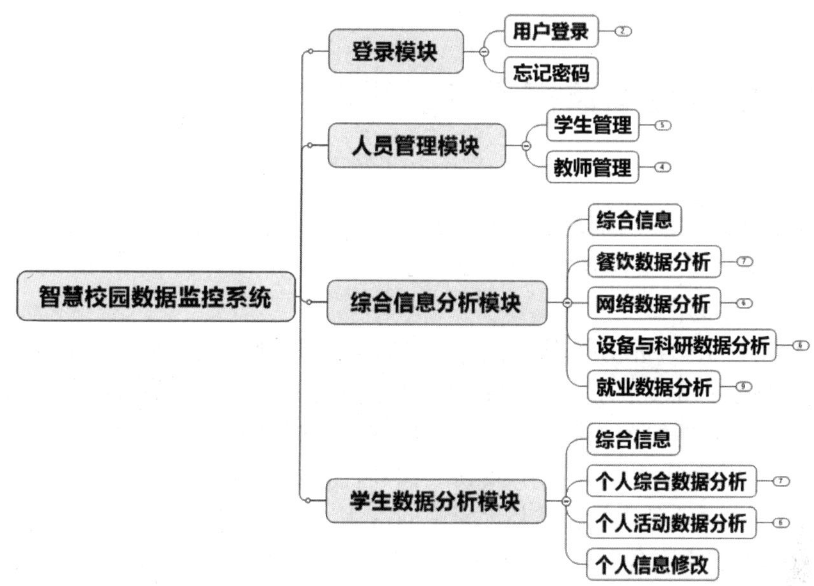

图 1-4　智慧校园数据监控系统的功能结构

2）人员管理模块

人员管理模块主要用于对基础信息进行监控和对学生信息、教师信息进行修改，包括对学生就业比例、学生男女比例和各专业人数比例进行监控以及对学号、姓名、性别、年级、专业、住址和密码的修改，对教师职称比例、教师男女比例和各专业教师人数的监控以及对工号、姓名、性别、专业、职称、密码的修改和删除，管理员具有全面的用户管理权限。

3）综合信息分析模块

综合信息分析模块主要对餐饮、数据流量、就业、学生整体情况等进行统计分析并展示，让管理人员能够了解学校的整体情况，并根据分析进行调整，如实时消费总额分析可以让管理人员实时掌握当前学生的消费情况；根据各个食堂就餐人数分析，可以进行餐厅的扩建或拆除；由就餐人员组成，能够根据年级和用餐情况有取舍地引入商铺；由浏览网站类别统计，可以查看学生的兴趣偏向；流量时域分析能够展示学生的睡眠、学习等情况；由就业数据分析，能够整体查看学生的就业动向和行业热度。通过这些分析，可以大大提升学生的饮食健康、身体健康，改善学生的消费习惯，促进学生养成良好的学习习惯，使学生享受高质量的校园生活。

4）学生数据分析模块

学生数据分析模块主要包括个人信息、活动地点、饮食、清洁、生活、综合、上网等情况的展示。其中，个人信息包括学生的学号、年级、刷卡次数、洗浴次数、上网次数等信息；活动地点表示学生去各个地点的次数对比，去教学楼和图书馆次数较多，说明该学生比较喜欢学习；饮食情况主要表示学生去食堂就餐的次数，反映学生的饮食健康状况；清洁情况反映学生的洗浴信息；生活情况主要反映学生的相关消费信息；综合情况反映学生的学习、饮食、睡眠、清洁、生活等各个方面的信息；上网情况主要反映学生的睡眠、浏览网页等信息。

1.4 智慧校园数据监控系统的优势

智慧校园数据监控系统是为了满足校园管理需求并利用互联网的发展给学生提供一个现代化、智能化的校园环境，为学生管理提供方便。

1）以图的形式展示数据

本系统使用柱状图、折线图、饼状图、雷达图、词云图、瀑布图等形式展示数据。其中，柱状图主要通过柱子的高度展示数据，进而实现数据之间的比较，可以直观地得到数据大小的对比，如图 1-5 所示；折线图能够基于时间维度观察数据的变化趋势，直观地展现数据的整体走向和单体突出数据，如图 1-6 所示；饼状图和柱状图在应用上有一定的重合，但饼状图的应用重点在于查看单体因素在整体因素中的占比，如图 1-7 所示；雷达图主要用于多个维度数据的对比，能够表现各项数据指标的变动情况及其好坏趋向，如图 1-8 所示；词云图可以对文本中出现频率较高的词语予以视觉上的突出，形成“关键词云层”或“关键词渲染”，从而过滤掉大量的文本信息，如图 1-9 所示；瀑布图采用绝对值与相对值结合的方式，适于表达数个特定数值之间的数量关系，如图 1-10 所示。数据分析图多种多样，应根据需求选择合适的图，以更直观地反映问题。

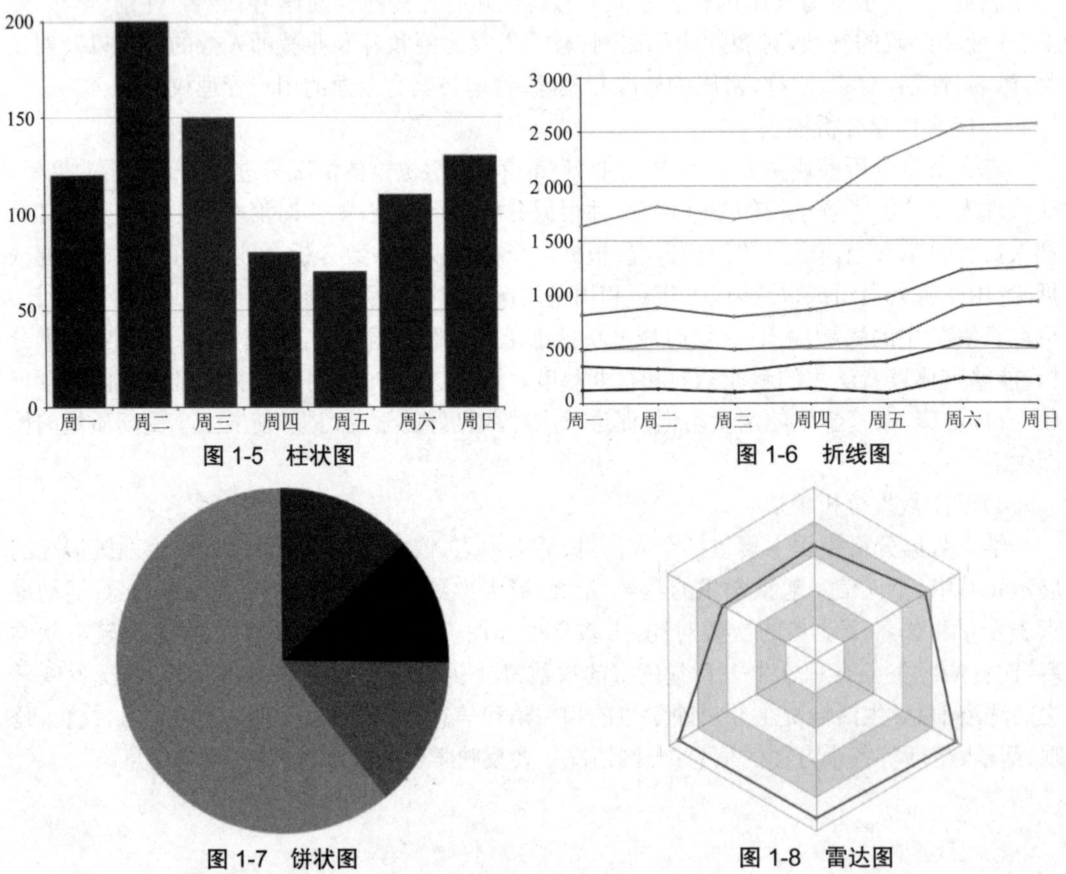

图 1-5 柱状图

图 1-6 折线图

图 1-7 饼状图

图 1-8 雷达图

图 1-9 词云图

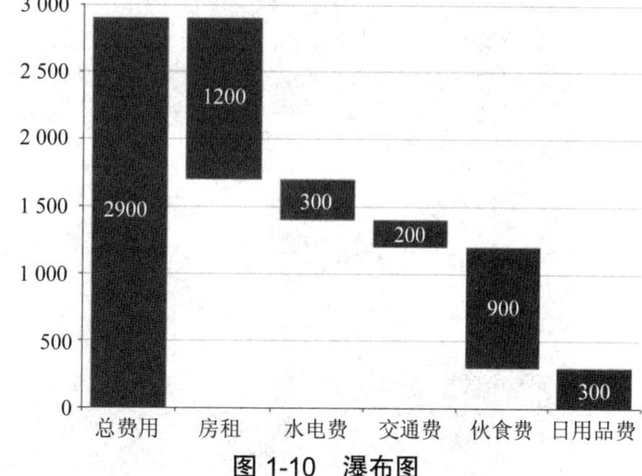

图 1-10 瀑布图

2）分析数据，制定规划

数据采集系统不仅可以将学生的刷卡记录、消费记录、活动地点等信息采集并保存在本地文件中，还可以采集网页中包含的相关数据，通过实时消息系统进行数据的实时采集，然后将采集到的数据存储在分布式文件系统中，再进行处理和分析等操作，最后将分析结果可视化展示，并通过对展示界面信息的观察，有针对性地制定管理规划。

1.5 智慧校园数据监控系统的开发

1.5.1 智慧校园数据监控系统的开发目标

开发智慧校园数据监控系统的目的是构建一个智能、灵活的校园数据监控、管理系统，通过对学生行为数据的分析解决学生管理工作中的各种问题，最终实现教育信息化和智能化。

（1）使人、设备、自然和社会各因素之间互联互通，并且互动的方式更智能化，它们之间的任何互动都有助于促进人、信息系统、设施环境三者之间数据的完美融合，以使校园的运转能够更透彻地感应、衡量和调度。万物互联如图 1-11 所示。

（2）快速、准确地获取校园中人、财、物和学、研、管业务过程中的信息，通过综合数据分析为管理改进和业务流程再造提供数据支持，推动学校进行制度创新、管理创新，实现决策科学化和管理规范化。

（3）通过应用服务的集成与融合实现校园的信息获取、信息共享和信息服务，从而推进智慧化的教学、智慧化的科研、智慧化的管理、智慧化的生活以及智慧化的服务的实现进程。

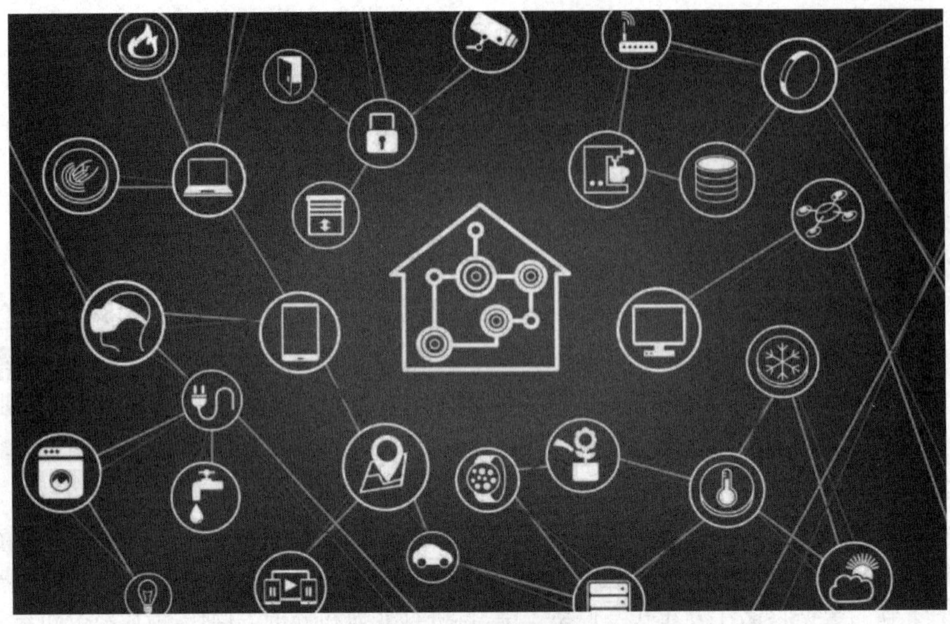

图 1-11　万物互联

1.5.2　智慧校园数据监控系统的需求开发目标

本项目的需求开发目标包括以下几点。

（1）需求获取：获取与智慧校园数据监控系统对象和来源不同的需求信息。

（2）需求分析：对获取的需求信息进行分析，再综合已收集到的需求信息，找出不足的地方，进一步完善需求，建立智慧校园数据监控系统的需求模型。

（3）需求定义：使用合适的语言进行描述，按照标准格式描述智慧校园数据监控系统的需求，并生成需求规格说明以及相关文档。

（4）需求验证：审查和验证需求规格说明以及相关文档是否正确、完整地表达了用户对智慧校园数据监控系统的需求。

1.5.3　智慧校园数据监控系统的开发原则

为了合理地开发智慧校园数据监控系统，满足客户的需求，需要在设计方案时遵循以下几个原则。

1）创新原则

开发系统时，在选用先进技术的同时，还需注意技术的稳定性和安全性。

2）安全性原则

（1）安全可靠性：采用多种处理手段保证项目安全、可靠，使项目更加稳定，将各种风险降至最低，从而降低数据存储、分析、可视化过程中的风险概率。

（2）安全保密性：采用各种加密机制对数据进行隔离保护，设置用户操作权限，对用户访问进行控制，从而有效地保护学生的相关信息、营收信息等。

3）可扩展性原则

项目的设计要考虑业务未来的发展，设计简明、规范，降低模块的耦合度。为满足系统的分段开发需要，采用积木式结构，可根据需求采集数据并进行数据分析，最终实现可视化。

4）经济性原则

经济性是衡量系统的开发价值的重要依据，系统的设计应最大限度地节省项目投资，所开发的系统应性能优良，面向实际，注重实用性，坚持经济且实用的原则。

5）协调性原则

智慧校园数据监控系统的各子系统都有独立的功能，同时相互联系、相互作用。某子系统发生了变化，其他子系统也要相应地调整和改变。因此，在智慧校园数据监控系统的开发过程中，必须考虑系统的相关性，即不能在不考虑其他模块的情况下独立地设计某子系统。

6）快速开发原则

遵循快速开发原则的系统能够快速进行二次开发，并可以在不影响项目使用的情况下快速开发新业务、增加新功能，同时可以对原有模块进行业务修改，保障了对系统版本的控制和对系统升级的管理。

1.5.4　智慧校园数据监控系统的开发流程

智慧校园数据监控系统的开发流程一般包括需求策划、需求研发和部署发布三个阶段，如图 1-12 所示。

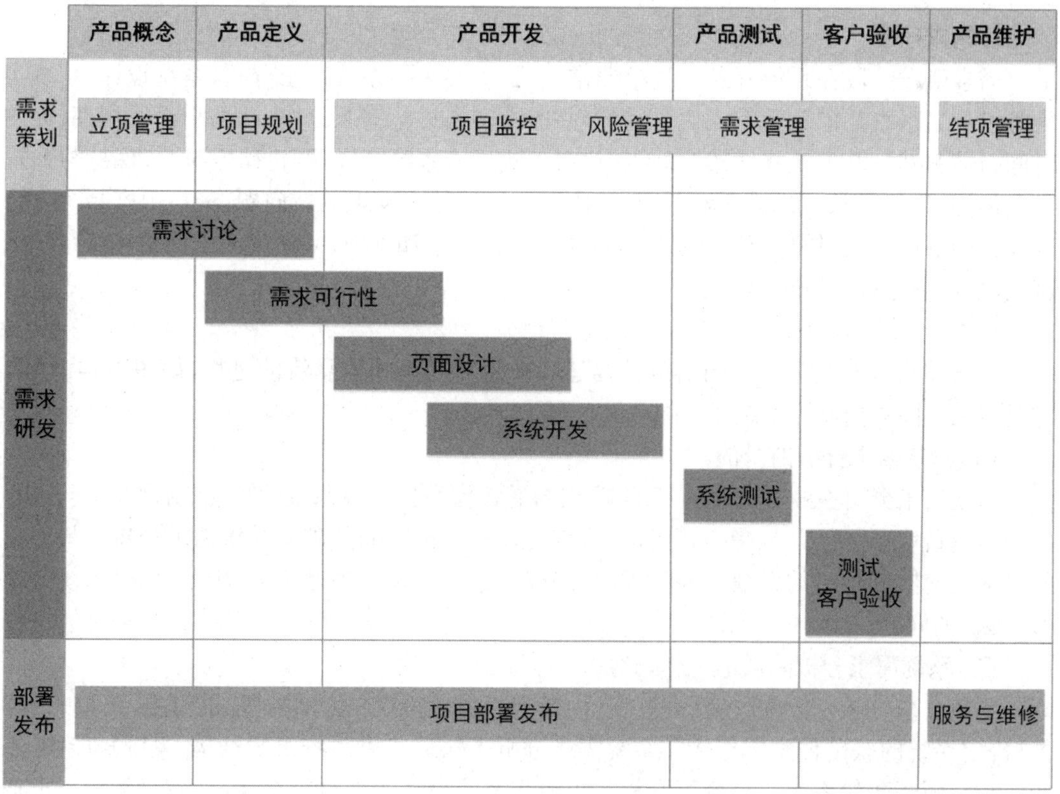

	产品概念	产品定义	产品开发	产品测试	客户验收	产品维护
需求策划	立项管理	项目规划	项目监控　风险管理　需求管理			结项管理
需求研发	需求讨论	需求可行性	页面设计、系统开发	系统测试	测试 客户验收	
部署发布	项目部署发布					服务与维修

图 1-12　开发流程

1. 需求策划

在需求策划阶段，项目负责人需要启动项目，包括发起项目，授权启动项目，任命项目经理，组建项目团队，确定项目利益相关者；之后项目经理制订项目计划，确定项目范围，配置项目人力资源，制订项目风险管理计划，编制项目预算表，确定项目预算表，制订项目质量保证计划，确定项目沟通计划，制订采购计划；然后根据计划对项目进行监测，包括实施项目、跟踪项目、控制项目；最后将项目移交给合作方进行评审并实现项目合同收尾。项目计划过程如图 1-13 所示。

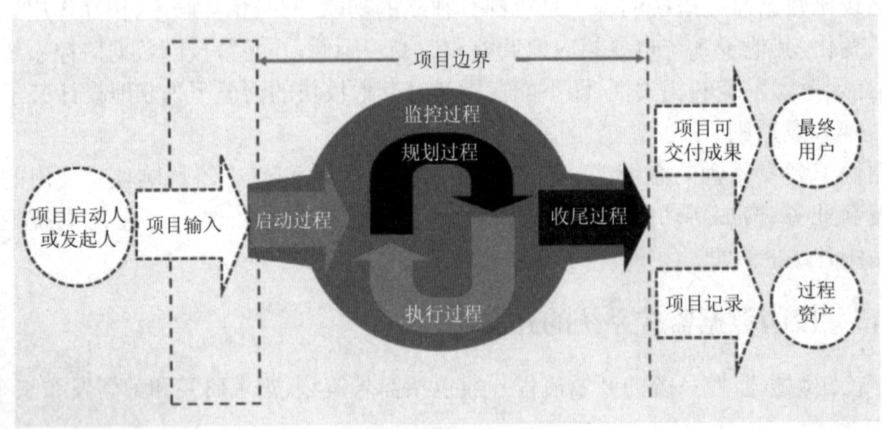

图 1-13 项目计划过程

2. 需求研发

需求研发阶段在系统开发过程中非常重要，主要包括系统需求分析、系统设计、系统实施等过程。系统需求分析完成后，根据产品需求文档进行需求评审，评估出研发周期、提测时间、预发布时间点、正式发布时间点；然后正式进入系统开发，跟进研发进度，保持与开发人员沟通，确保需求被正确理解，及时解决在研发过程中发现的新问题；最后由产品、测试、开发共同确认测试用例，同步在研发过程中变更的需求和细节，并使用测试用例进行系统测试，验证需求逻辑，提 bug、优化给开发。

1）系统需求分析

系统需求分析是将具体的业务流描述和转化为抽象的信息流的过程，如图 1-14 所示，它是智慧校园数据监控系统开发的关键环节。

（1）系统需求分析的目的。

系统需求分析在业务调查的基础上，对智慧校园数据监控系统的功能进行细致的分析，提出对系统完整、清晰、准确的要求，为系统设计打下牢固的基础。系统需求分析的最终目的是通过对实际项目的详细业务流程进行分析，建立系统的逻辑模型，从而解决“系统必须做什么”的问题。

（2）系统需求分析阶段的工作内容。

系统需求分析阶段需要完成的工作内容包括描述系统的总体结构，描述各子系统的功能，确定系统的软硬件配置环境。系统需求分析工作最终以系统组织结构、系统功能图、系统需求分析报告等系统需求分析文档与下一步系统设计工作进行交接，经有关领导审批通过之后，转入系统设计阶段。系统需求分析阶段的具体工作内容如图 1-15 所示。

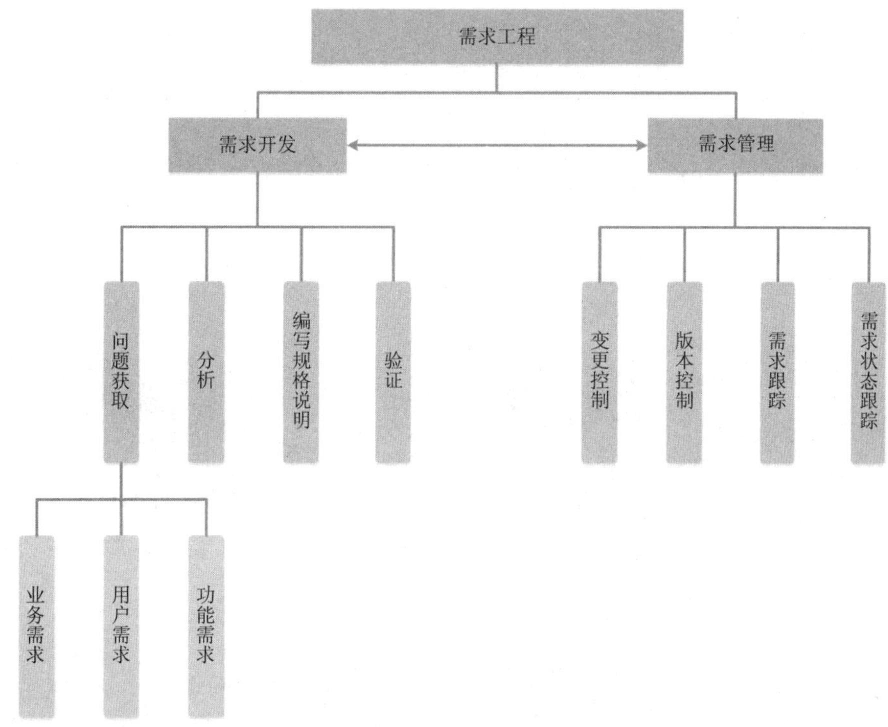

图 1-14　系统需求分析概述

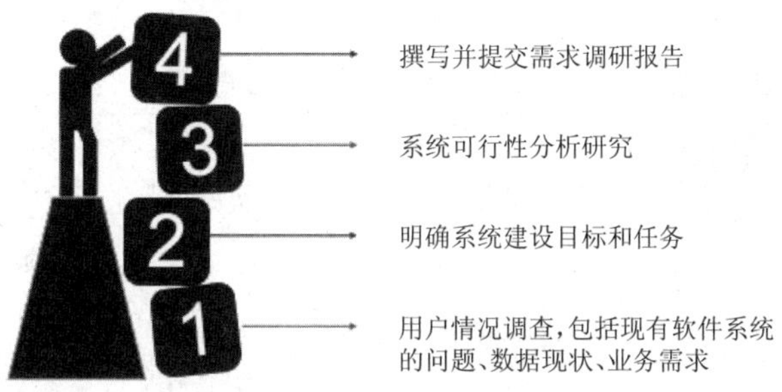

图 1-15　具体工作内容

（3）系统需求分析常用的工具。

在系统需求分析阶段，可以用 Microsoft Office Visio 的组织结构树、业务流程、业务数据以及数据间的相互关系来描述系统的逻辑模型，也可以通过进一步绘制用例图和用例活动图建立系统需求分析模型。用例图如 1-16 所示。

（4）系统需求分析阶段的相关文档。

系统需求分析阶段的相关文档为需求说明书。需求说明书是为了用户和开发人员对系统的初始功能有一个共同的理解而编制的，它是整个系统开发的基础。需求说明书包含的内容如图 1-17 所示。

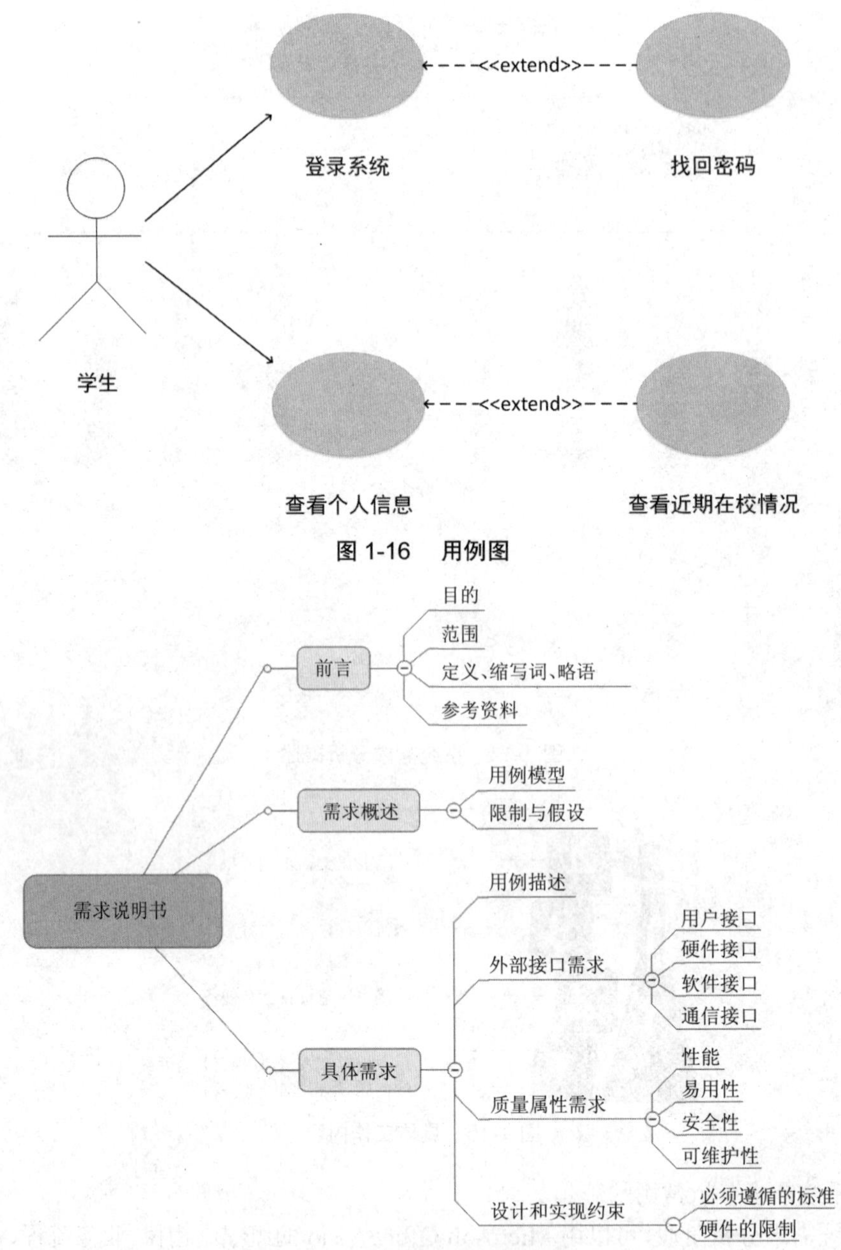

图 1-16 用例图

图 1-17 需求说明书包含的内容

2）系统设计

系统设计主要包括总体设计（也称概要设计）和详细设计。

（1）系统设计的目的。

系统设计要根据项目需求分析报告中的系统功能需求综合考虑各种约束，利用一切可利用的技术手段和方法进行各种具体设计，建立可以在计算机环境中实施的项目物理模型，解决“系统怎么做”的问题。

（2）系统设计的任务和方法。

系统设计是利用一组标准的图表工具和准则，确定系统有哪些模块、用什么方法连接、如何构成良好的系统结构，并进行输入、输出、数据处理、数据存储等环节的设计。这一阶段的重点是设计好系统的总体结构。

总体设计阶段的主要任务是选取软件体系结构，将系统划分为若干个模块，确定每个模块的功能，确定模块间的调用和信息传递关系，确定本系统与其他外围系统的接口，制定设计规范，确定用户界面风格，确定系统的运行平台，制订部署计划，设计类体系结构和数据库结构，进行安全性、可靠性及保密性设计，最后形成概要设计说明书。

详细设计阶段的主要任务是将概要设计进一步细化，设计出系统的全部细节并给予清晰的表达，使之成为编码的依据。

系统设计的主要内容如表 1-3 所示。

表 1-3　系统设计的主要内容

内容	说明
功能模块设计	程序模块分解，关于处理逻辑的说明
用户界面设计	用户界面风格设计，错误信息提示与处理
类体系结构设计	确定项目中的类以及类与类之间的关系

（3）系统设计的工具。

在系统设计阶段，可以在系统需求分析的基础上创建 UML 的数据流图、顺序图、流程图、数据库实体图。UML 的组成如图 1-18 所示。

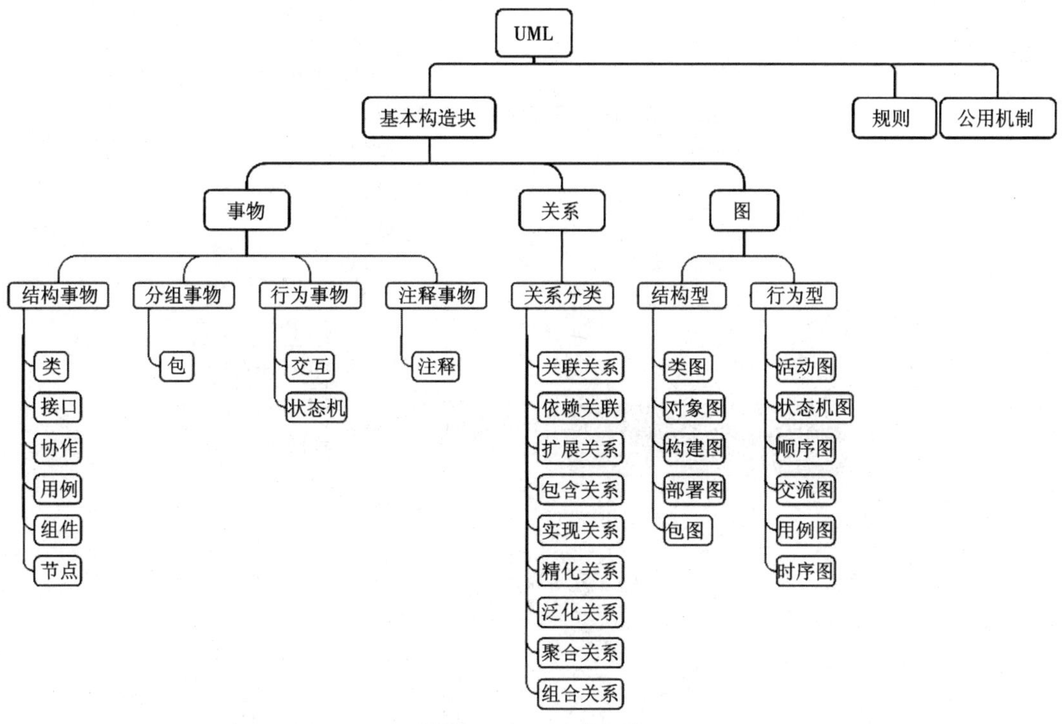

图 1-18　UML 的组成

（4）系统设计阶段的相关文档。

系统设计阶段的相关文档主要包括详细设计说明书和数据库设计说明书。其中，详细设计说明书包括模块描述、模块功能、数据流图等内容，具体内容如图 1-19 所示；数据库设计说明书主要包括数据库的逻辑结构、物理结构以及安全保密设计等内容，具体内容如图 1-20 所示。

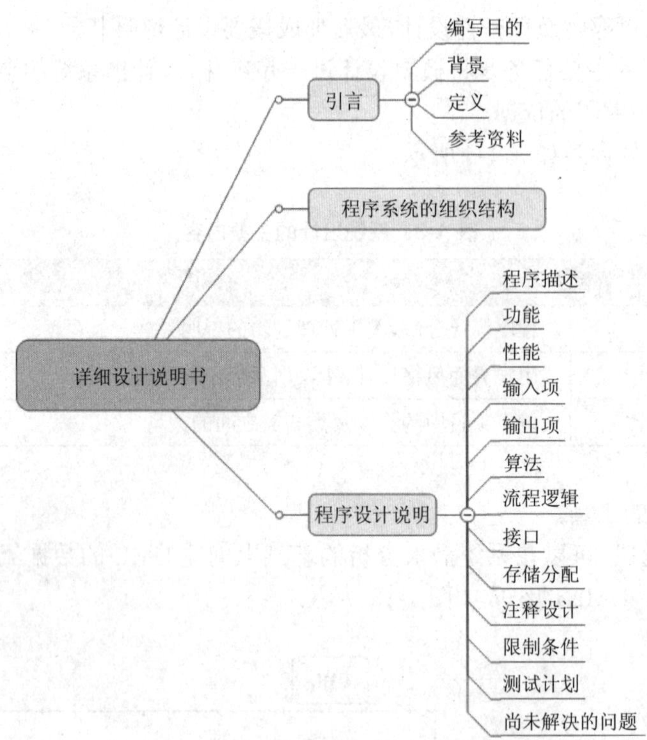

图 1-19　详细设计说明书包含的内容

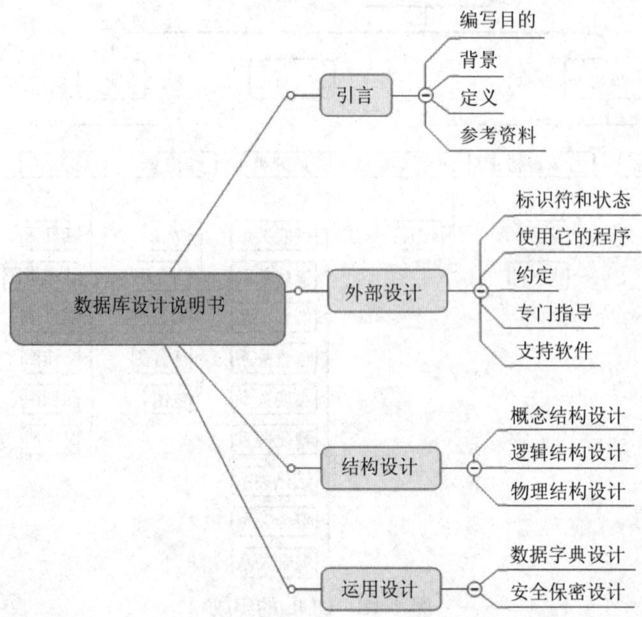

图 1-20　数据库设计说明书包含的内容

3）系统实施

完成系统设计以后，就进入了系统实施阶段，实施过程如图 1-21 所示。该阶段的主要任务就是在计算机上真正实现一个具体的智慧校园数据监控系统。

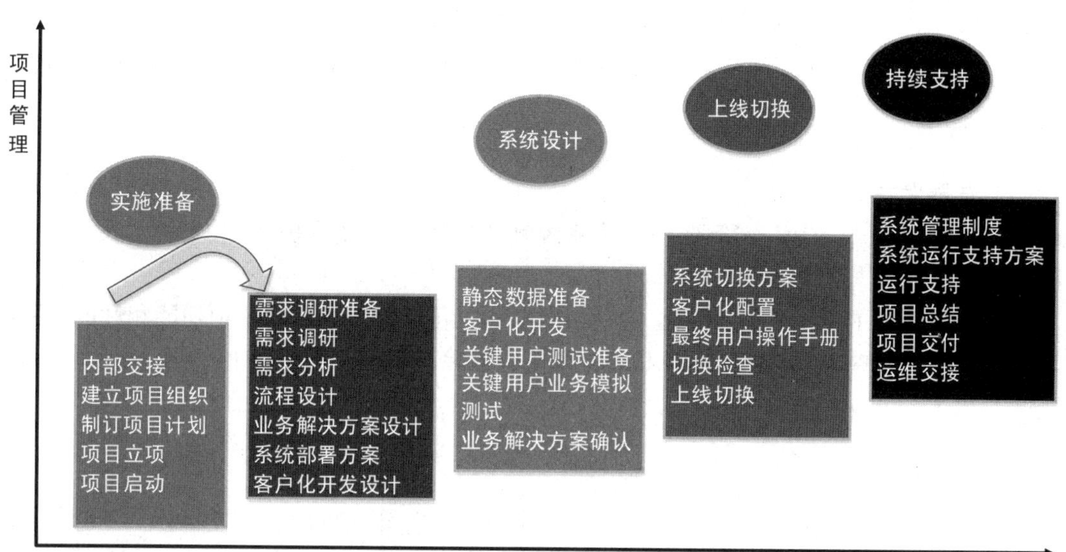

图 1-21　系统实施过程

（1）系统实施的目的。

系统实施的目的是将系统设计阶段设计的系统物理模型加以实现，编写成符合设计要求的可实际运行的系统。

（2）系统实施的内容和方法。

系统实施阶段的主要工作包括建立系统开发和运行环境，搭建数据库系统，编写、调试系统。

在系统实施阶段要成立系统实施工作领导小组，组织各专业小组组长及成员共同编制智慧校园数据监控系统实施计划，保证系统实施工作顺利进行。

程序编码的主要工作就是用选定的程序设计语言，将详细设计结果翻译为正确的、易维护的程序代码。编码设计是开发全过程的重要组成部分，要求编码具有可靠性、可读性和可维护性。

（3）系统实施阶段的管理文档。

系统实施阶段的管理文档如表 1-4 所示。

表 1-4　管理文档

文档	描述
开发日志	在系统实施过程中小组成员每天提交开发日志，以便掌握项目进度
模块开发报告	模块开发完成之后提交模块开发报告，对本模块开发中所遇到的问题和解决方案进行详细的介绍
技术文档	模块开发完成后，小组成员对本模块开发过程中所用到的技术进行整理和总结

续表

文档	描述
项目测试计划	项目测试计划提供对项目测试活动的安排，主要包括测试活动的内容、进度安排、设计考虑，测试数据的整体性方法及评价准则
测试分析报告	测试分析报告把组装测试和集成测试的结果、发现的问题以及分析结果以文件的形式加以保存

3. 部署发布

部署发布主要分为两个阶段，分别为系统测试与部署、系统维护。

1）系统测试与部署

系统的测试主要包括单元测试和系统测试，不仅可以检验系统的各项功能和性能，还能够对系统的可靠性、安全性、实用性和兼容性进行检验。测试流程如图 1-22 所示。

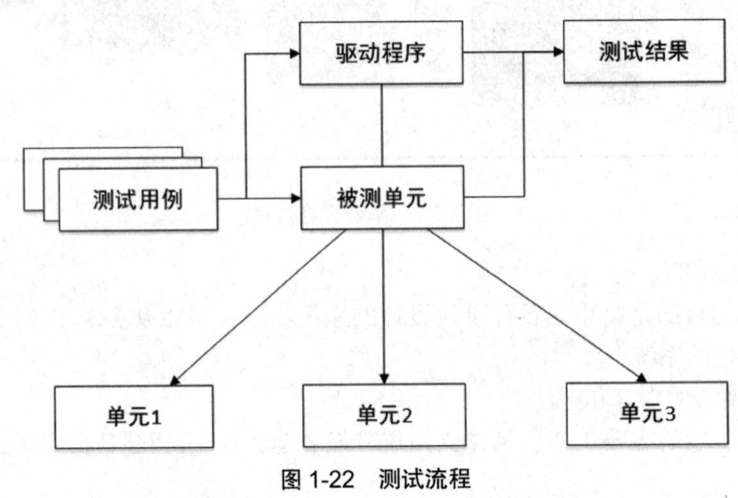

图 1-22　测试流程

在进行以上各个环节的同时展开人员培训工作。培训内容包括计算机项目的基础知识和基本操作，智慧校园数据监控系统的基础知识、基本功能和操作方法，对使用人员的要求，操作注意事项，可能出现的故障和排除方法，个人在系统中应该承担的工作等，以使用户理解、支持系统的实现。

2）系统维护

智慧校园数据监控系统是一个复杂的人机系统，系统外部环境与内部因素的变化不断影响系统的运行，因此需要不断地完善，以提高系统的运行效率与服务水平，这就需要从始至终进行维护工作。系统维护如图 1-23 所示。

（1）系统维护的目的。

系统维护的目的是保证项目正常、可靠、安全、稳定地运行，并不断地完善项目，以增强项目的生命力，延长项目的使用寿命，提高系统的管理水平和经济效益。

（2）系统维护的内容。

系统维护主要包括数据库维护、程序维护、编码维护、机构和人员变动维护。

一般不涉及代码修改
主要工作：bug 修复、技术支持、
技术配合、咨询服务

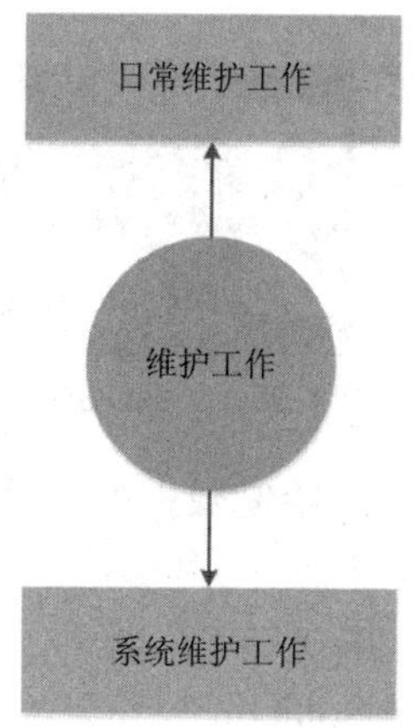

修改代码
主要工作：需求变更、系统内容改造

图 1-23　系统维护

1.5.5　智慧校园数据监控系统的建模工具

目前，常用的建模工具有三种，分别是 Pencil、Visio 和 Axure。

1）Pencil

Pencil 是一款专业的手绘风格原型图绘制软件，它能够帮助原型设计师快速地进行各种架构图和流程图的绘制，主要基于 Firefox 的 GUI 开发，既可以当作 Firefox 插件使用，也可以独立运行。该软件内置多种原型图设计模板、多页背景文档、跨页超链接、文本编辑等，还支持导出 HTML、PNG、Word 等格式的文件，并且支持用户自定义安装所需的模板，使用户就像在纸上画画一样，快速实现原型图的制作。Pencil 图标如图 1-24 所示。

图 1-24　Pencil 图标

2）Visio

Visio 是 Office 软件系列中用于绘制流程图和示意图的软件，是目前国内用得最多的 CASE（计算机辅助软件工程）工具。它提供了日常使用的大多数框图的绘画功能，能够给互联网技术和商务人员就复杂的信息、系统和流程进行可视化处理、分析和交流提供便利。Visio 的优势在于使用方便，安装后的 Visio 既可以单独运行，也可以在 Word 中作为对象插入，与 Word 集成良好，图像生成后在没有安装 Visio 的情况下仍然能够在 Word 中查看；在文件管理上，Visio 提供了分页、分组的管理方式；Visio 支持 UML 的静态和动态建模，对 UML 的建模提供了单独的组织管理。Visio 图标如图 1-25 所示。

图 1-25 Visio 图标

智慧校园数据监控系统使用 Visio 绘制数据库设计中的实体关系图、详细设计中的数据流图以及顺序图、一些基本的框架图。

3）Axure

Axure 是由美国 Axure Software Solution 公司开发的一款快速原型设计工具，它能快速、高效地创建原型，同时支持多人协作设计和版本控制管理，让负责定义需求和规格、设计功能和界面的工程师能够快速创建应用软件或 Web（全球广域网）网站的线框图、流程图、原型和规格说明文档。Axure 的使用者主要包括商业分析师、信息架构师、可用性专家、产品经理、互联网技术咨询师、用户体验设计师、交互设计师、界面设计师等，此外，架构师、程序开发工程师也在使用 Axure。Axure 图标如图 1-26 所示。

图 1-26 Axure 图标

智慧校园数据监控系统主要使用 Axure 原型设计工具进行页面原型图的绘制。

只做 UAT 测试的甲方公司在乙方公司把代码写完提交给它测试的时候，发现乙方没有做系统测试，最后甲方只好既做系统测试，又做 UAT 测试。

最初进行需求分析、写用例时，需求变化得非常频繁，以致最初的需求和后来做出来的东西相差很大，结果花三周时间编写用例的工作变成了无用功。后来因为急于上线，甲方员工加班加点进行测试，修改 bug，回归 bug。最后在主要流程勉强跑通的情况下，系统上线，甲方员工终于松了一口气。

上线之后就是进一步测试，虽然很多细节都没有测到，但也不用加班加点地赶进度了。然而好景不长，不到一个月，乙方的第一次需求变更就来了，而且变化很大，甲方员工又一次加班，之后就是接二连三的需求变更，甚至连主要流程都变了，同一个功能的需求两天内就变了三次，以致到最后，和最初做的系统相比已经面目全非，等于重新做了一个。这样不仅一直拖延工期，使得项目一直不能告一段落，而且预算超出很多。开发部门、测试部门的员工很厌烦，尤其是测试部门的员工，他们说："用不着细测，反正过不了几天这个需求还得变，现在测了也没用。"在这种心理下，不仅测试的质量很难保证，而且干活的积极性也不复存在。

案例讨论：

- 你认为哪些因素导致了案例项目延期？
- 你认为甲方公司的项目经理有哪些失误之处？
- 针对上述因素，你认为该如何改进？

完成本模块的学习后，填写并提交智慧校园数据监控系统可行性研究报告，可行性研究报告是对项目实施的可能性、有效性、如何实施以及相关技术方案等方面进行具体、深入、细致介绍的文件。

智慧校园数据监控系统可行性研究报告		
项目名称		
项目背景		
项目研发目的		
市场可行性	市场应用范围	
	产品定位	
技术可行性	功能方向确定	
	框架及其技术分析	
资源可行性	开发人员资源	
	开发周期资源	
	开发软件资源	
	开发设备资源	
社会可行性	法律可行性	
	政策可行性	
结论		

模块二　需求分析

本模块主要从功能需求和非功能需求两方面介绍智慧校园数据监控系统需要实现的功能。通过本模块的学习，掌握智慧校园数据监控系统的主要功能以及开发需求。

- 熟悉智慧校园数据监控系统的开发目标。
- 掌握智慧校园数据监控系统的主要功能。
- 熟悉需求分析的过程。
- 掌握智慧校园数据监控系统的开发需求。

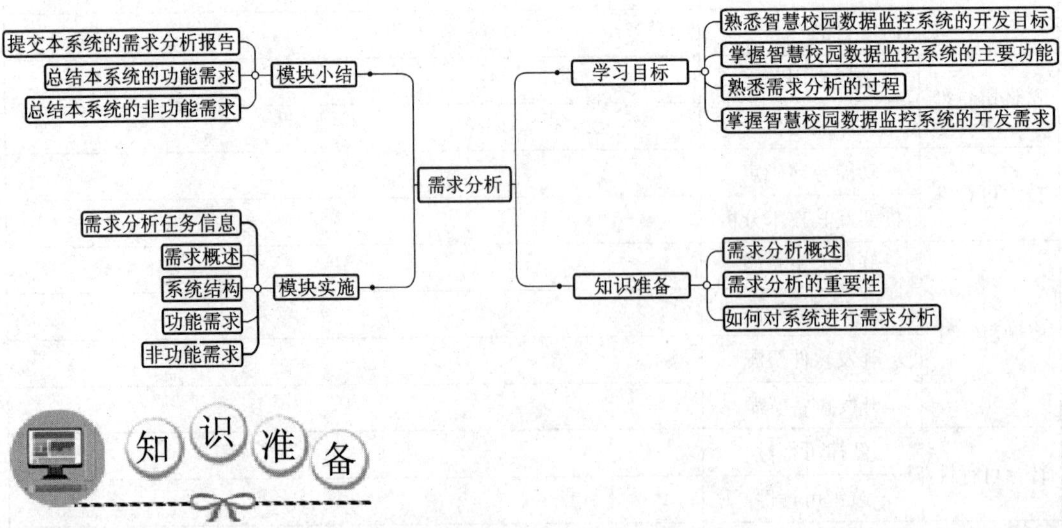

知识准备

需求分析的目标是在与客户确认需求之后，整理出描述完整、清晰、规范的需求文档，确定软件开发需要完成哪些工作，实现什么功能。此外，软件的一些非功能需求，软件设计的约束条件，软件运行时与其他软件的关系等也是需求分析的目标。

● 需求分析概述

需求分析也被称作软件需求分析或系统需求分析，是开发人员通过对用户描述的功能及性能等需求进行深入、细致的研究和分析，准确理解用户的具体要求，将用户非形式的需求表述转化为完整的需求定义，就软件功能等需求达成一致意见，从而确定系统必须做什么的过程。

● 需求分析的重要性

需求分析是软件开发中一个非常重要的环节，在开发过程中起决定性作用。需求分析具有方向性和决策性，为开发指明了方向，提供了策略。需求的合理性越强，开发的可行性也越强，可以说需求分析的重要性远远大于开发过程。通过需求分析这个环节，可以明确智慧校园数据监控系统的功能要求以及页面布局要求，确定系统开发的非功能需求等。

● 如何对系统进行需求分析

智慧校园数据监控系统采用原型化方法进行需求分析，利用原型图直观地分析页面的布局和功能及其实现的难易程度，反映系统的原貌，便于开发人员根据用户需求全面地考虑软件系统的体系结构和算法，了解系统要做什么、怎么做、做到何种程度以及系统对数据库、开发环境、框架需求等因素的要求。

2.1　需求分析任务信息

任务编号：SFCMS-02-01。

表 2-1　基本信息

任务名称	需求分析				
任务编号	SFCMS-02-01	版本	1.0	任务状态	
计划开始时间		计划完成时间		计划用时	
负责人		作者		审核人	
工作产品	【 】文档　【 】图表　【 】测试用例　【 】代码　【 】可执行文件				

表 2-2　角色分工

岗位	系统分析	系统设计	系统页面实现	系统逻辑编程	系统测试
负责人					

2.2 需求概述

为了使学校管理层更精确地了解学生的生活和就业动态，将学生在校期间的历史活动数据和实时数据采集到大数据平台，并进行快速、有效的数据清洗和分析，以方便学校管理层根据学生的习惯迅速调整制度，加强对学生的管理。本系统根据学生的一卡通刷卡和消费信息对学生的就餐习惯、上网习惯、消费习惯、学习习惯和卫生习惯等进行综合性分析，并将最终结果以可视化的方式展示。

2.3 系统结构

智慧校园数据监控系统包括登录模块、人员管理模块、综合信息分析模块、学生数据分析模块等，如图 2-1 所示。

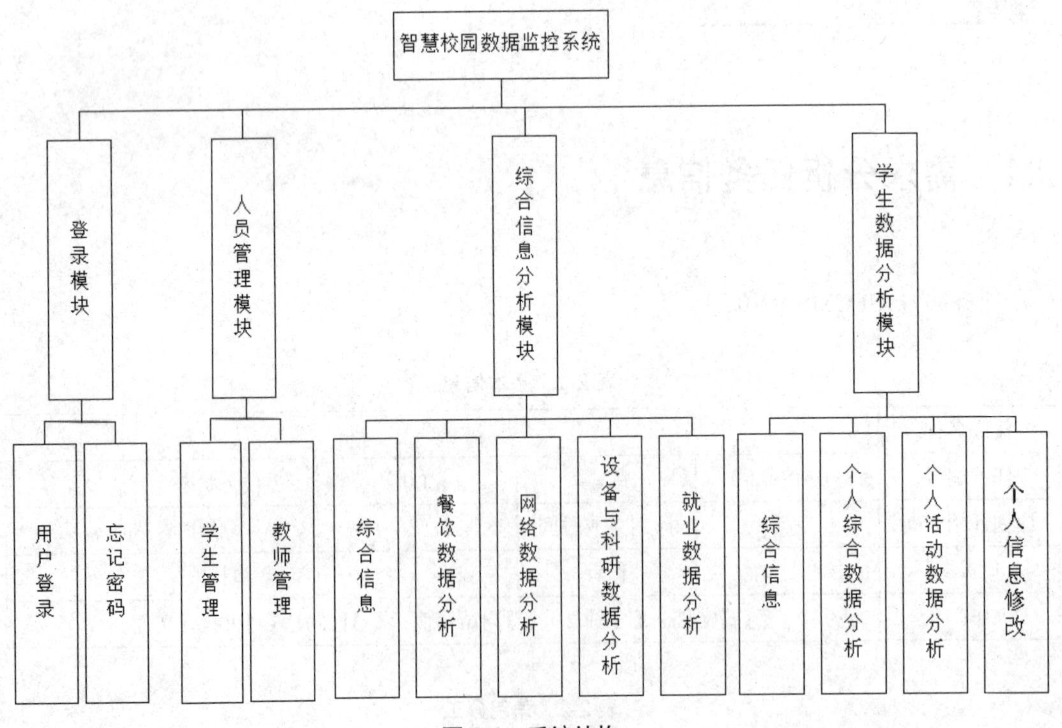

图 2-1 系统结构

2.4　功能需求

2.4.1　登录模块

登录模块包含用户登录和忘记密码两个子模块，结构如图 2-2 所示。

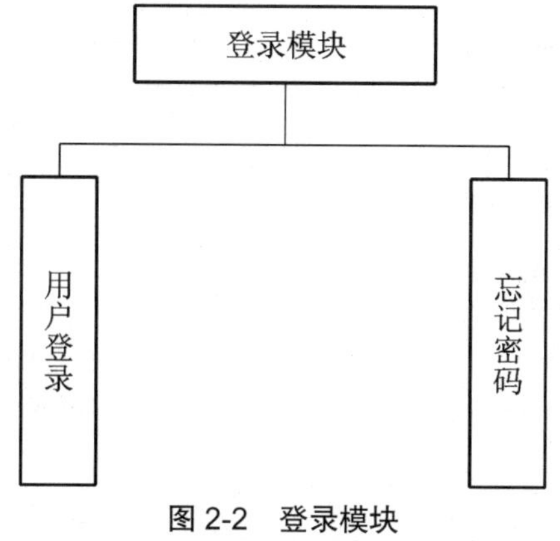

图 2-2　登录模块

1. 用户登录

此模块下的页面所需的数据为学生的账号和设置的默认密码以及管理员的账号和设置的默认密码。

1）页面示意图

页面示意图如图 2-3 所示。

图 2-3　用户登录页面示意

2）页面功能描述

用户输入账号和密码进行登录。

3）页面参数说明

页面参数说明如表 2-3 所示。

表 2-3 用户登录页面参数说明

参数	样式	值	备注
学生登录	单选框		
管理员登录	单选框		
账号	文本框		来自入学信息
密码	文本框		进行加密处理
登录	按钮		
验证码	文本框		随机生成

2. 忘记密码

1）页面示意图

页面示意图如图 2-4 所示。

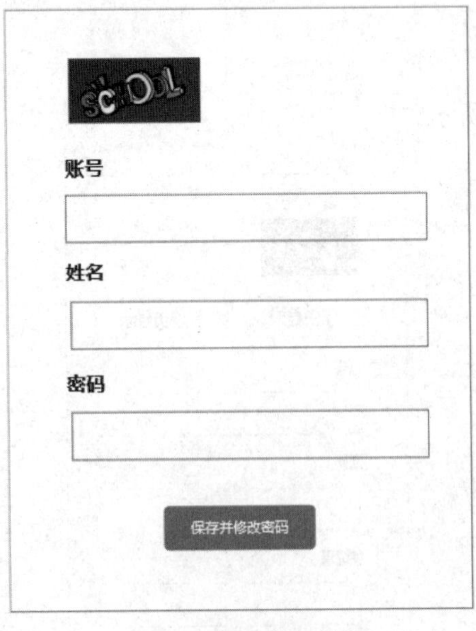

图 2-4 忘记密码页面示意

2）页面功能描述

通过账号和姓名设置新密码，如果输入的账号和姓名不匹配则提示修改密码失败。

3）页面参数说明

页面参数说明如表 2-4 所示。

表 2-4　忘记密码页面参数说明

参数	样式	值	备注
账号	文本框		来自入学信息
姓名	文本框		用户的真实姓名
密码	文本框		进行加密处理
保存并修改密码	按钮		

2.4.2　人员管理模块

人员管理模块包含学生管理和教师管理两个子模块，结构如图 2-5 所示。

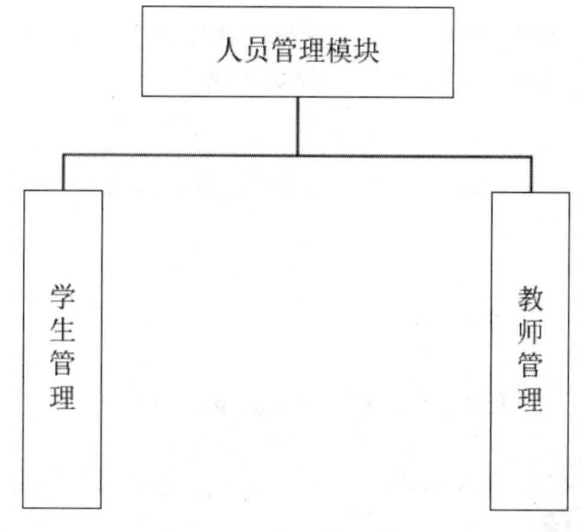

图 2-5　人员管理模块

1. 学生管理

此模块下的所有数据均由管理员导入。

1）学生数据管理

（1）页面示意图。

页面示意图如图 2-6 所示。

（2）页面功能描述。

①提供就业比例、男女比例和各专业人数比例等数据。

②提供对学号、姓名、性别、年级、专业、住址和密码进行修改和删除单条数据等功能。

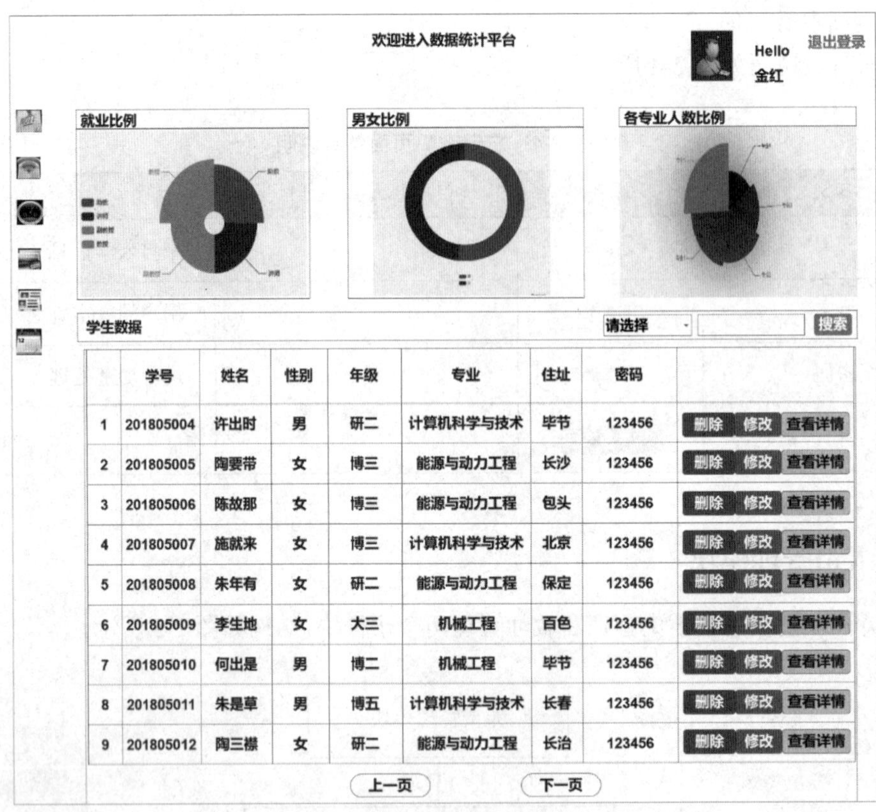

图 2-6 学生数据管理页面示意

（3）页面参数说明。

页面参数说明如表 2-5 所示。

表 2-5 学生数据管理页面参数说明

参数	样式	值	备注
就业比例			学生就业人数与未就业人数比例
男女比例			学生男女比例
各专业人数比例			各专业就业学生的人数比例
学生账号列表		学生账号的基础信息包括学号、姓名、性别、年级、专业、住址和密码	
搜索类型	下拉框		选择根据哪一个列搜索
修改	按钮		在弹出框中进行修改

续表

参数	样式	值	备注
删除	按钮		
查看详情	按钮		跳转到与每个学生对应的分析模块

2）学生数据修改

（1）页面示意图。

页面示意图如图 2-7 所示。

学号：
姓名：
性别：
年级：
专业：
住址：
密码：
确认　取消

图 2-7　学生数据修改页面示意

（2）页面功能描述。

修改学生的个人信息。

（3）页面参数说明。

页面参数说明如表 2-6 所示。

表 2-6　学生数据修改页面参数说明

参数	样式	值	备注
学号	文本框	学号	不允许修改
姓名	文本框	姓名	
性别	文本框	性别	
专业	文本框	专业	
年级	文本框	年级	
住址	文本框	住址	

续表

参数	样式	值	备注
密码	文本框	密码	
确定	按钮		提示修改成功，停留在该页面
取消	按钮		不做任何操作，关闭弹出框

2. 教师管理

此模块下的所有数据均由管理员导入。

1）教师数据管理

（1）页面示意图。

页面示意图如图 2-8 所示。

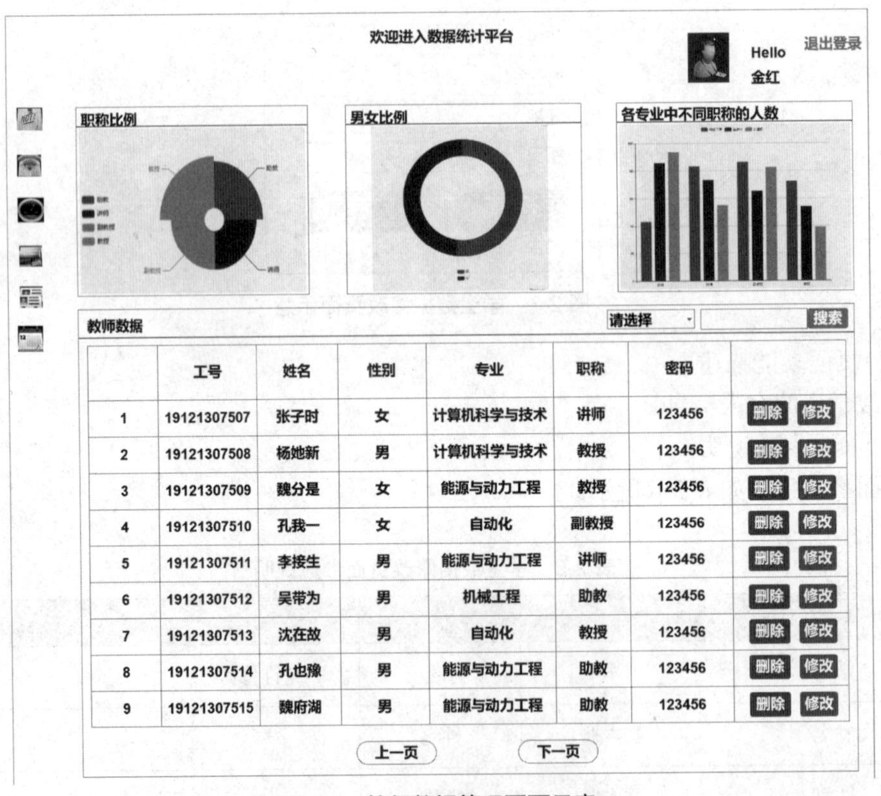

图 2-8　教师数据管理页面示意

（2）页面功能描述。

①提供职称比例、男女比例和各专业中不同职称的人数。

②提供对工号、姓名、性别、专业、职称、密码进行修改和删除单条数据等功能。

（3）页面参数说明。

页面参数说明如表 2-7 所示。

表 2-7　教师数据管理页面参数说明

参数	样式	值	备注
职称比例			各职称的人数比例
男女比例	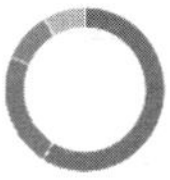		教师男女比例
各专业中不同职称的人数			各专业中不同职称的人数比例
教师账号列表	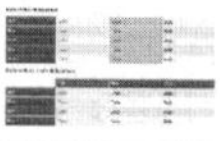	教师账号的基础信息包括工号、姓名、性别、专业、职称和密码	
搜索类型	 下拉框		选择根据哪一列搜索
修改	 按钮		在弹出框中进行修改
删除	 按钮		
查看详情	 按钮		

2）教师数据修改

（1）页面示意图。

页面示意图如图 2-9 所示。

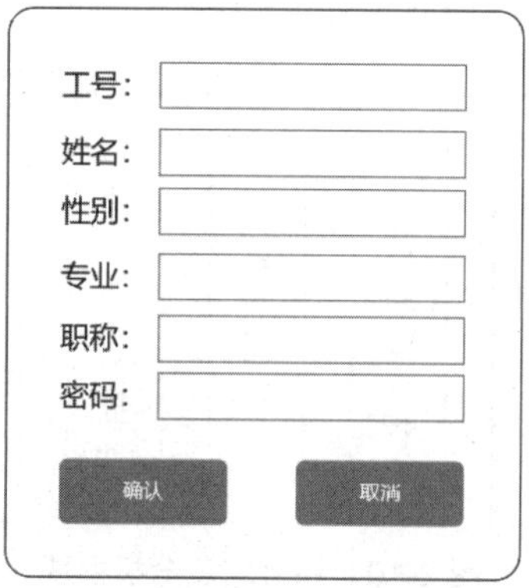

工号：
姓名：
性别：
专业：
职称：
密码：
确认　取消

图 2-9　教师数据修改页面示意

（2）页面功能描述。

修改教师的个人信息。

（3）页面参数说明。

页面参数说明如表 2-8 所示。

表 2-8　教师数据修改页面参数说明

参数	样式	值	备注
工号	文本框	工号	不允许修改
姓名	文本框	姓名	
性别	文本框	性别	
专业	文本框	专业	
职称	文本框	职称	
密码	文本框	密码	
确定	按钮		提示修改成功,停留在该页面
取消	按钮		不做任何操作,关闭弹出框

2.4.3　综合信息分析模块

综合信息分析模块包含综合信息、餐饮数据分析、网络数据分析、设备与科研数据分析和就业数据分析五个子模块,结构如图 2-10 所示。

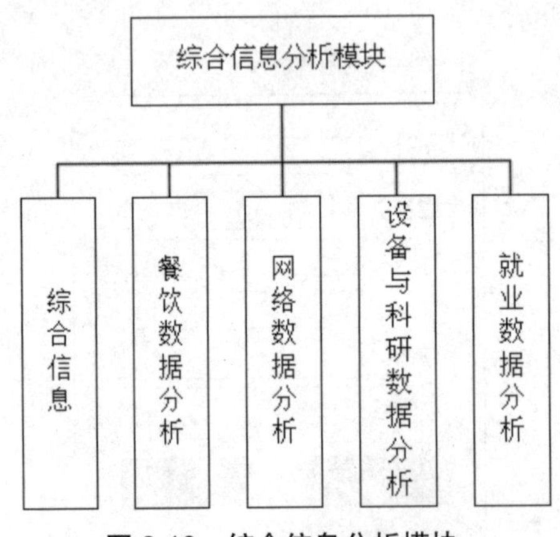

图 2-10　综合信息分析模块

1. 综合信息

1)页面示意图

页面示意图如图 2-11 所示。

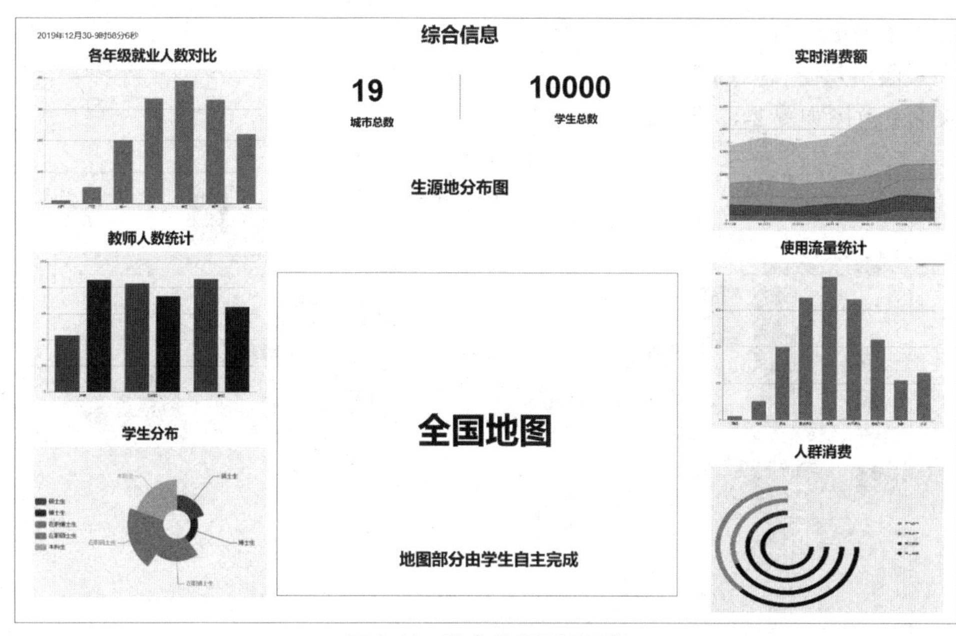

图 2-11　综合信息页面示意

2）页面功能描述

通过对采集到的学生数据进行分析得出各年级就业人数对比、教师人数统计、学生分布、生源地分布图、实时消费额、使用流量统计、人群消费。

3）页面参数说明

页面参数说明如表 2-9 所示。

表 2-9　综合信息页面参数说明

参数	样式	值	备注
各年级就业人数对比		根据学生数据统计出每个年级的就业人数	
教师人数统计		根据教师数据统计出各职称不同性别的人数	
学生分布		根据学生数据得出不同学历的人数分布	
生源地分布图	地图	根据生源地省份和人数在地图上绘点	
实时消费额		实时接收消费数据并进行求和计算	数据每隔一段时间刷新一次
使用流量统计		所有在校生访问各类型网站消耗的总流量	
人群消费		学生在各食堂消费的比例	

2. 餐饮数据分析

1）页面示意图

页面示意图如图 2-12 所示。

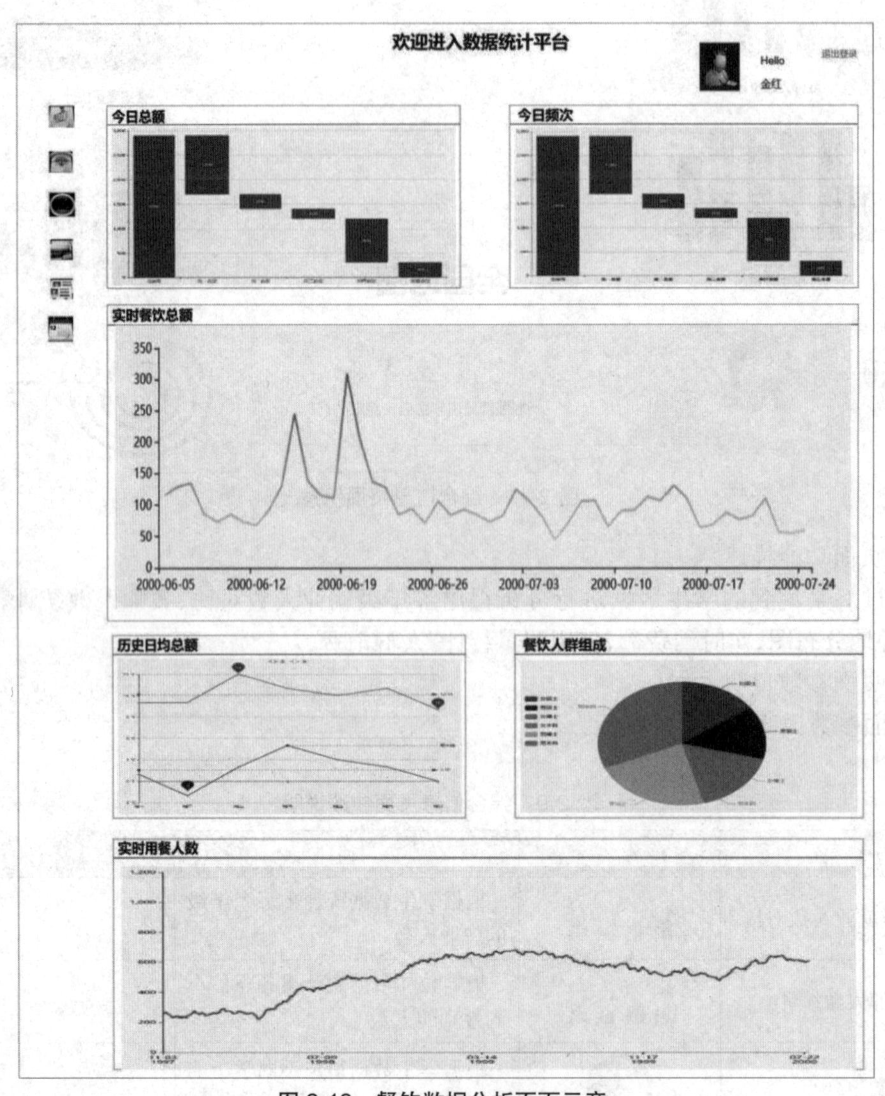

图 2-12 餐饮数据分析页面示意

2）页面功能描述

通过采集食堂的刷卡记录，对学生在食堂就餐的行为进行分析，得出今日总额、今日频次、实时餐饮总额、历史日均总额、餐饮人群组成、实时用餐人数。

3）页面参数说明

页面参数说明如表 2-10 所示。

表 2-10　餐饮数据分析页面参数说明

参数	样式	值	备注
今日总额		当天各食堂的收入总额	
今日频次		当天各食堂的就餐人次	
实时餐饮总额		学生在各食堂的实时消费总额	
历史日均总额		学生每天的平均消费总额	
餐饮人群组成		在食堂就餐的人群比例	人群按性别和学历区分，如男本科、女本科、男硕士、女硕士、男博士和女博士
实时用餐人数		实时用餐人数	

3. 网络数据分析

1）页面示意图

页面示意图如图 2-13 所示。

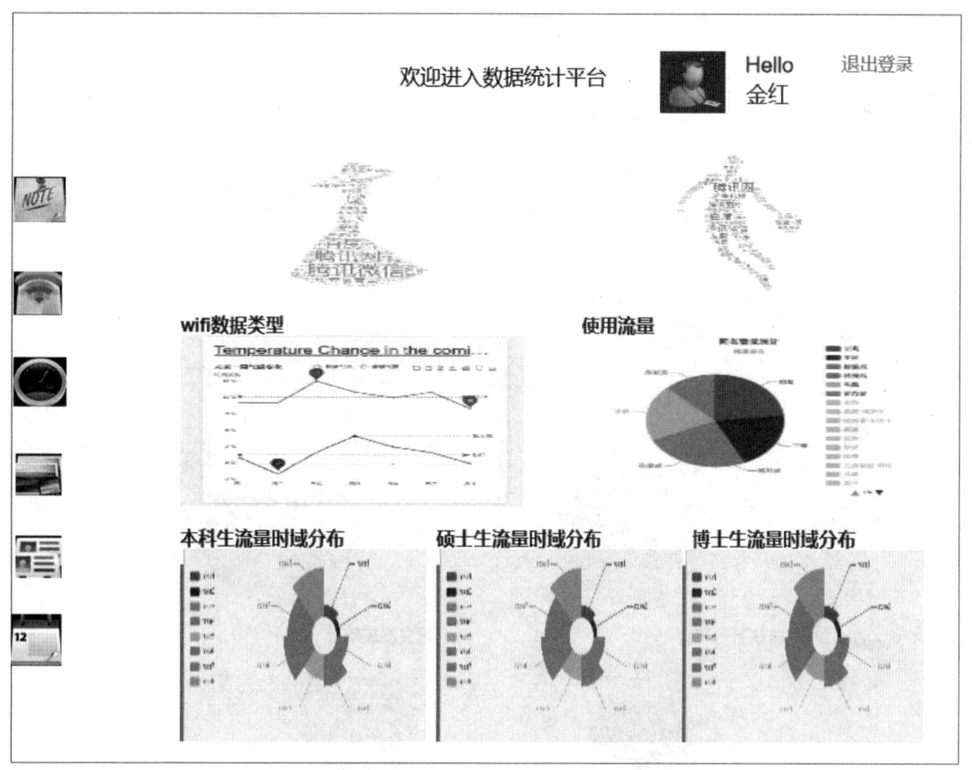

图 2-13　网络数据分析页面示意

2）页面功能描述

通过采集学生上网的习惯、时间、所使用的流量等信息分析出不同学生使用网络的时域、消耗流量最多的类型和经常浏览的网站。

3）页面参数说明

页面参数说明如表 2-11 所示。

表 2-11　网络数据分析页面参数说明

参数	样式	值	备注
Wi-fi 数据类型		各年级使用的 Wi-fi 流量	
使用流量		不同连接类型的流量消耗比例	
本科生流量时域分布		本科生使用网络的时间和地点	
硕士生流量时域分布		硕士生使用网络的时间和地点	
博士生流量时域分布		博士生使用网络的时间和地点	

4. 设备与科研数据分析

1）页面示意图

页面示意图如图 2-14 所示。

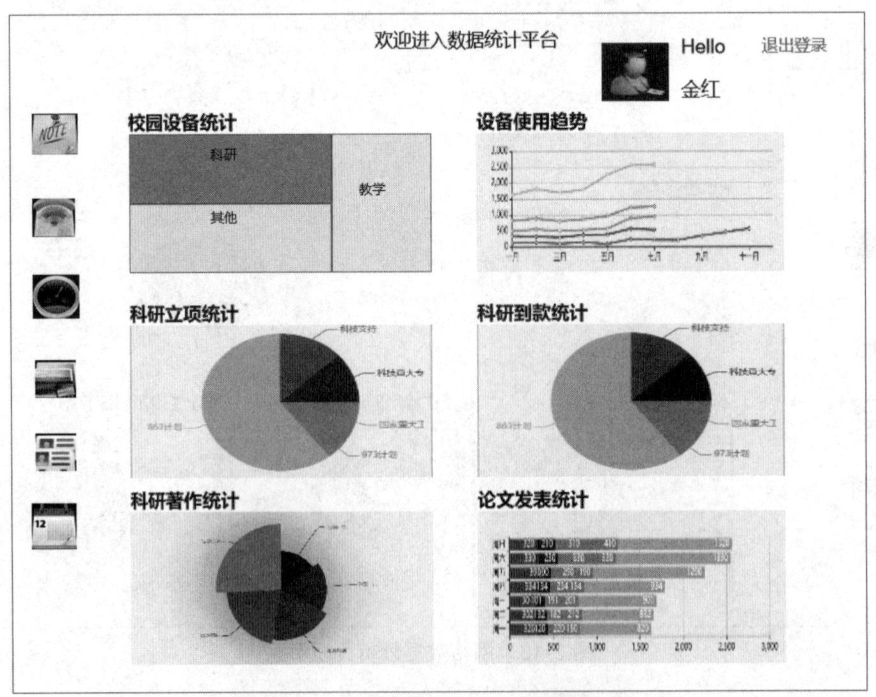

图 2-14　设备与科研数据分析页面示意

2）页面功能描述

通过分析学校设备的使用和购买情况以及科研著作等数据，统计出不同类型设备的采购消费及使用趋势、科研立项数量、科研到款、科研著作和论文发表情况。

3）页面参数说明

页面参数说明如表 2-12 所示。

表 2-12　设备与科研数据分析页面参数说明

参数	样式	值	备注
校园设备统计		科研类、教学类和其他类型设备的采购消费	
设备使用趋势		科研和教学每个月的设备采购消费	
科研立项统计		每个类型科研的立项比例	
科研到款统计		每个类型科研的到款比例	
科研著作统计		每个类型科研的著作比例	
论文发表统计		不同职称教师发表论文的比例	

5. 就业数据分析

1）页面示意图

页面示意图如图 2-15 所示。

2）页面功能描述

通过分析招聘网站的招聘信息和学生的就业情况数据，得到各专业就业人数排名前五、学生就业城市排名前五、平均薪资、各年级就业人数和市场需求工作薪资等。

3）页面参数说明

页面参数说明如表 2-13 所示。

表 2-13　就业数据分析页面参数说明

参数	样式	值	备注
各专业就业人数排名前五		根据学生就业数据统计每个专业的就业人数	
学生就业城市排名前五		根据学生就业数据分析出热门就业城市	
平均薪资		每个专业的平均薪资	
各年级就业人数		每个年级的就业人数	

续表

参数	样式	值	备注
市场需求工作薪资		市场薪资水平分布	
市场需求工作年限		市场中的工作岗位要求的工作年限	
市场需求学历		市场中的工作岗位要求的学历	
各城市需求人数对比		每个城市需要的人才数量对比	
各城市提供职位对比		每个城市所提供的岗位数量对比	

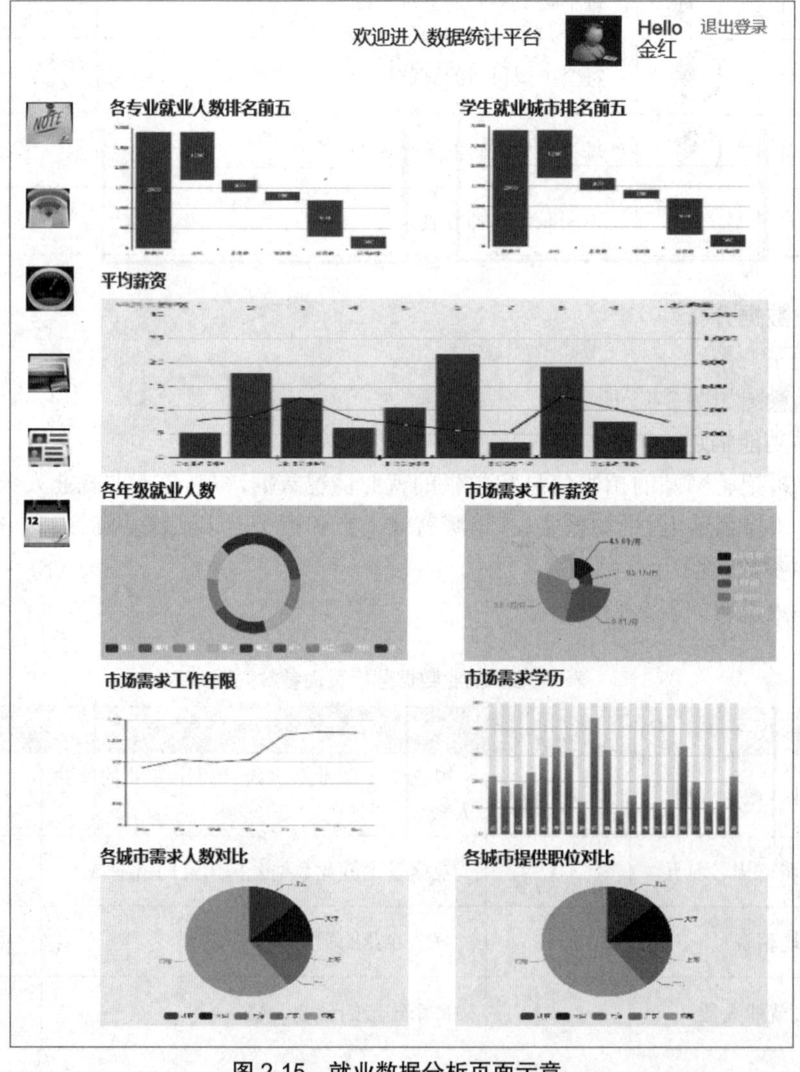

图 2-15　就业数据分析页面示意

2.4.4　学生数据分析模块

学生数据分析模块包含综合信息、个人综合数据分析、个人活动数据分析和个人信息修改四个子模块，结构如图 2-16 所示。

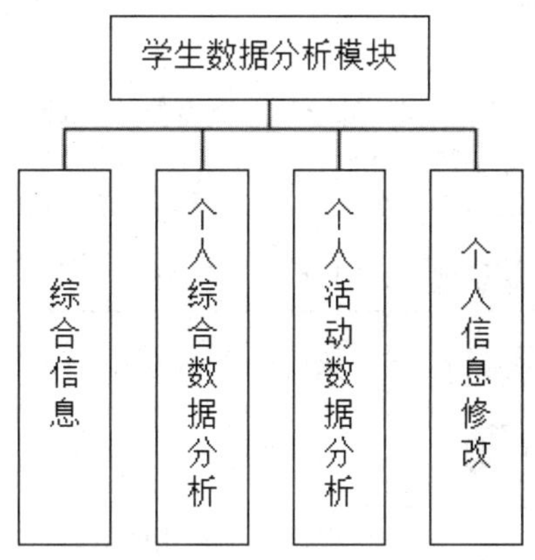

图 2-16　学生数据分析模块

1. 综合信息

1）页面示意图

页面示意图如图 2-17 所示。

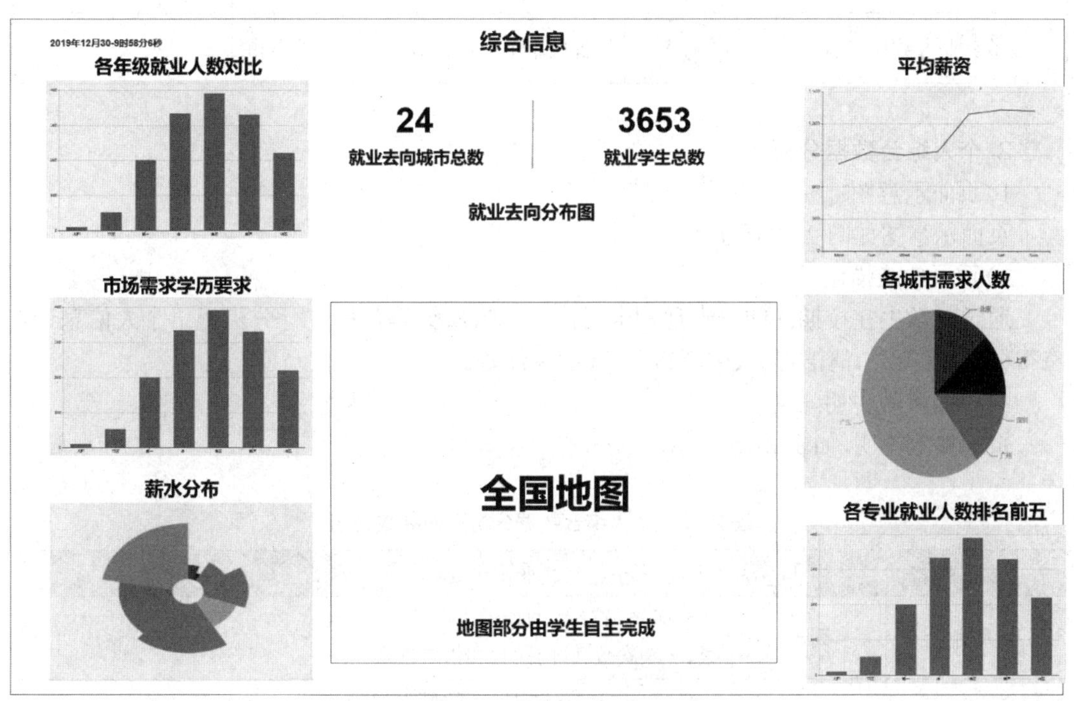

图 2-17　综合信息页面示意

2）页面功能描述

通过对采集到的学生数据进行分析得出各年级就业人数对比、市场需求学历、薪水分布、就业去向分布、平均薪资、各城市需求人数、各专业就业人数排名前五等。

3）页面参数说明

页面参数说明如表 2-14 所示。

表 2-14 综合信息页面参数说明

参数	样式	值	备注
各年级就业人数对比		根据学生数据得出每个年级的人数	
市场需求学历		统计各类学历的需求人数	
薪水分布		根据学生就业薪资的范围进行统计	
就业去向分布图	地图	根据学生就业地信息和人数在地图上绘点	
平均薪资		各专业就业学生的平均薪资	
各城市需求人数		根据学生就业数据统计每个专业的就业人数	
各专业就业人数排名前五		各城市中就业人数排名前五的城市	

2. 个人综合数据分析

1）页面示意图

页面示意图如图 2-18 所示。

2）页面功能描述

通过对学生在校期间的一卡通刷卡时间、地点、次数等数据进行分析得出个人信息 、勤奋得分、餐饮得分、清洁得分、生活得分、我的关注等。

3）页面参数说明

页面参数说明，如表 2-15 所示。

表 2-15 个人综合数据分析页面参数说明

参数	样式	值	备注
个人信息	列表	包括当前学生的学号、类别、刷卡次数、洗澡次数、联网次数和借书次数	
勤奋得分		根据一卡通在不同地点的刷卡记录统计出学生去教学楼、图书馆、宿舍和食堂的次数比例	

续表

参数	样式	值	备注
餐饮得分		根据餐饮刷卡数据统计出去食堂就餐和点外卖的次数比例	
清洁得分		根据浴室刷卡数据统计出一年中洗澡的天数和未洗澡的天数，并统计出平均每天洗多少次澡	
生活得分		根据在不同地点的消费数据分析出主要的消费类型，并统计出各类型消费的比例	
我的关注		统计经常浏览的网站，找到主要关注网站	

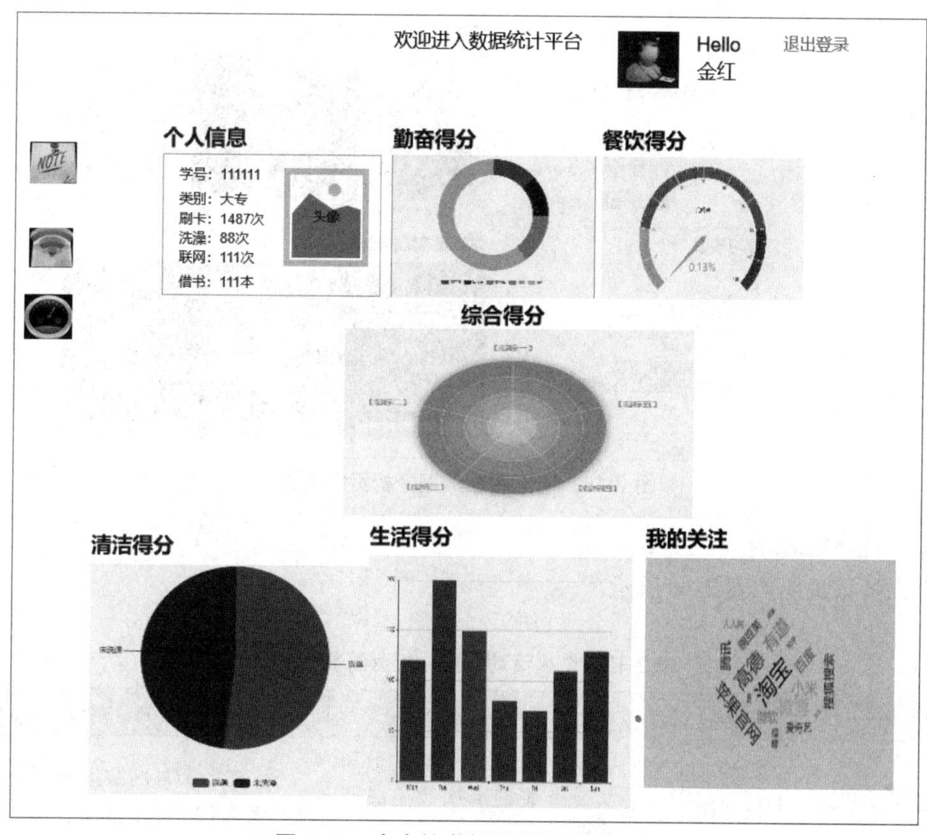

图 2-18　个人综合数据分析页面示意

3. 个人活动数据分析

1）页面示意图

页面示意图如图 2-19 所示。

2）页面功能描述

通过采集和分析学生在校期间的刷卡记录、互联网使用频率及流量、消费类型的比例，并根据这些信息得出其近期的生活习惯，然后进行评估和预警。

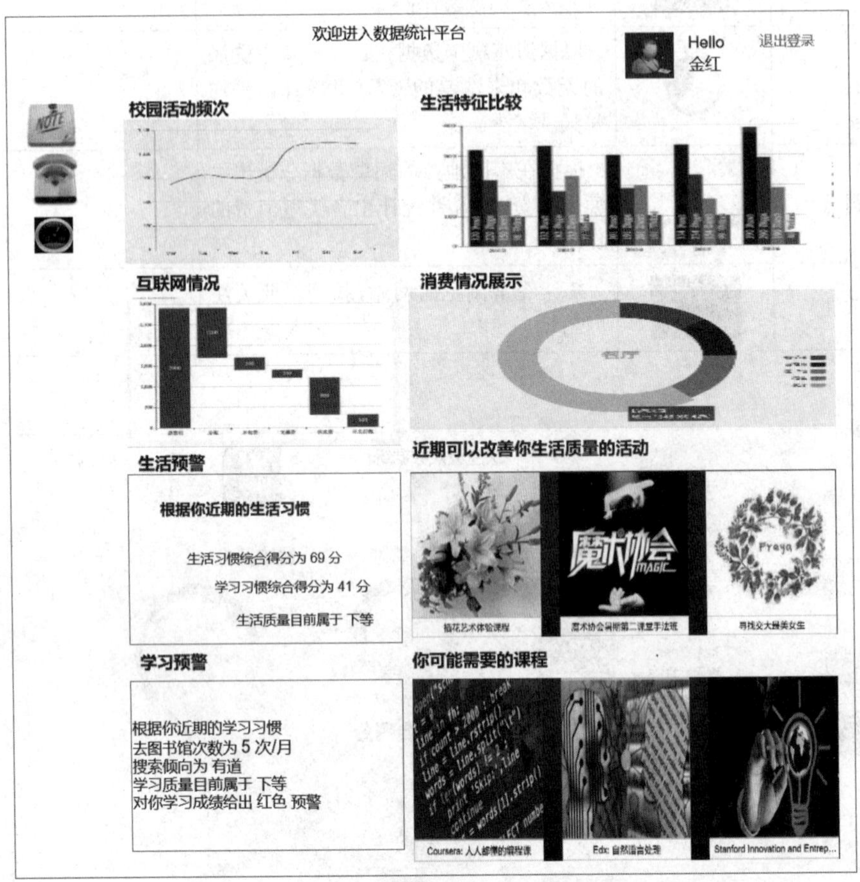

图 2-19　个人活动数据分析页面示意

3）页面参数说明

页面参数说明如表 2-16 所示。

表 2-16　个人活动数据分析页面参数说明

参数	样式	值	备注
校园活动频次		根据 Wi-fi 连接次数和一卡通刷卡次数生成两条折线	统计按每个月的数据进行分组，折线图显示 12 个月的数据
生活特征比较		每个月去图书馆的次数、每个月的 Wi-fi 请求次数、专注指数、勤奋指数、就餐指数、睡眠指数和健康指数	

续表

参数	样式	值	备注
互联网情况		统计使用的总流量和各浏览类型的流量	对入学以来的所有数据进行统计
消费情况展示		每个消费类型的比例	
生活预警	文字		
学习预警	文字		
近期可以改善你生活质量的活动	文字		
你可能需要的课程	文字		

4. 个人信息修改

1）页面示意图

页面示意图如图 2-20 所示。

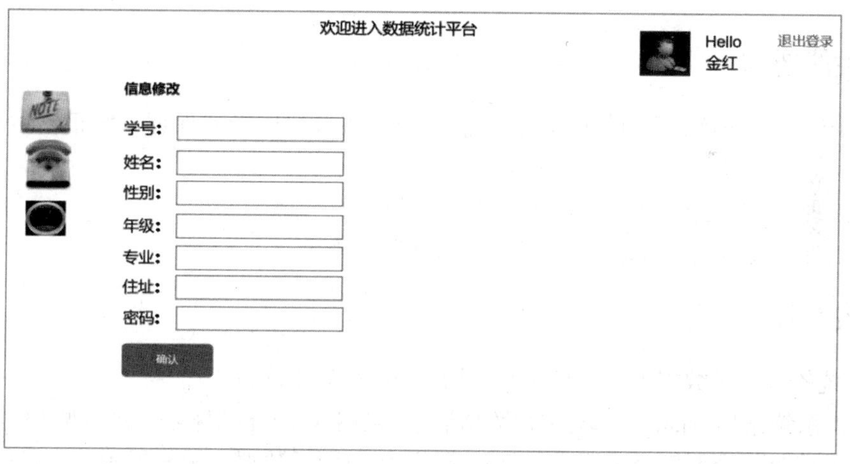

图 2-20　个人信息修改页面示意

2）页面功能描述

修改学生的个人信息。

3）页面参数说明

页面参数说明如表 2-17 所示。

表 2-17　个人信息修改页面参数说明

参数	样式	值	备注
学号	文本框	当前登录用户的学号	

续表

参数	样式	值	备注
姓名	文本框	当前登录用户的姓名	
性别	文本框	当前登录用户的性别	
年级	文本框	当前登录用户的年级	
专业	文本框	当前登录用户的专业	
住址	文本框	当前登录用户的住址	
密码	文本框	当前登录用户的密码	

2.5 非功能需求

2.5.1 性能要求

本系统需要在网络正常的大数据环境中运行，服务器应能够保证系统正常运行和及时响应：

（1）处理小批量实时数据响应时间应在 2 秒以内；

（2）处理大批量离线数据响应时间应在 60 秒以内。

2.5.2 安全性

本系统的核心大数据处理程序不与公网连接，安全性较高。

（1）本系统采用 Django 框架进行数据展示，采用 MVT 框架模式，即模型 M、视图 V 和模板 T。数据分析处理部分采用大数据技术，从而做到了数据分析与展示分离，保证了原数据的安全性。

（2）本系统仅在进行数据展示时才与公网连接，数据分析在局域网内完成，从物理层面保证了数据的安全性。

2.5.3 开发环境

为了保证数据分析系统和数据展示系统正常运行和协调，要求各组件之间版本兼容，不冲突，开发人员使用的测试环境与生产环境尽量保持一致，各组件的详细信息如表 2-18 和表 2-19 所示。

表 2-18　大数据环境所需组件版本及系统版本

组件及系统	版本
CentOS	7
JDK	1.8
Flume	1.7.0
Hive	2.2.0
Hadoop	2.7.2
HBase	1.2.6
Sqoop	1.4.6
Zookeeper	3.4.6
MySQL	5.7.21

表 2-19　开发软件版本信息

条件	软件	版本
可视化运行环境	PyCharm	2018.3
实时数据处理程序	IntelliJ IDEA	2019.2.4
数据传输工具	WinSCP	任意
终端仿真工具	SecureCRTPortable	任意

2.5.4　开发人员需求

数据分析人员需具备的条件：

（1）熟悉大数据的处理过程；

（2）精通 MapReduce 数据清洗；

（3）精通 Spark Streaming 实时数据处理；

（4）精通 Spark RDD 算子操作；

（5）能熟练使用 Python 开发 MapReduce 程序；

（6）能熟练使用 Scala 开发 Spark Streaming 程序。

数据展示人员需具备的条件：

（1）熟悉 Python Web 的实现流程；

（2）掌握 Django 框架的使用方法；

（3）掌握 MySQL 数据库的使用方法；

（4）掌握 HTML+CSS3 技术。

研究并使用建模工具完成本系统模块原型图的绘制。

完成本模块的学习后,填写并提交智慧校园数据监控系统需求分析报告。

智慧校园数据监控系统需求分析报告		
项目名称		
业务需求		
应用总体结构设计		
应用功能需求	模块划分	
	功能描述	
	开发环境需求	
	框架需求	
	开发人员需求	

模块三　系统详细设计

本模块主要介绍如何根据需求分析对智慧校园数据监控系统进行详细设计。通过本模块的学习，了解系统详细设计的过程，学习在系统详细设计过程中如何对系统进行模块划分以及如何分析模块中数据的传递过程。

- 熟悉系统详细设计的基本内容。
- 掌握智慧校园数据监控系统的设计要求。
- 熟悉系统详细设计的基本流程。
- 掌握智慧校园数据监控系统的总体结构。

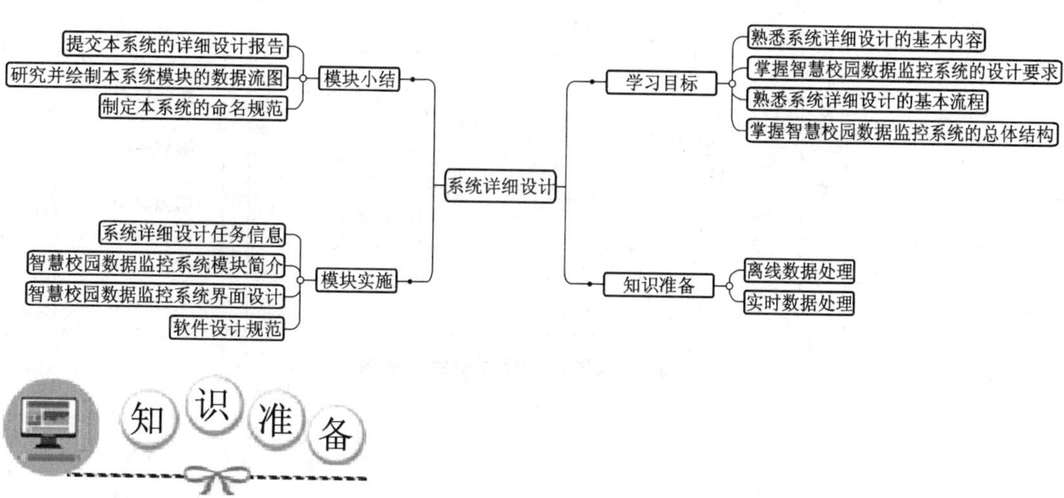

知识准备

根据需求文档中描述的功能和非功能需求以及所掌握的大数据知识进行研究，本系统通过离线数据分析和实时数据分析两种方式相结合实现。

● 离线数据处理

离线数据处理也叫批处理，主要应用于不需要快速响应的数据分析和需要对历史数据进行分析的场景。离线数据处理各步骤之间是串行计算离线处理，如图 3-1 所示。

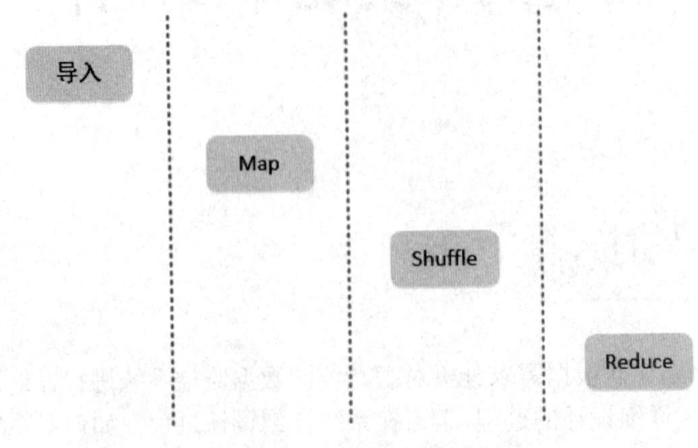

图 3-1 离线数据处理

● 实时数据处理

实时数据处理用于需要快速响应的场景和在短时间内计算大量数据集。实时数据处理采用 Lambda 架构，Lambda 架构的目标是设计出一个能满足实时大数据系统的关键特性的架构，可集成 Hadoop、Kafka、Storm、Spark 等各类大数据组件，实时数据处理平台的架构如图 3-2 所示。

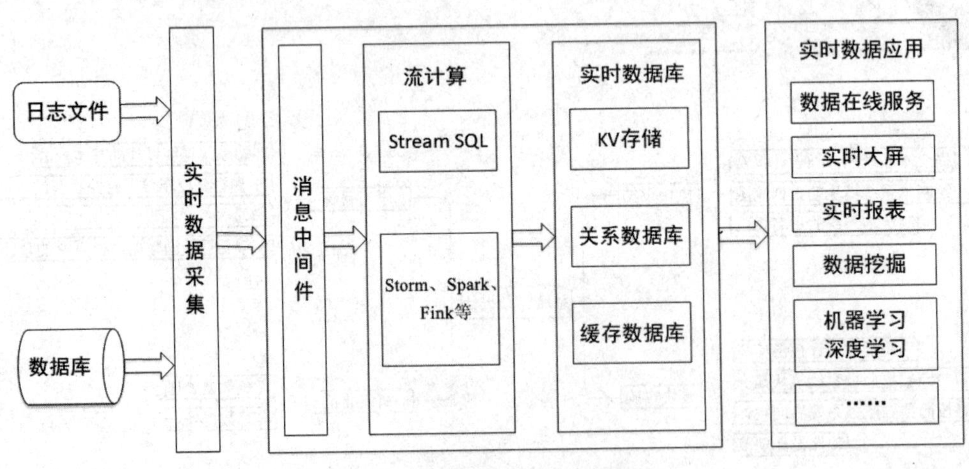

图 3-2 实时数据处理平台的架构

3.1　系统详细设计任务信息

任务编号：SFCMS-03-01。

表 3-1　基本信息

任务名称	系统详细设计				
任务编号	SFCMS-03-01	版本	1.0	任务状态	
计划开始时间		计划完成时间		计划用时	
负责人		作者		审核人	
工作产品	【 】文档　【 】图表　【 】测试用例　【 】代码　【 】可执行文件				

表 3-2　角色分工

岗位	系统分析	系统设计	系统页面实现	系统逻辑编程	系统测试
负责人					

3.2　智慧校园数据监控系统模块简介

智慧校园数据监控系统分为登录模块、人员管理模块、综合信息分析模块和学生数据分析模块，登录模块是用户进入系统的入口。

3.2.1　系统具备的优势

（1）高性能：后台数据分析采用大数据技术，数据处理速度更快。

（2）可扩展：Hadoop 大数据框架可根据实际需求对集群性能进行扩展。

（3）可视化：采用 Django 架构进行数据分析结果的可视化。

3.2.2　系统模块功能详细设计

1. 登录模块

登录模块包含用户登录和忘记密码两个子模块。

1)用户登录

(1)页面数据描述。

用户登录模块数据描述如表 3-3 所示。

表 3-3 用户登录模块数据描述

名称	描述
模块	用户登录
功能	此模块是进入系统的入口,可选择学生登录或管理员登录
性能	2~5 s 操作生效
输入项	账号和密码
输出项	登录成功或登录失败
输出方法	页面跳转显示
限制条件	无

(2)数据流图。

在此页面,用户选择以学生身份或管理员身份登录后输入对应的账号、密码以及验证码,系统将用户输入的数据提交到后台与数据库中存储的数据进行匹配,匹配成功则跳转到相应的界面,若不成功则提示密码错误。用户登录模块数据流图如图 3-3 所示。

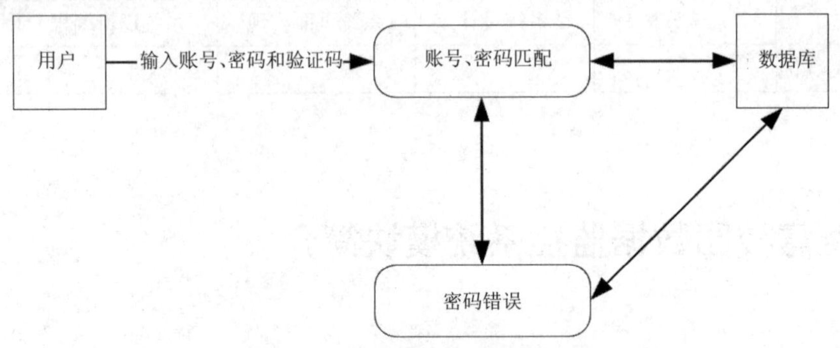

图 3-3 用户登录模块数据流图

2)忘记密码

(1)页面数据描述。

忘记密码模块数据描述如表 3-4 所示。

表 3-4 忘记密码模块数据描述

名称	描述
模块	用户密码修改
功能	输入对应的账号和姓名后,对密码进行修改
性能	1~2 s 操作生效

续表

名称	描述
输入项	账号、姓名和新密码
输出项	密码修改成功后提示修改成功，然后跳转到用户登录界面
输出方法	弹出框提示密码修改成功后跳转页面
限制条件	仅在账号和姓名匹配时能够成功修改密码

（2）数据流图。

在此页面，用户需输入对应的账号、姓名和新密码，账号和姓名匹配成功则提示密码修改成功并跳转到用户登录界面，若不成功则提示密码修改失败并停留在忘记密码页面。忘记密码模块数据流图如图 3-4 所示。

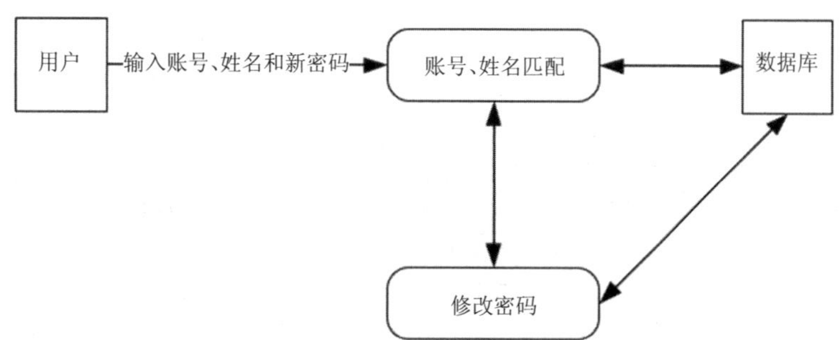

图 3-4　忘记密码模块数据流图

2. 人员管理模块

人员管理模块包含教师管理和学生管理两个子模块。

1）教师管理

（1）页面数据描述。

职称人数比例数据描述如表 3-5 所示。

表 3-5　职称人数比例数据描述

名称	描述
模块	显示教师的职称比例
功能	根据教师信息分析各职称的人数
性能	1~2 s 完成数据读取
输入项	无
输出项	职称比例
输出方法	以饼图的形式显示
限制条件	仅在以管理员身份登录时显示

教师男女比例数据描述如表 3-6 所示。

表 3-6 教师男女比例数据描述

名称	描述
模块	显示教师的男女比例
功能	根据教师信息分析男女人数
性能	1~2 s 完成数据读取
输入项	无
输出项	男女比例
输出方法	以环形图的形式显示
限制条件	仅在以管理员身份登录时显示

各专业中不同职称的人数数据描述如表 3-7 所示。

表 3-7 各专业中不同职称的人数数据描述

名称	描述
模块	显示每个专业中不同职称的教师人数
功能	根据教师信息分析各专业中不同职称的教师人数
性能	1~2 s 完成数据读取
输入项	无
输出项	各专业中不同职称的教师人数
输出方法	以柱状图的形式显示
限制条件	仅在以管理员身份登录时显示

教师数据描述如表 3-8 所示。

表 3-8 教师数据描述

名称	描述
模块	修改教师信息
功能	教师登录此系统对教师信息有修改权限
性能	2~5 s 操作生效
输入项	工号、姓名、性别、专业、职称、密码
输出项	基本信息
输出方法	以表格的形式显示
限制条件	以教师身份登录才具有此权限

（2）数据流图。

在此模块，管理员能够看到系统内所有的图表分析。教师管理模块数据流图如图 3-5 所示。

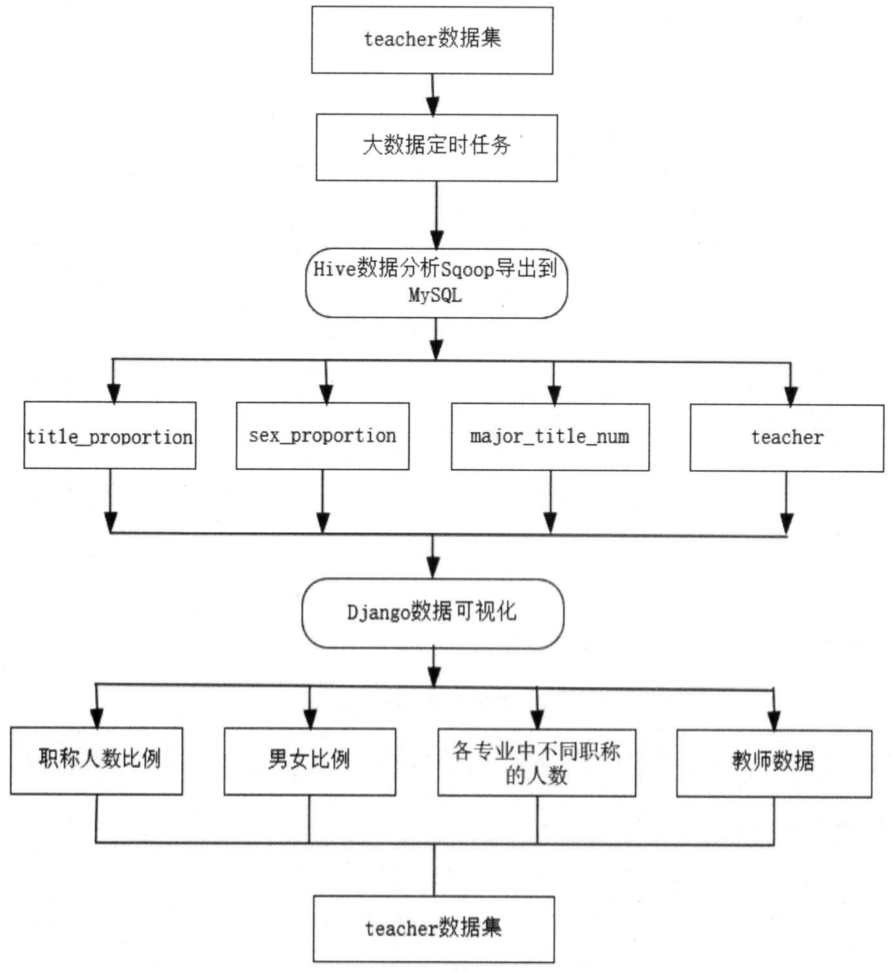

图 3-5　教师管理模块数据流图

在教师管理模块，用户可以对自己的信息进行修改和删除操作。教师信息管理数据流图如图 3-6 所示。

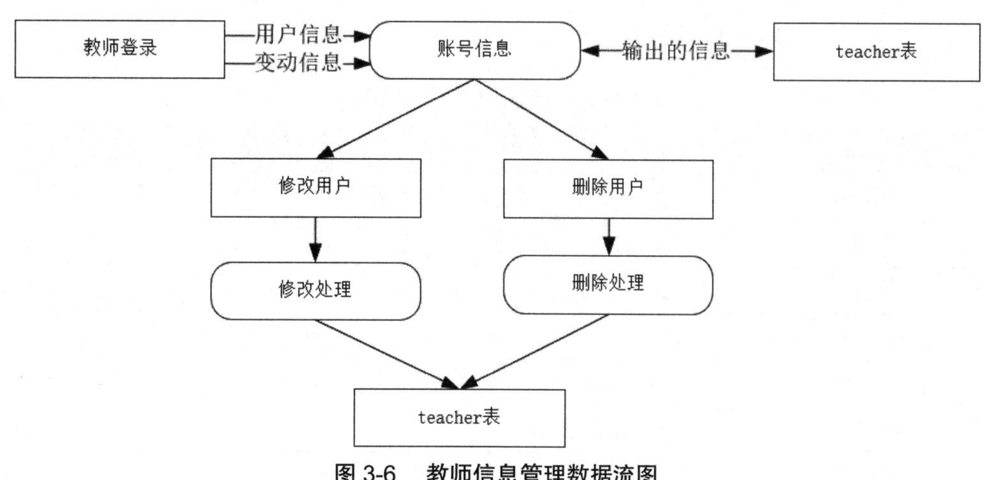

图 3-6　教师信息管理数据流图

2）学生管理

（1）页面数据描述。

就业比例数据描述如表 3-9 所示。

表 3-9　就业比例数据描述

名称	描述
模块	对所有学生的就业情况进行分析，得到已就业人数和未就业人数的比例
功能	显示已就业人数和未就业人数的比例
性能	1~2 s 完成数据读取
输入项	无
输出项	就业比例
输出方法	以饼图的形式显示
限制条件	仅在以管理员身份登录时可见

学生男女比例数据描述如表 3-10 所示。

表 3-10　学生男女比例数据描述

名称	描述
模块	根据全部学生数据统计男女比例
功能	显示男女比例
性能	1~2 s 完成数据读取
输入项	无
输出项	男女比例
输出方法	以环形图的形式显示
限制条件	以教师身份登录才具有此权限

各专业人数比例数据描述如表 3-11 所示。

表 3-11　各专业人数比例数据描述

名称	描述
模块	根据学生基础信息统计每个专业的学生人数
功能	统计各专业人数比例
性能	1~2 s 完成数据读取
输入项	无
输出项	各专业人数比例
输出方法	以饼图的形式显示
限制条件	以教师身份登录才具有此权限

学生数据描述如表 3-12 所示。

表 3-12　学生数据描述

名称	描述
模块	管理员查看和修改学生基础信息
功能	管理员对学生基础信息进行查看和修改
性能	1~2 s 完成数据读取和修改
输入项	学号、姓名、性别、年级、专业、住址、密码
输出项	修改成功或修改失败
输出方法	弹出框消失，回到当前页面
限制条件	以教师身份登录才具有此权限

（2）数据流图。

在此模块，教师能够看到所有图表数据。学生管理模块数据流图如图 3-7 所示。

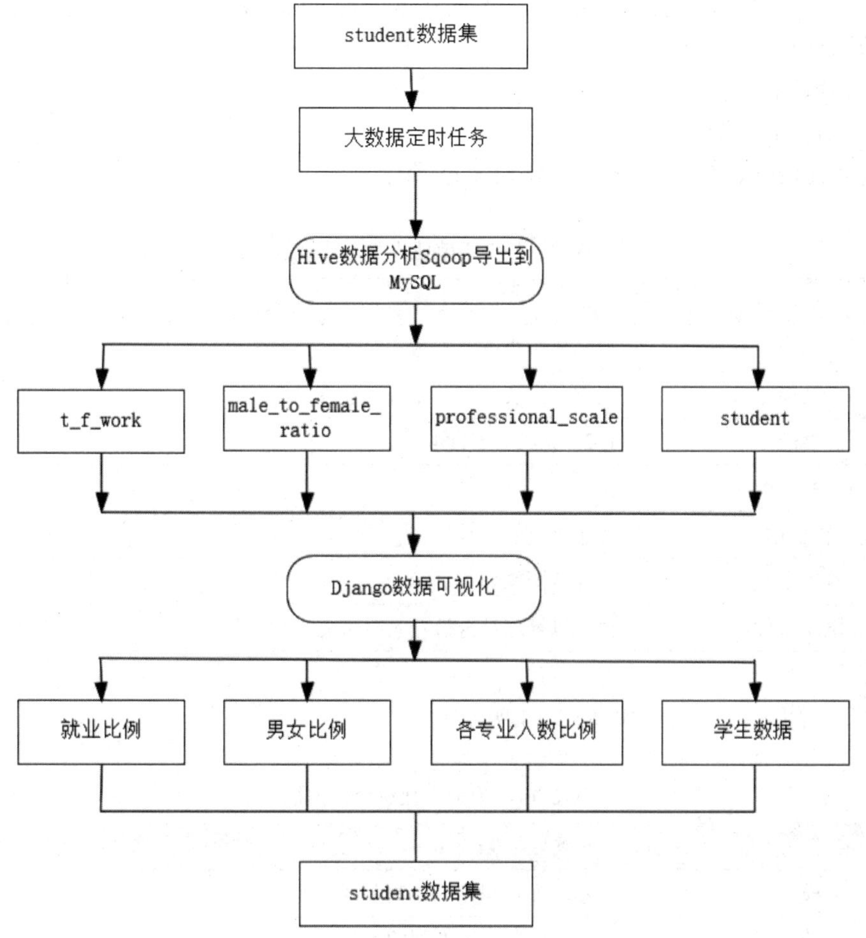

图 3-7　学生管理模块数据流图

在学生管理模块,用户可以对学生的基础信息进行修改和删除操作。学生信息管理数据流图如图 3-8 所示。

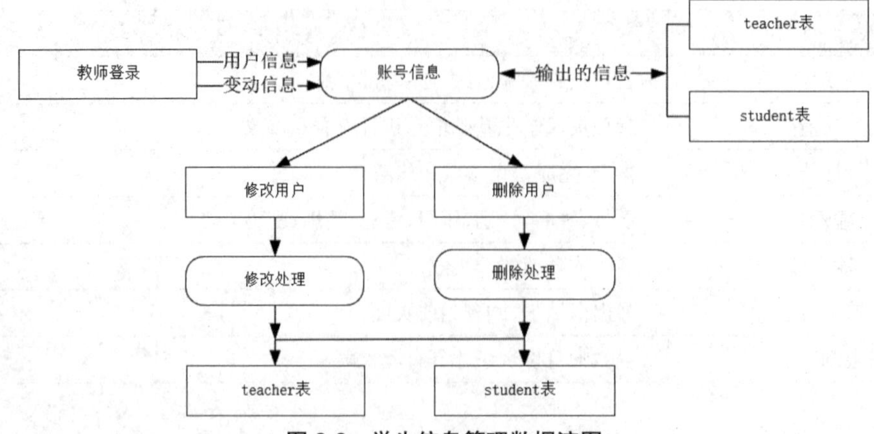

图 3-8 学生信息管理数据流图

3. 综合信息分析模块

综合信息分析模块包含综合信息、餐饮数据分析、网络数据分析、设备与科研数据分析和就业数据分析五个子模块。

1)综合信息

(1)页面数据描述。

各年级就业人数对比数据描述如表 3-13 所示。

表 3-13 各年级就业人数对比数据描述

名称	描述
模块	显示各年级就业人数
功能	根据学生表分析各年级就业人数
性能	1~2 s 完成数据读取
输入项	无
输出项	各年级就业人数
输出方法	以柱状图的形式显示
限制条件	仅在以管理员身份登录时可见

教师人数统计数据描述如表 3-14 所示。

表 3-14 教师人数统计数据描述

名称	描述
模块	显示教师各职称的人数并区分性别
功能	显示各职称不同性别的人数

续表

名称	描述
性能	1~2 s 完成数据读取
输入项	无
输出项	每个性别每个职称的人数
输出方法	以柱状图的形式显示
限制条件	仅在以管理员身份登录时可见

学生分布数据描述如表 3-15 所示。

表 3-15　学生分布数据描述

名称	描述
模块	各学历学生分布
功能	显示各学历学生人数
性能	1~2 s 完成数据读取
输入项	无
输出项	各学历学生人数
输出方法	以饼图的形式显示
限制条件	仅在以管理员身份登录时可见

实时消费额数据描述如表 3-16 所示。

表 3-16　实时消费额数据描述

名称	描述
模块	实时刷新学生的综合消费数据
功能	显示学生的实时消费信息
性能	1~2 s 完成数据读取
输入项	无
输出项	实时消费数据
输出方法	以折线图的形式显示
限制条件	仅在以管理员身份登录时可见

使用流量统计数据描述如表 3-17 所示。

表 3-17 使用流量统计数据描述

名称	描述
模块	显示访问各类型网站的流量使用情况
功能	显示流量使用情况
性能	1~2 s 完成数据读取
输入项	无
输出项	流量使用情况
输出方法	以柱状图的形式显示
限制条件	仅在以管理员身份登录时可见

人群消费数据描述如表 3-18 所示。

表 3-18 人群消费数据描述

名称	描述
模块	显示各食堂的收入比例
功能	统计各食堂的收入
性能	1~2 s 完成数据读取
输入项	无
输出项	各食堂的收入情况
输出方法	以环形图的形式显示
限制条件	仅在以管理员身份登录时可见

生源地分布图数据描述如表 3-19 所示。

表 3-19 生源地分布图数据描述

名称	描述
模块	根据学生入学时输入的籍贯绘制生源地分布图并统计学生总数和城市总数
功能	绘制生源地分布图，统计学生人数和城市数量
性能	1~2 s 完成数据读取
输入项	无
输出项	生源地坐标
输出方法	以地图的形式显示
限制条件	仅在以管理员身份登录时可见

（2）数据流图。

此子模块仅在以管理员身份登录时才能够显示，包含各年级就业人数对比、教师人数统计、学生分布、实时消费额、使用流量统计、人群消费和生源地分布图，其中实时消费额为实时数据分析，其余图表均为离线数据分析。离线数据分析数据流图如图 3-9 所示。

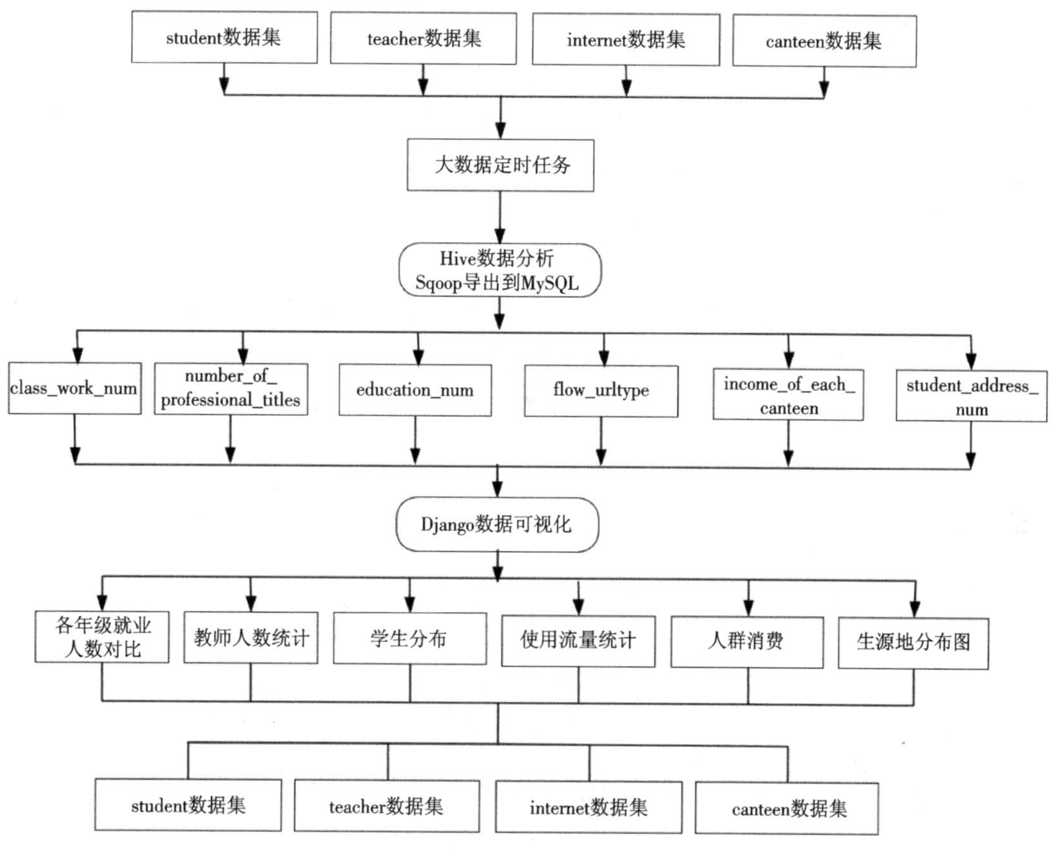

图 3-9　离线数据分析数据流图

实时数据分析数据流图如图 3-10 所示。

2）餐饮数据分析

1）页面数据描述。

今日总额数据描述如表 3-20 所示。

表 3-20　今日总额数据描述

名称	描述
模块	显示每个食堂的收入总额和所有食堂的收入总额
功能	统计每个食堂的收入总额
性能	1~2 s 完成数据读取
输入项	无
输出项	各食堂的收入总额
输出方法	以柱状图的形式显示
限制条件	仅在以管理员身份登录时可见

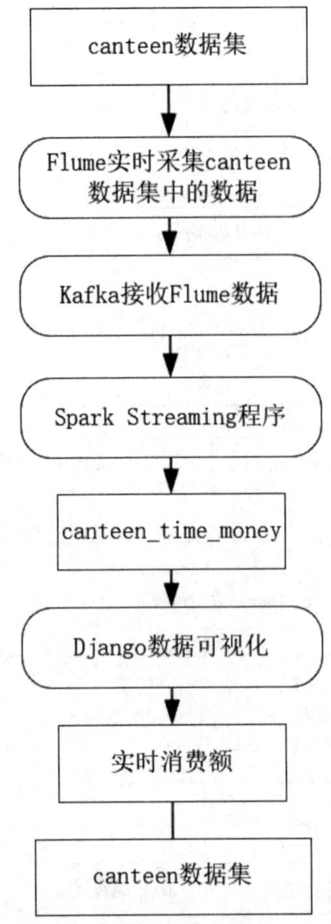

图 3-10　实时数据分析数据流图

今日频次数据描述如表 3-21 所示。

表 3-21　今日频次数据描述

名称	描述
模块	显示每个食堂的消费人次和所有食堂的消费人次总和
功能	统计每个食堂的消费人次
性能	1~2 s 完成数据读取
输入项	无
输出项	各食堂的消费人次
输出方法	以柱状图的形式显示
限制条件	仅在以管理员身份登录时可见

实时餐饮总额数据描述如表 3-22 所示。

表 3-22　实时餐饮总额数据描述

名称	描述
模块	Flume+Kafka 实时采集数据，由 Spark Streaming 以 10 s 为时间间隔实时分析所有食堂的收入总额并存到 MySQL 数据库中
功能	用折线图实时显示所有食堂的收入总额
性能	每 10 s 读取一次数据，要求在 1~2 s 内完成
输入项	无
输出项	所有食堂的收入总额
输出方法	以折线图的形式实时显示
限制条件	仅在以管理员身份登录时可见

历史日均总额数据描述如表 3-23 所示。

表 3-23　历史日均总额数据描述

名称	描述
模块	按性别区分一天内学生在食堂的消费，显示近五天的数据
功能	用折线图显示每天男生和女生在食堂的消费总额，数据每天统计一次，系统自动刷新
性能	1~2 s 完成数据读取
输入项	无
输出项	近五天男、女同学在食堂的消费总额
输出方法	以折线图的形式显示
限制条件	仅在以管理员身份登录时可见

餐饮人群组成数据描述如表 3-24 所示。

表 3-24　餐饮人群组成数据描述

名称	描述
模块	按性别和学历显示各食堂的消费人群比例
功能	统计各食堂的消费人群比例
性能	1~2 s 完成数据读取
输入项	无
输出项	各食堂的消费人群比例
输出方法	以饼图的形式显示
限制条件	仅在以管理员身份登录时可见

实时用餐人数数据描述如表 3-25 所示。

表 3-25 实时用餐人数数据描述

名称	描述
模块	Flume+Kafka 实时采集数据，由 Spark Streaming 以 10 s 为时间间隔实时分析所有食堂的用餐人数总和
功能	用折线图实时显示所有食堂的用餐人数总和
性能	每 10 s 读取一次数据，要求在 1~2 s 内完成
输入项	无
输出项	所有食堂的用餐人数总和
输出方法	以折线图的形式显示
限制条件	仅在以管理员身份登录时可见

（2）数据流图。

此子模块仅在以管理员身份登录时才能够显示，包含今日总额、今日频次、实时餐饮总额、历史日均总额、餐饮人群组成和实时用餐人数，其中实时餐饮总额和实时用餐人数为实时分析，其余图表均为离线数据分析。离线数据分析数据流图如图 3-11 所示。

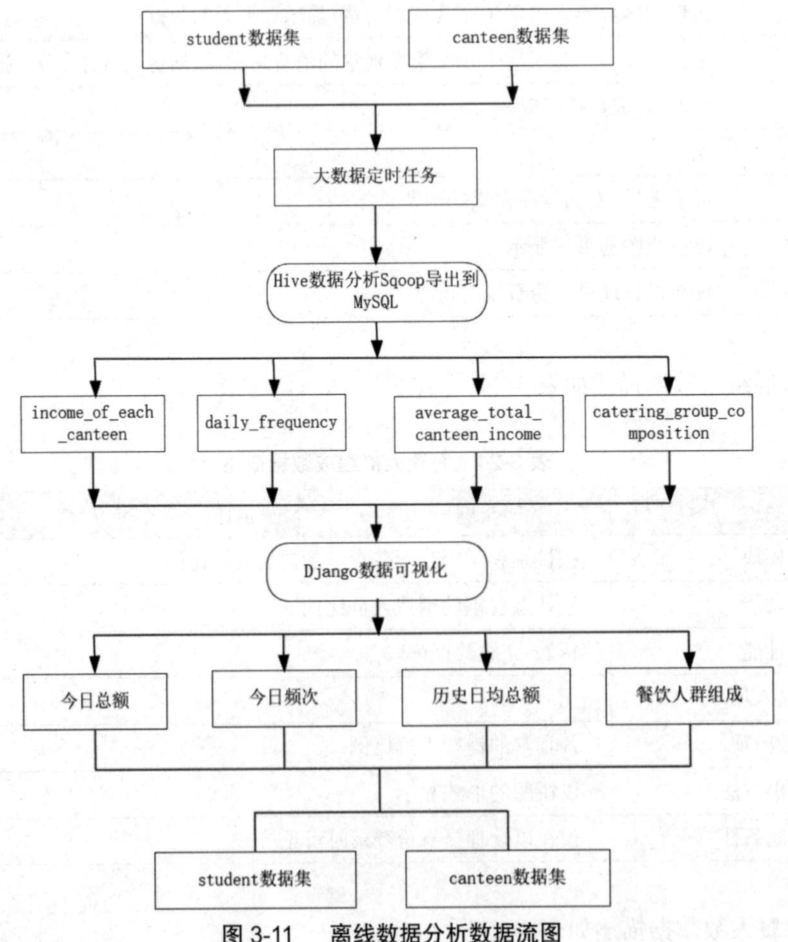

图 3-11 离线数据分析数据流图

实时数据分析数据流图如图 3-12 所示。

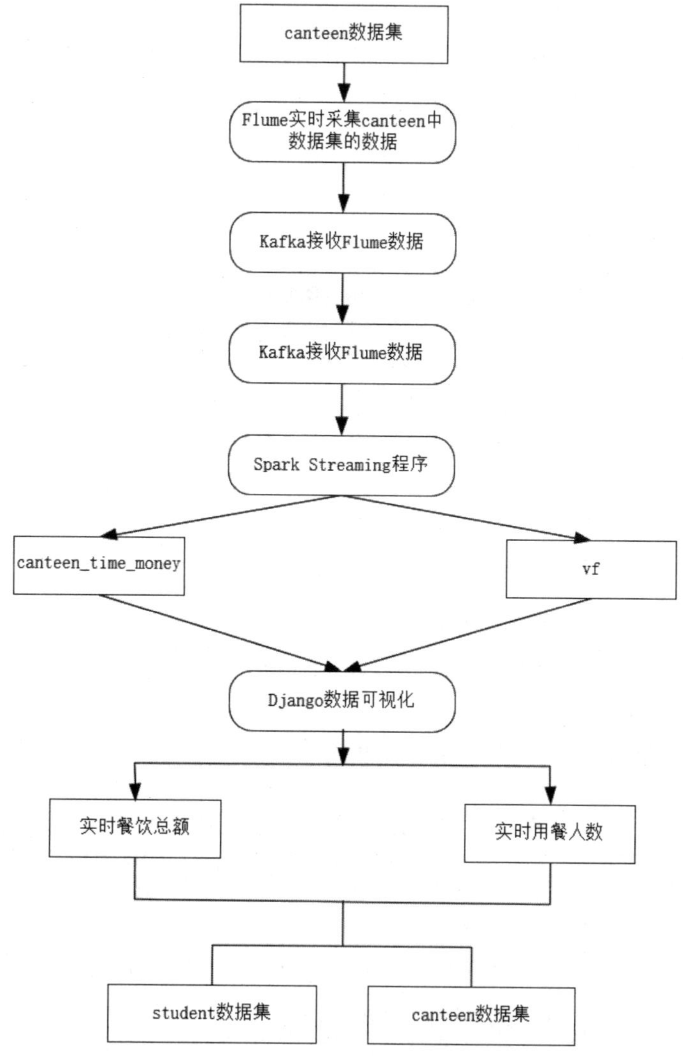

图 3-12　实时数据分析数据流图

3）网络数据分析

（1）页面数据描述。

Wi-fi 数据类型数据描述如表 3-26 所示。

表 3-26　Wi-fi 数据类型数据描述

名称	描述
模块	统计使用 Wi-fi 访问各类型网站所产生的数据流量，每隔 5 s 切换一个网站类型
功能	显示各年级男生和女生使用 Wi-fi 访问各类型网站的数据流量
性能	1~2 s 完成数据读取
输入项	无

续表

名称	描述
输出项	各年级男生和女生使用 Wi-fi 访问不同类型网站的总流量
输出方法	以折线图的形式显示
限制条件	仅在以管理员身份登录时可见

使用流量数据描述如表 3-27 所示。

表 3-27 使用流量数据描述

名称	描述
模块	统计学生访问各类型网站所产生的流量
功能	显示学生访问不同类型网站所产生的流量
性能	1~2 s 完成数据读取
输入项	无
输出项	学生访问不同类型网站所产生的流量
输出方法	以饼图的形式显示
限制条件	仅在以管理员身份登录时可见

本科生流量时域分布数据描述如表 3-28 所示。

表 3-28 本科生流量时域分布数据描述

名称	描述
模块	统计本科生一天内在不同地点使用的流量
功能	显示本科生一天内在不同地点的流量使用情况
性能	1~2 s 完成数据读取
输入项	无
输出项	本科生一天内在各地使用的流量
输出方法	以玫瑰图的形式显示
限制条件	仅在以管理员身份登录时可见

硕士生流量时域分布数据描述如表 3-29 所示。

表 3-29 硕士生流量时域分布数据描述

名称	描述
模块	统计硕士生一天内在不同地点使用的流量
功能	显示硕士生一天内在不同地点的流量使用情况
性能	1~2 s 完成数据读取

续表

名称	描述
输入项	无
输出项	硕士生一天内在各地使用的流量
输出方法	以玫瑰图的形式显示
限制条件	仅在以管理员身份登录时可见

博士生流量时域分布数据描述如表 3-30 所示。

表 3-30　博士生流量时域分布数据描述

名称	描述
模块	统计博士生一天内在不同地点使用的流量
功能	显示博士生一天内在不同地点的流量使用情况
性能	1~2 s 完成数据读取
输入项	无
输出项	博士生一天内在各地使用的流量
输出方法	以玫瑰图的形式显示
限制条件	仅在以管理员身份登录时可见

（2）数据流图。

此子模块仅在以管理员身份登录时才能够显示，包含 Wi-fi 数据类型、使用流量、本科生流量时域分布、硕士生流量时域分布、博士生流量时域分布。网络数据分析模块数据流图如图 3-13 所示。

4）设备与科研数据分析

（1）页面数据描述。

校园设备统计数据描述如表 3-31 所示。

表 3-31　校园设备统计数据描述

名称	描述
模块	显示学校科研、教学和其他设备的数量和比例
功能	统计学校科研、教学和其他设备的数量
性能	1~2 s 完成数据读取
输入项	无
输出项	不同类型设备的数量和比例
输出方法	以矩形树图的形式显示
限制条件	仅在以管理员身份登录时可见

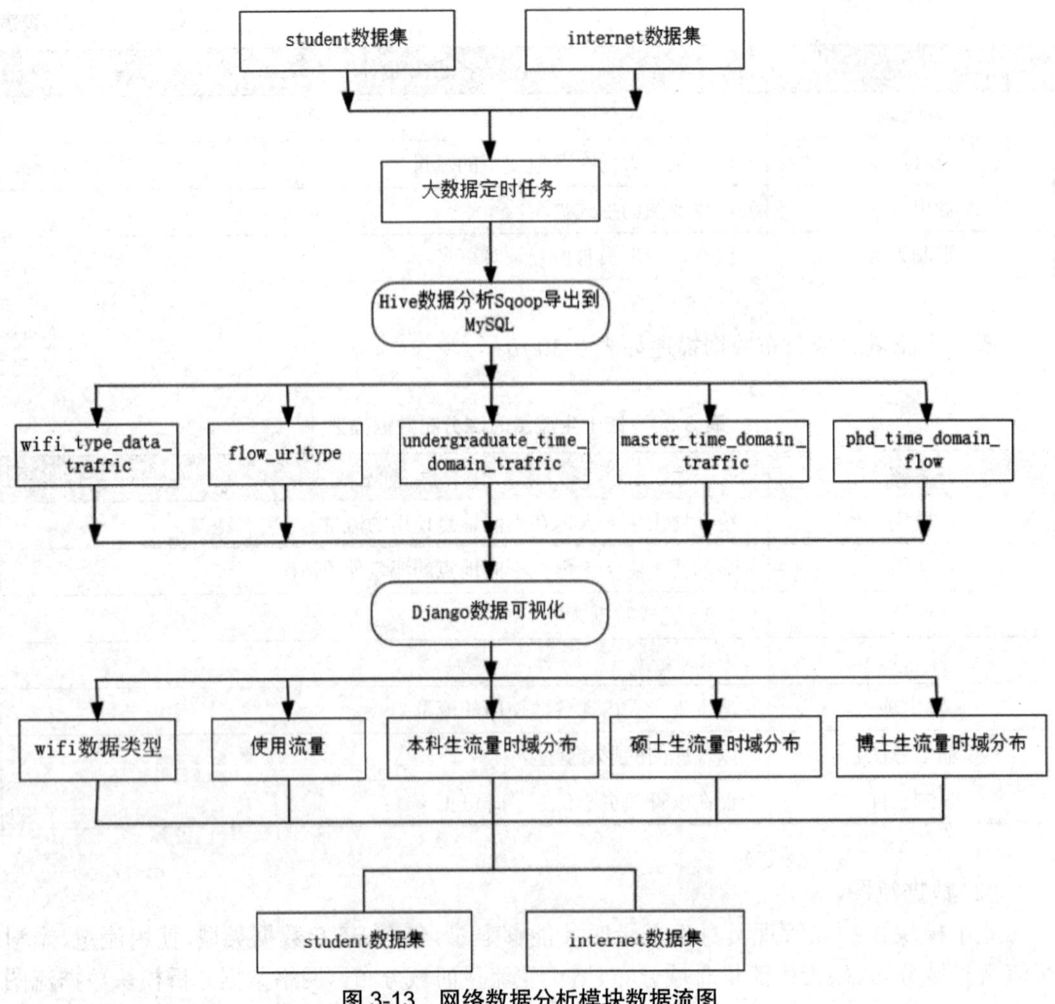

图 3-13 网络数据分析模块数据流图

设备使用趋势数据描述如表 3-32 所示。

表 3-32 设备使用趋势数据描述

名称	描述
模块	显示学校每个月购买科研和教学设备的消费
功能	分析学校每个月购买设备的消费走势
性能	1~2 s 完成数据读取
输入项	无
输出项	每个月购买科研和教学设备的消费总和
输出方法	以折线图的形式显示
限制条件	仅在以管理员身份登录时可见

科研立项统计数据描述如表 3-33 所示。

表 3-33　科研立项统计数据描述

名称	描述
模块	显示一年内各类科研项目的立项数量
功能	分析一年内各类科研项目的立项数量
性能	1~2 s 完成数据读取
输入项	无
输出项	一年内各类科研项目的立项数量
输出方法	以饼图的形式显示
限制条件	仅在以管理员身份登录时可见

科研到款统计数据描述如表 3-34 所示。

表 3-34　科研到款统计数据描述

名称	描述
模块	显示一年内各类科研项目的到款比例
功能	分析一年内各类科研项目的到款比例
性能	1~2 s 完成数据读取
输入项	无
输出项	一年内各类科研项目的到款总额
输出方法	以饼图的形式显示
限制条件	仅在以管理员身份登录时可见

科研著作统计数据描述如表 3-35 所示。

表 3-35　科研著作统计数据描述

名称	描述
模块	显示一年内各类型著作的数量
功能	分析一年内各类型著作的数量
性能	1~2 s 完成数据读取
输入项	无
输出项	一年内各类型著作的数量
输出方法	以饼图的形式显示
限制条件	仅在以管理员身份登录时可见

论文发表统计数据描述如表 3-36 所示。

表 3-36　论文发表统计数据描述

名称	描述
模块	显示一年内各学历的学生发表的不同等级论文的数量
功能	分析各学历的学生在一年内发表的论文的数量
性能	1~2 s 完成数据读取
输入项	无
输出项	一年内发表的论文的数量
输出方法	以条形图的形式显示
限制条件	仅在以管理员身份登录时可见

（2）数据流图。

此子模块仅在以管理员身份登录时才能够显示，包含校园设备统计、设备使用趋势、科研立项统计、科研到款统计、科研著作统计和论文发表统计。设备与科研数据分析模块数据流图如图 3-14 所示。

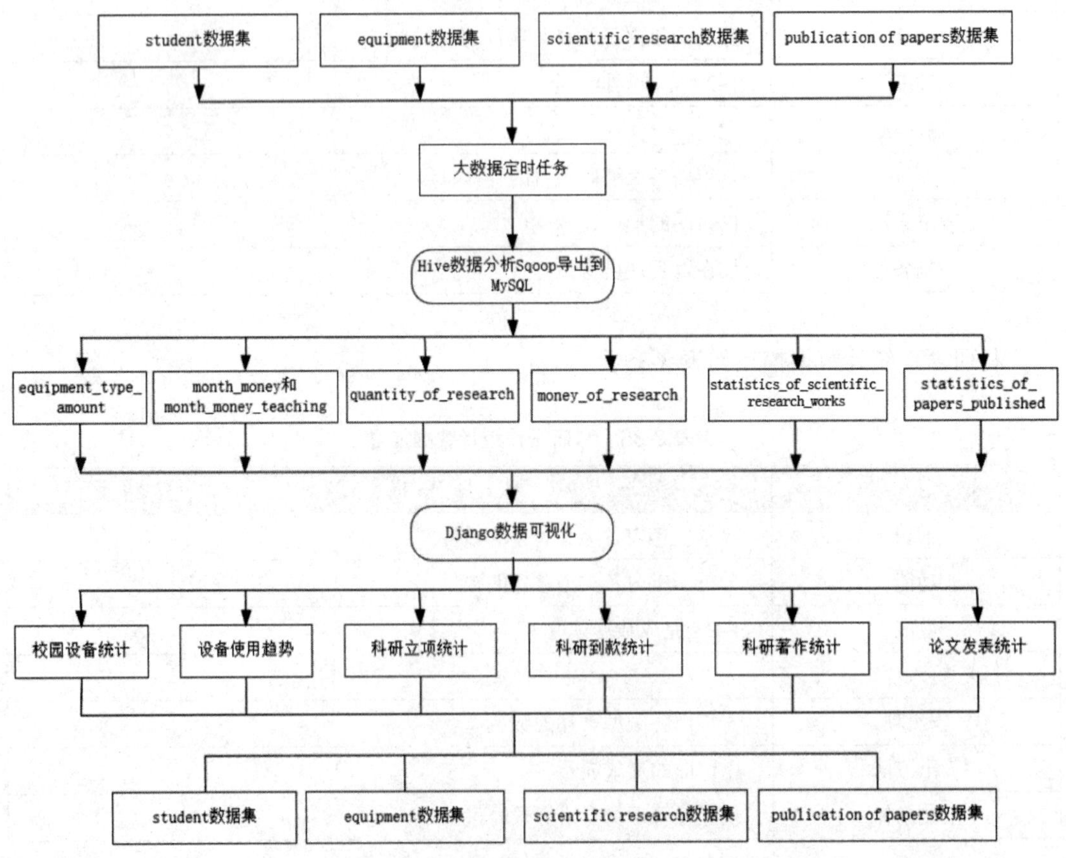

图 3-14　设备与科研数据分析模块数据流图

5）就业数据分析

（1）页面数据描述。

各专业就业人数排名前五数据描述如表 3-37 所示。

表 3-37　各专业就业人数排名前五数据描述

名称	描述
模块	根据学生数据分析每个专业的就业人数
功能	分析各专业的就业人数
性能	1~2 s 完成数据读取
输入项	无
输出项	各专业的就业人数
输出方法	以柱状图的形式显示
限制条件	仅在以管理员身份登录时可见

学生就业城市排名前五数据描述如表 3-38 所示。

表 3-38　学生就业城市排名前五数据描述

名称	描述
模块	根据就业信息分析热门就业城市
功能	分析各城市的就业人数
性能	1~2 s 完成数据读取
输入项	无
输出项	各城市的就业人数
输出方法	以柱状图的形式显示
限制条件	仅在以管理员身份登录时可见

平均薪资数据描述如表 3-39 所示。

表 3-39　平均薪资数据描述

名称	描述
模块	根据就业信息分析各专业的平均薪资
功能	分析各专业的平均薪资
性能	1~2 s 完成数据读取
输入项	无
输出项	各专业的平均薪资
输出方法	以柱状图结合折线图的形式显示
限制条件	仅在以管理员身份登录时可见

各年级就业人数数据描述如表 3-40 所示。

表 3-40 各年级就业人数数据描述

名称	描述
模块	根据就业信息分析每个年级的就业人数
功能	分析每个专业的就业人数
性能	1~2 s 完成数据读取
输入项	无
输出项	各专业的就业人数
输出方法	以环形图的形式显示
限制条件	仅在以管理员身份登录时可见

市场需求工作薪资数据描述如表 3-41 所示。

表 3-41 市场需求工作薪资数据描述

名称	描述
模块	根据招聘信息分析毕业生的薪资阶段
功能	分析各阶段的薪资比例
性能	1~2 s 完成数据读取
输入项	无
输出项	各阶段的薪资比例
输出方法	以饼图的形式显示
限制条件	仅在以管理员身份登录时可见

市场需求工作年限数据描述如表 3-42 所示。

表 3-42 市场需求工作年限数据描述

名称	描述
模块	分析市场招聘要求的工作年限
功能	分析各阶段的工作年限需求
性能	1~2 s 完成数据读取
输入项	无
输出项	工作年限
输出方法	以折线图的形式显示
限制条件	仅在以管理员身份登录时可见

市场需求学历数据描述如表 3-43 所示。

表 3-43　市场需求学历数据描述

名称	描述
模块	分析市场招聘信息中对学历的要求
功能	分析不同学历的需求数量
性能	1~2 s 完成数据读取
输入项	无
输出项	各学历的需求数量
输出方法	以柱状图的形式显示
限制条件	仅在以管理员身份登录时可见

各城市需求人数对比数据描述如表 3-44 所示。

表 3-44　各城市需求人数对比数据描述

名称	描述
模块	根据招聘信息统计各城市的人才需求量
功能	分析各城市需要的人才数量
性能	1~2 s 完成数据读取
输入项	无
输出项	各城市需要的人才数量
输出方法	以饼图的形式显示
限制条件	仅在以管理员身份登录时可见

各城市提供职位对比数据描述如表 3-45 所示。

表 3-45　各城市提供职位对比数据描述

名称	描述
模块	根据招聘信息分析各城市提供的岗位数量
功能	分析各城市的岗位数量
性能	1~2 s 完成数据读取
输入项	无
输出项	各城市的岗位数量
输出方法	以饼图的形式显示
限制条件	仅在以管理员身份登录时可见

（2）数据流图。

此子模块仅在以管理员身份登录时才能够显示，包含各专业就业人数排名前五、学生就业城市排名前五、平均薪资、各年级就业人数、市场需求工作薪资、市场需求工作年限、市场需求学历、各城市需求人数对比、各城市提供职位对比。就业数据分析模块数据流图如图3-15所示。

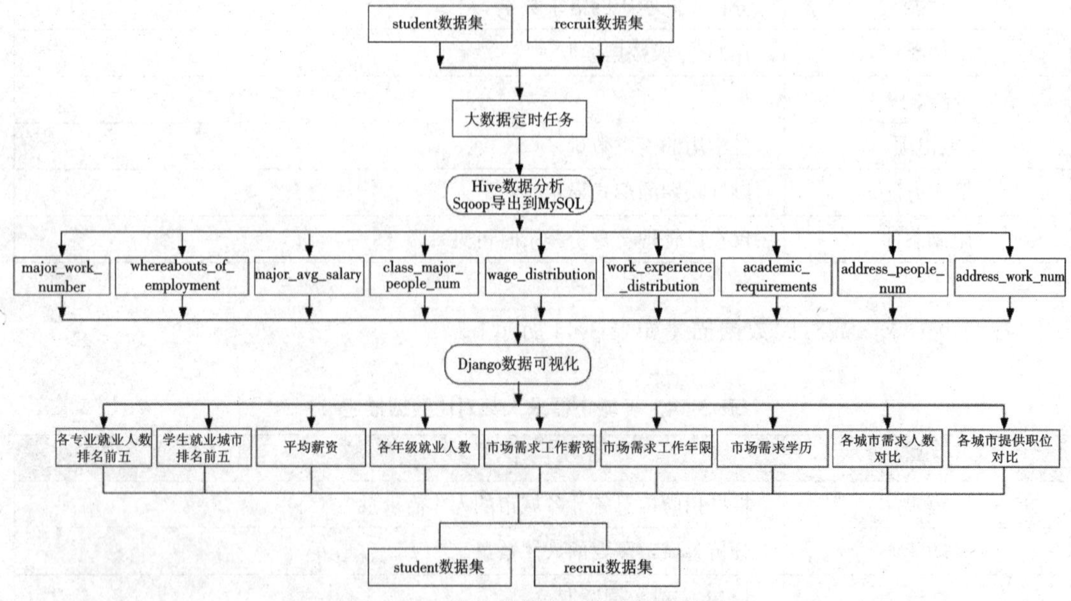

图 3-15　就业数据分析模块数据流图

4. 学生数据分析模块

学生数据分析模块包含综合信息、个人综合数据分析、个人活动数据分析和个人信息修改四个子模块。

1）综合信息

（1）页面数据描述。

各年级就业人数对比数据描述如表3-46所示。

表 3-46　各年级就业人数对比数据描述

名称	描述
模块	显示各年级就业人数
功能	根据学生表分析各年级就业人数
性能	1~2 s 完成数据读取
输入项	无
输出项	各年级就业人数
输出方法	以柱状图的形式显示
限制条件	仅在以学生身份登录时可见

市场需求学历数据描述如表 3-47 所示。

表 3-47　市场需求学历数据描述

名称	描述
模块	分析市场招聘信息中对学历的要求
功能	分析不同学历的需求数量
性能	1~2 s 完成数据读取
输入项	无
输出项	各学历的需求数量
输出方法	以柱状图的形式显示
限制条件	仅在以学生身份登录时可见

薪水分布数据描述如表 3-48 所示。

表 3-48　薪水分布数据描述

名称	描述
模块	根据招聘信息分析毕业生的薪资阶段
功能	分析各阶段的薪资比例
性能	1~2 s 完成数据读取
输入项	无
输出项	各阶段的薪资比例
输出方法	以饼图的形式显示
限制条件	仅在以学生身份登录时可见

就业去向分布图数据描述如表 3-49 所示。

表 3-49　就业去向分布图数据描述

名称	描述
模块	分析已就业学生的就业地点
功能	分析已就业学生的就业城市和每个城市的就业人数
性能	1~2 s 完成数据读取
输入项	无
输出项	就业城市和就业人数
输出方法	以地图的形式显示
限制条件	仅在以学生身份登录时可见

平均薪资数据描述如表 3-50 所示。

表 3-50 平均薪资数据描述

名称	描述
模块	根据就业信息分析各专业的平均薪资
功能	分析各专业的平均薪资
性能	1~2 s 完成数据读取
输入项	无
输出项	各专业的平均薪资
输出方法	以折线图的形式显示
限制条件	仅在以学生身份登录时可见

各城市需求人数数据描述如表 3-51 所示。

表 3-51 各城市需求人数数据描述

名称	描述
模块	根据招聘信息统计各城市的人才需求量
功能	分析各城市需要的人才数量
性能	1~2 s 完成数据读取
输入项	无
输出项	各城市需要的人才数量
输出方法	以饼图的形式显示
限制条件	仅在以学生身份登录时可见

各专业就业人数排名前五数据描述如表 3-52 所示。

表 3-52 各专业就业人数排名前五数据描述

名称	描述
模块	根据学生数据分析每个专业的就业人数
功能	分析各专业的就业人数
性能	1~2 s 完成数据读取
输入项	无
输出项	各专业的就业人数
输出方法	以柱状图的形式显示
限制条件	仅在以学生身份登录时可见

(2)数据流图。

此子模块主要显示学生的综合信息,如基本信息、就业信息、食堂刷卡记录、网络连接等数据的综合分析结果,点击该页面中的"进入管理平台"按钮可跳转到各数据分析模块。综合信息模块数据流图如图 3-16 所示。

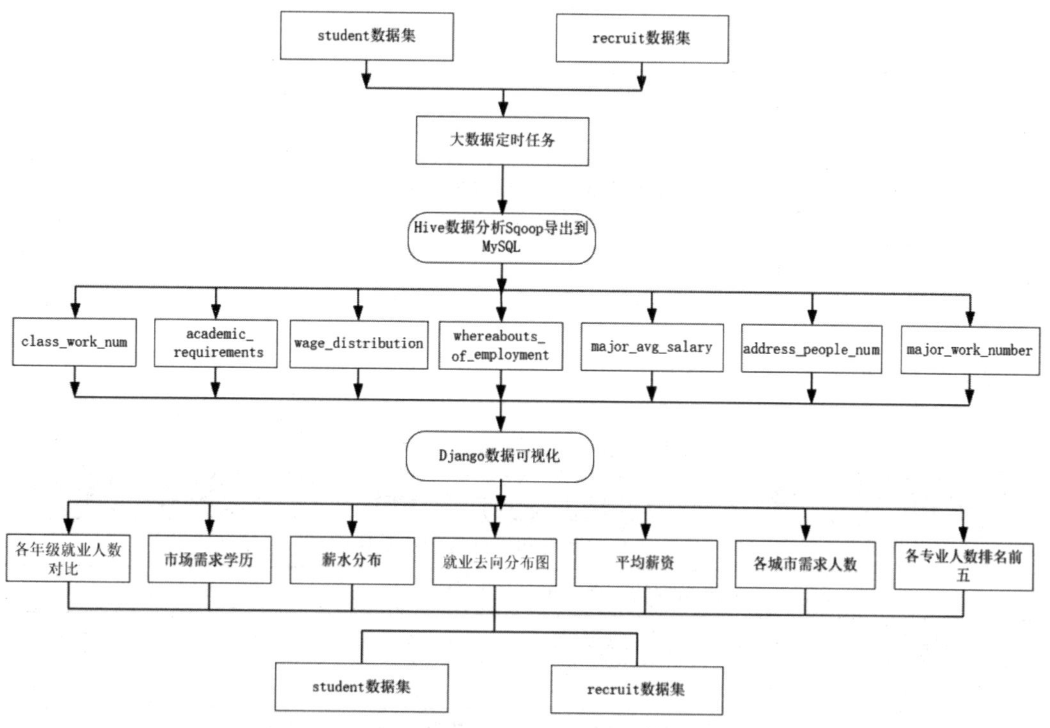

图 3-16　综合信息模块数据流图

2)个人综合数据分析

(1)页面数据描述。

个人信息数据描述如表 3-53 所示。

表 3-53　个人信息数据描述

名称	描述
模块	显示学生的学号、类别、刷卡次数、洗澡次数、联网次数和借书次数
功能	对学生的刷卡记录进行分析得到数据
性能	1~2 s 完成数据读取
输入项	无
输出项	学号、类别、刷卡次数、洗澡次数、联网次数和借书次数
输出方法	以标签的形式显示
限制条件	仅在以学生身份登录时可见

勤奋得分数据描述如表 3-54 所示。

表 3-54 勤奋得分数据描述

名称	描述
模块	显示学生去教学楼、图书馆、宿舍和食堂的次数比例
功能	分析学生的学习情况
性能	1~2 s 完成数据读取
输入项	无
输出项	学生去教学楼、图书馆、宿舍和食堂的次数比例
输出方法	以环形图的形式显示
限制条件	仅在以学生身份登录时可见

餐饮得分数据描述如表 3-55 所示。

表 3-55 餐饮得分数据描述

名称	描述
模块	显示学生去食堂就餐和点外卖的次数比例
功能	分析学生的饮食情况
性能	1~2 s 完成数据读取
输入项	无
输出项	学生去食堂就餐与点外卖的次数比例
输出方法	以仪表盘的形式显示
限制条件	仅在以学生身份登录时可见

清洁得分数据描述如表 3-56 所示。

表 3-56 清洁得分数据描述

名称	描述
模块	统计一年内洗澡的天数、未洗澡的天数和每天的平均洗澡次数
功能	分析一年内的卫生信息
性能	1~2 s 完成数据读取
输入项	无
输出项	一年内的洗澡次数
输出方法	以饼图的形式显示
限制条件	仅在以学生身份登录时可见

生活得分数据描述如表 3-57 所示。

表 3-57　生活得分数据描述

名称	描述
模块	分析学生咖啡、水果、活动、超市、餐饮和其他类型消费的次数比例
功能	分析学生各类型消费的次数比例
性能	1~2 s 完成数据读取
输入项	无
输出项	一年内学生各类型消费的次数比例
输出方法	以条形图的形式显示
限制条件	仅在以学生身份登录时可见

综合得分数据描述如表 3-58 所示。

表 3-58　综合得分数据描述

名称	描述
模块	根据勤奋得分、餐饮得分、清洁得分、生活得分计算所得
功能	分析学生的各项得分情况
性能	1~2 s 完成数据读取
输入项	无
输出项	各项得分的比例
输出方法	以饼图的形式显示
限制条件	仅在以学生身份登录时可见

我的关注数据描述如表 3-59 所示。

表 3-59　我的关注数据描述

名称	描述
模块	分析学生经常访问的网站
功能	分析学生经常访问的网站
性能	1~2 s 完成数据读取
输入项	无
输出项	一年内学生经常访问的网站
输出方法	以词云图的形式显示
限制条件	仅在以学生身份登录时可见

（2）数据流图。

此子模块只有在以学生身份登录时才能够显示，包含个人信息、勤奋得分、餐饮得分、清洁得分、生活得分、我的关注。个人综合数据分析模块数据流图如图 3-17 所示。

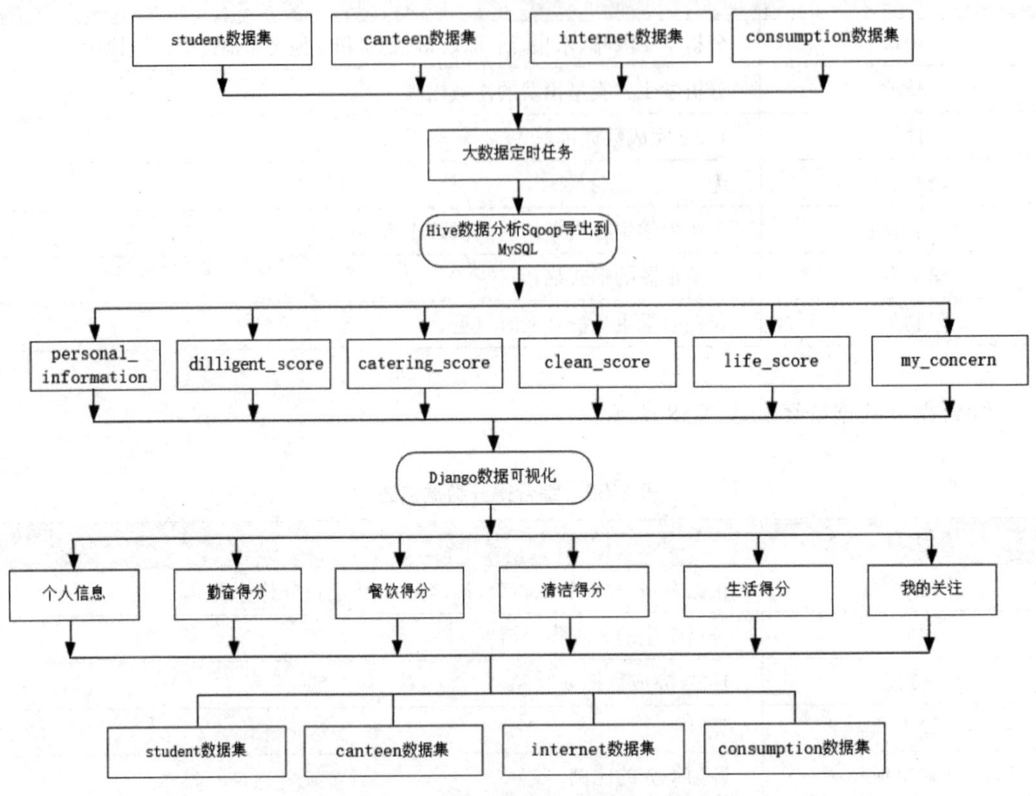

图 3-17　个人综合数据分析模块数据流图

3）个人活动数据分析

（1）页面数据描述。

校园活动频次数据描述如表 3-60 所示。

表 3-60　校园活动频次数据描述

名称	描述
模块	统计刷卡次数和 Wi-fi 连接次数
功能	分析当前学生一年内每个月的刷卡次数和 Wi-fi 连接次数
性能	1~2 s 完成数据读取
输入项	无
输出项	当前学生一年内每个月的刷卡次数和 Wi-fi 连接次数
输出方法	以折线图的形式显示
限制条件	仅在以学生身份登录时可见

生活特征比较数据描述如表 3-61 所示。

表 3-61　生活特征比较数据描述

名称	描述
模块	显示当前学生与各类型学生的分数对比
功能	进行当前学生与各类型学生生活特征的对比
性能	1~2 s 完成数据读取
输入项	无
输出项	当前学生的生活特征指数
输出方法	以柱状图的形式显示
限制条件	仅在以学生身份登录时可见

互联网情况数据描述如表 3-62 所示。

表 3-62　互联网情况数据描述

名称	描述
模块	显示当前学生浏览各类型网站产生的数据流量
功能	分析当前学生的流量使用情况
性能	1~2 s 完成数据读取
输入项	无
输出项	使用流量的总和
输出方法	以柱状图的形式显示
限制条件	仅在以学生身份登录时可见

消费情况展示数据描述如表 3-63 所示。

表 3-63　消费情况展示数据描述

名称	描述
模块	分析当前学生的消费关系组成
功能	分析当前学生各类型消费金额的比例
性能	1~2 s 完成数据读取
输入项	无
输出项	消费金额
输出方法	以饼图的形式显示
限制条件	仅在以学生身份登录时可见

生活预警数据描述如表 3-64 所示。

表 3-64 生活预警数据描述

名称	描述
模块	分析学生的生活质量和学习质量
功能	根据学生在学习和日常生活中的表现分析其生活质量
性能	1~2 s 完成操作
输入项	无
输出项	生活习惯综合得分、学习习惯综合得分，生活质量等级
输出方法	以标签的形式显示
限制条件	仅在以学生身份登录时可见

近期可以改善你生活质量的活动数据描述如表 3-65 所示。

表 3-65 近期可以改善你生活质量的活动数据描述

名称	描述
模块	推荐社团活动
功能	根据学生的生活质量向其推荐社团活动
性能	1~2 s 完成数据读取
输入项	无
输出项	社团活动名称
输出方法	以图片加名称的形式显示
限制条件	仅在以学生身份登录时可见

学习预警数据描述如表 3-66 所示。

表 3-66 学习预警数据描述

名称	描述
模块	根据学生近期的学习习惯得出每个月去图书馆的次数、搜索倾向、学习质量等级
功能	根据学习习惯得出每个月去图书馆的次数、搜索倾向、学习质量等级并进行预警
性能	1~2 s 完成数据读取
输入项	无
输出项	每个月去图书馆的次数、搜索倾向、学习质量等级
输出方法	以标签的形式输出
限制条件	仅在以学生身份登录时可见

你可能需要的课程数据描述如表 3-67 所示。

表 3-67　你可能需要的课程数据描述

名称	描述
模块	根据学生的学习习惯得分向其推荐课程
功能	推荐课程
性能	1~2 s 完成数据读取
输入项	无
输出项	课程名称
输出方法	以图片加名称的形式显示
限制条件	仅在以学生身份登录时可见

（2）数据流图。

此子模块只有在以学生身份登录时才能够显示，包含校园活动频次、生活特征比较、互联网情况、消费情况展示、生活预警、学习预警等。个人活动数据分析模块数据流图如图 3-18 所示。

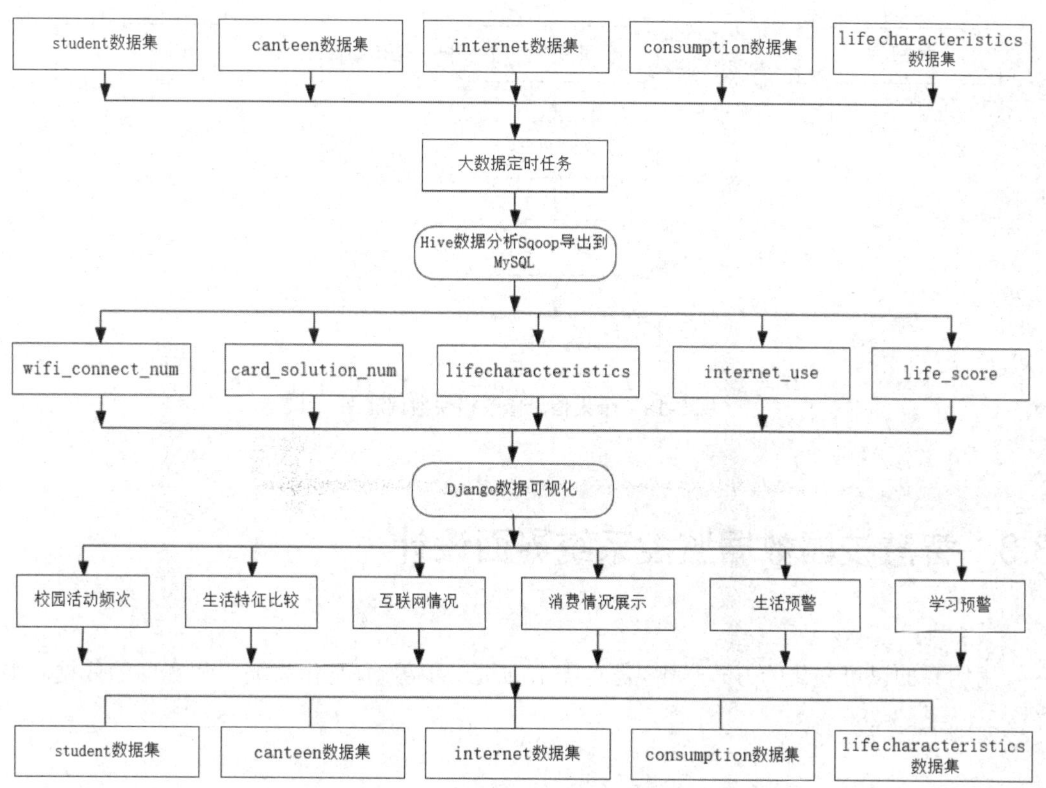

图 3-18　个人活动数据分析模块数据流图

4）个人信息修改

（1）页面数据描述。

个人信息修改数据描述如表 3-68 所示。

表 3-68 个人信息修改数据描述

名称	描述
模块	对当前账号的信息进行修改
功能	修改姓名、性别、年级、专业、住址和密码
性能	1~2 s 完成操作
输入项	姓名、性别、年级、专业、住址和密码
输出项	学号、姓名、性别、年级、专业、住址和密码
输出方法	以文本框的形式显示
限制条件	仅在以学生身份登录时可见

（2）数据流图。

在此子模块中能够修改当前账号的基础信息，数据流图如图 3-19 所示。

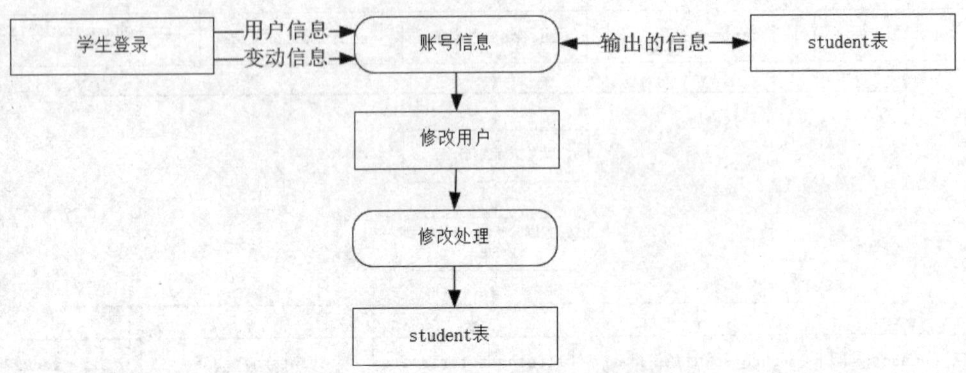

图 3-19 个人信息修改模块数据流图

3.3 智慧校园数据监控系统界面设计

用例界面以可视化的方式呈现，是对需求的进一步明确，是作为编码和实现的依据。如图 3-20 至图 3-28 所示。

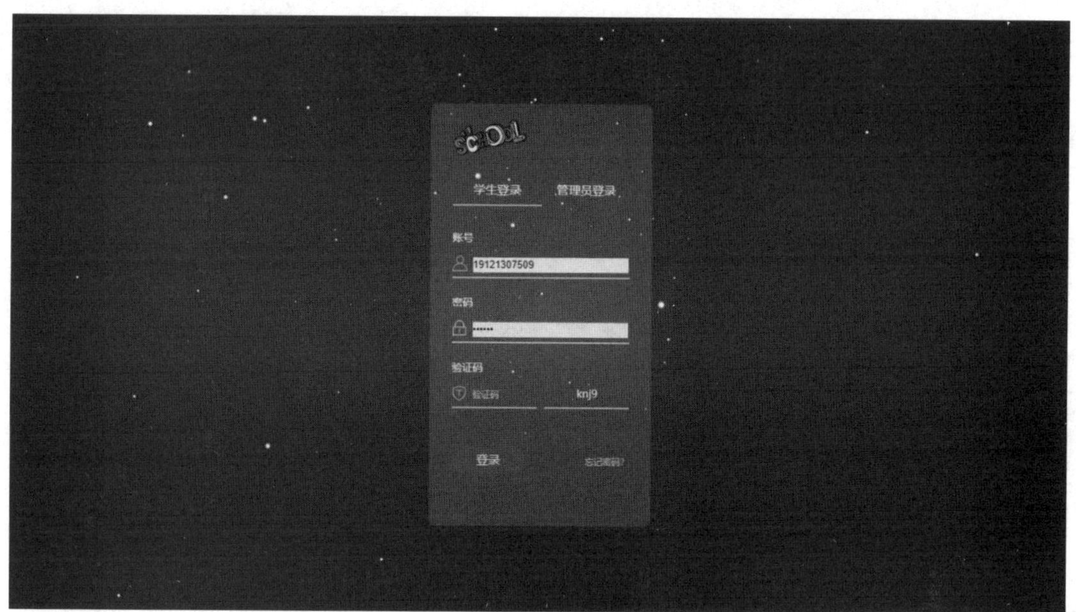

图 3-20　用户登录界面

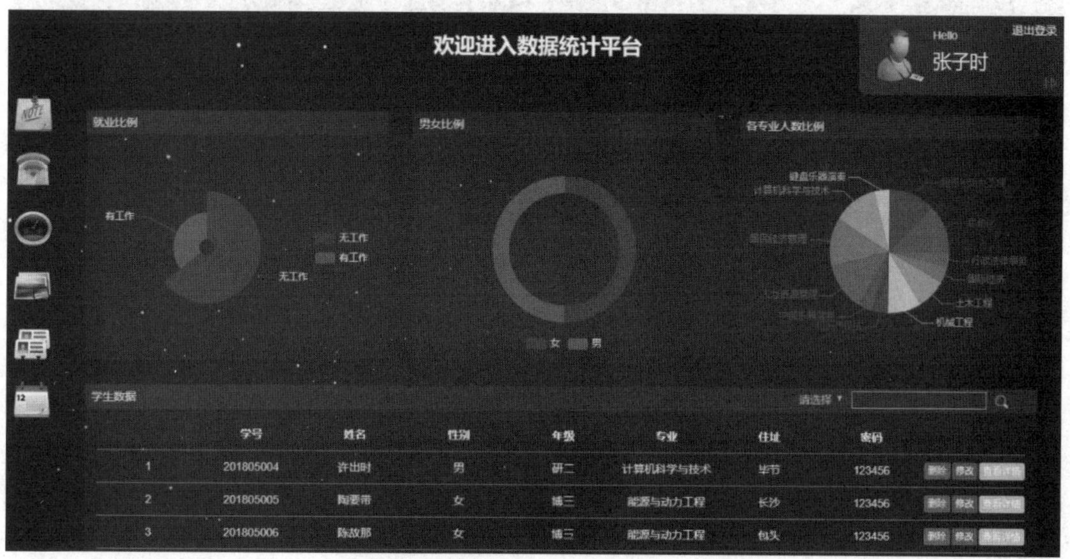

图 3-21　教师管理界面

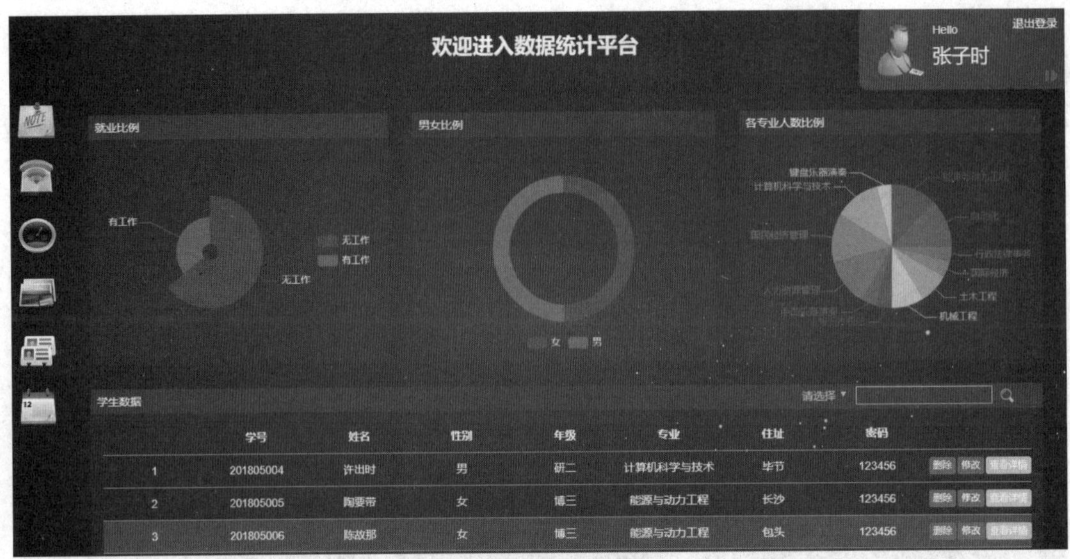

图 3-22　学生管理界面

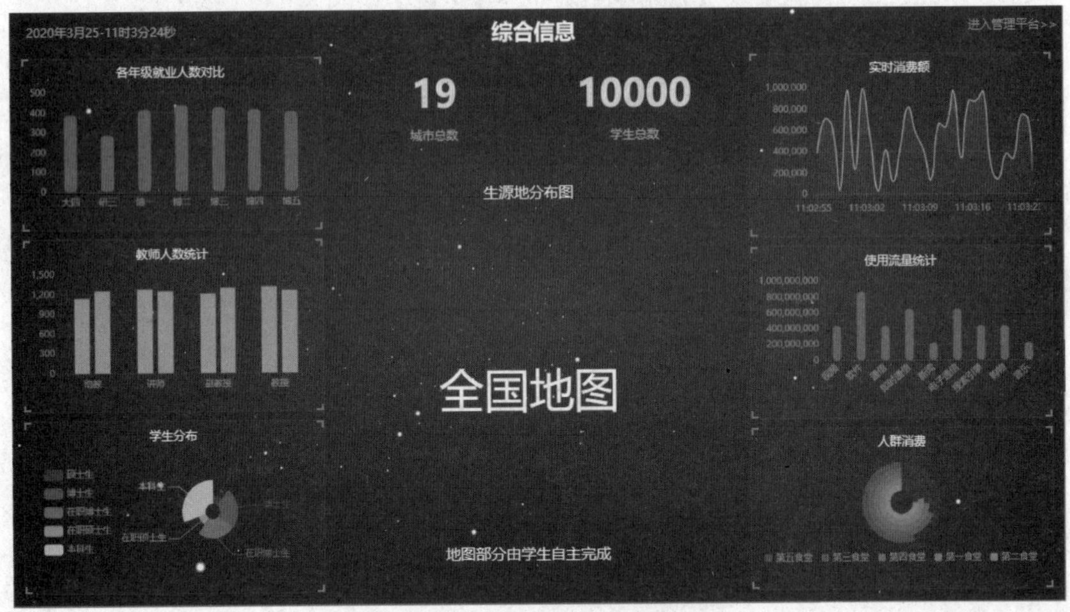

图 3-23　教师综合信息界面

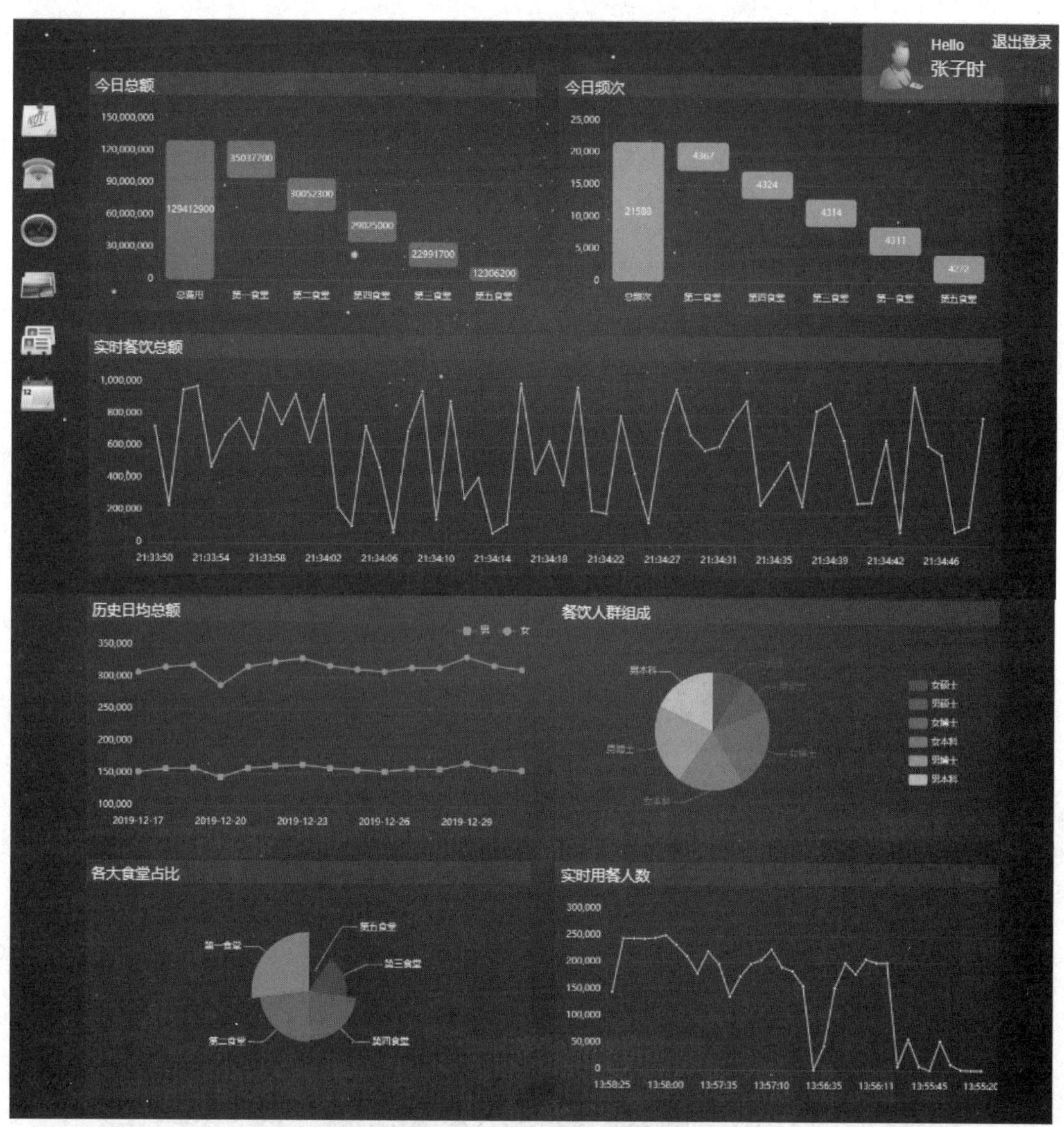

图 3-24　餐饮数据分析界面

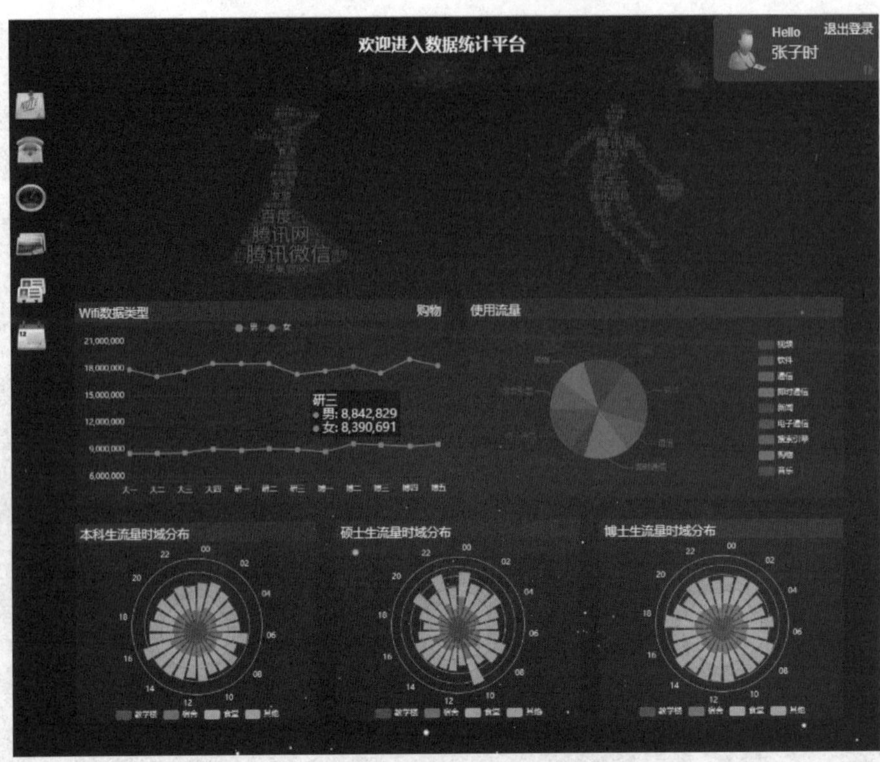

图 3-25　网络数据分析界面

图 3-26　设备与科研数据分析界面

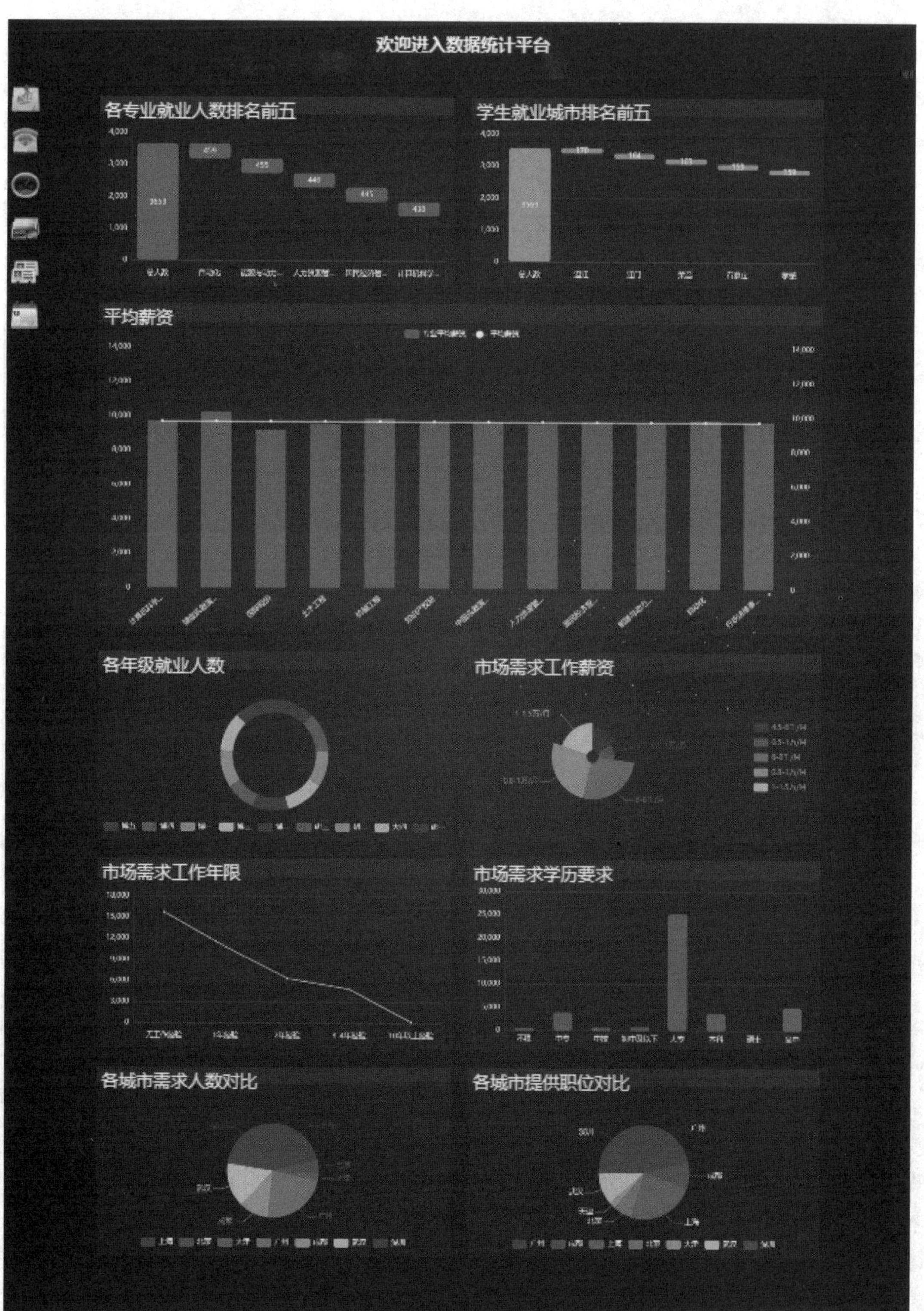

图 3-27　就业数据分析界面

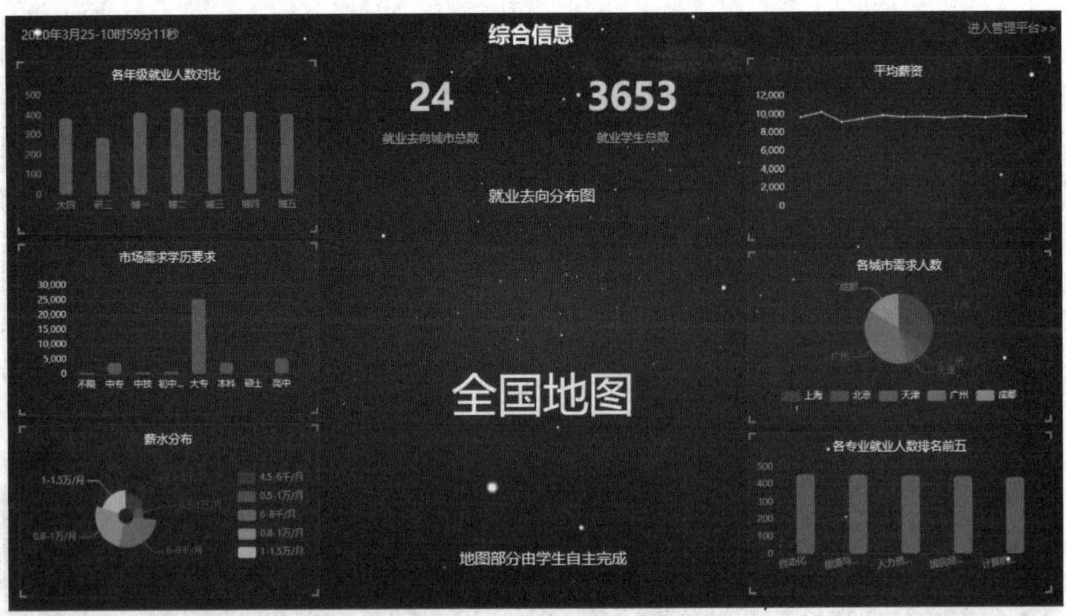

图 3-28　学生综合信息界面

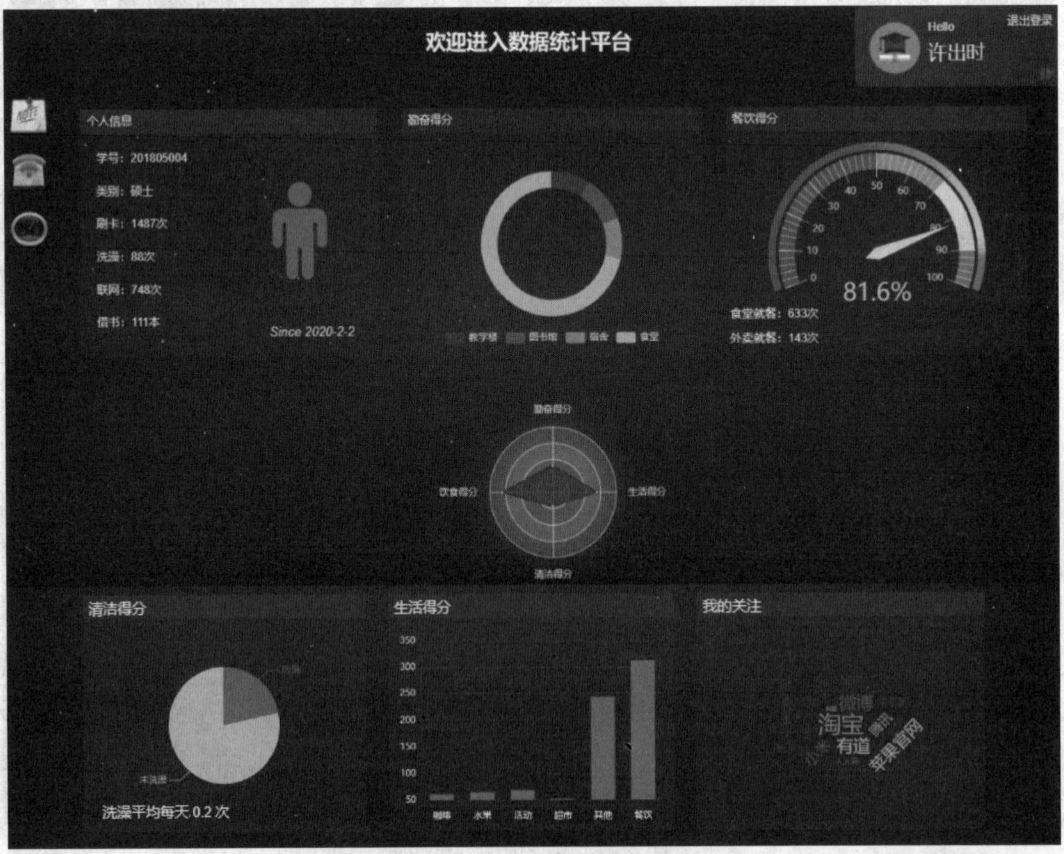

图 3-29　个人综合数据分析界面

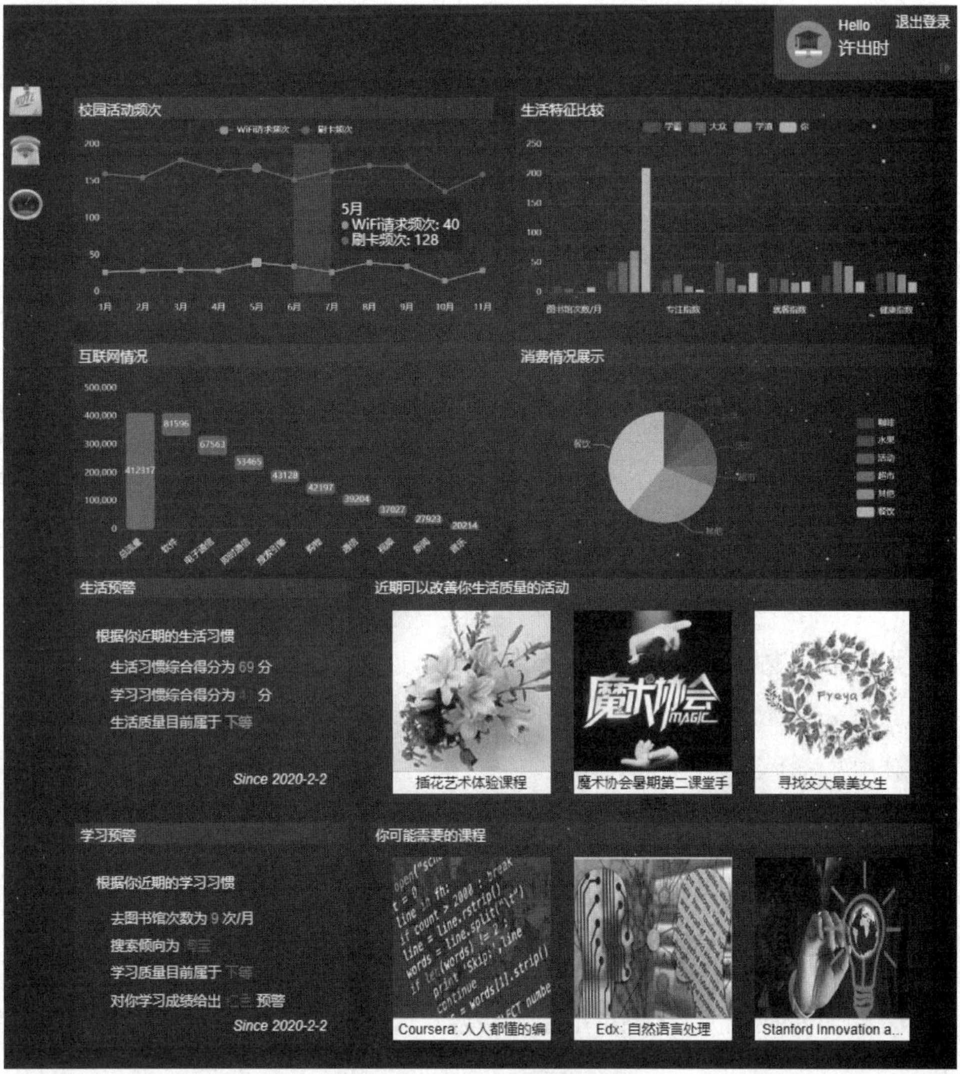

图 3-30　个人活动数据分析界面

图 3-31　个人信息修改界面

3.4 软件设计规范

软件在使用一段时间后通常会进行升级或二次开发，后期代码变动次数会远多于编写次数，因此良好的设计规范和命名规则有助于程序的升级和修改，在软件开发阶段必须设计规范的命名规则。

3.4.1 模块的命名规则

Python 模块是以 .py 结尾的文件，包含 Python 对象定义和 Python 语句。模块的命名规则如下：

（1）尽量使用小写字母；

（2）首字母小写；

（3）尽量不使用下画线。

3.4.2 类的命名规则

Python 中包含一个能反复使用的逻辑封装——类，其命名规则如下：

（1）使用驼峰命名；

（2）首字母大写；

（3）私有类可用一个下画线开头；

（4）可将相关的类和顶级函数放到同一个模块中。

3.4.3 函数的命名规则

函数是组织好的、可重复使用的，用来实现单一或相关联的功能的代码段，其命名规则如下：

（1）函数设计要简短，嵌套层次不宜过深；

（2）函数申明要合理、简单、易于使用，函数名应能反映函数的功能；

（3）参数设计简洁，参数数量不宜过多；

（4）一个函数只完成一个事件。

3.4.4 变量的命名规则

变量是存储在内存中的值，其命名规则如下：

（1）由字母、数字、下画线组成；

（2）不能以数字开头；

（3）不能使用 Python 中的关键字；

（4）不能用汉字和拼音命名；

（5）区分大小写。

3.4.5　智慧校园数据监控系统的命名方式

智慧校园数据监控系统的命名方式如表 3-69 所示。

表 3-69　智慧校园数据监控系统的命名方式

文件夹的命名	通过名称可以确定其中的主要内容
HTML 页面的命名	尽量与其内容相关。例如：login.html（登录页面）
类的命名	表达其核心内容。例如：UserDao（用户数据访问层）
方法的命名	一般使用动词。例如：login（）（登录方法）
变量的命名	由字母、数字、下画线组成。例如：password（密码）
常量的命名	采用大写英文单词。例如：AGE（年龄）
数据库的命名	以项目名称命名。例如：LMS（图书管理系统）
数据库表的命名	以英文单词命名。例如：student（学生信息表）
数据库列的命名	来源于具体业务的英文单词缩写

研究并使用建模工具完成本系统模块数据流图的绘制，制定命名方案。

完成本模块的学习后，填写并提交智慧校园数据监控系统详细设计报告。

智慧校园数据监控系统详细设计报告		
项目名称		
系统模块及子模块功能的划分		
界面效果		
数据流图		
数据描述		
命名规则	包的命名规则	
	类与接口的命名规则	
	变量的命名规则	
	常量的命名规则	

模块四　数据库设计

本模块主要介绍如何根据需求分析和系统详细设计进行智慧校园数据监控系统的数据库设计。通过本模块的学习，理解和掌握数据库设计的基本流程和注意事项。

- 熟悉数据库设计说明书的结构。
- 掌握数据库设计的流程。
- 熟悉智慧校园数据监控系统的数据库结构。
- 掌握智慧校园数据监控系统的数据表之间的联系。

内容框架

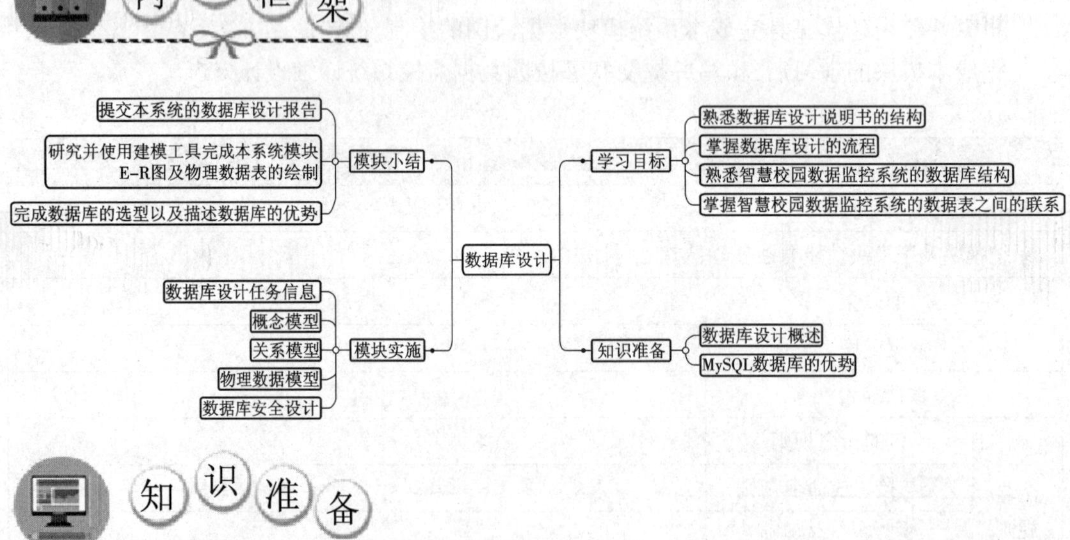

知识准备

在智慧校园数据监控系统中数据的存取是必不可少的，如数据分析结果的存储、人员管理、可视化图表分析等都会与数据库发生数据存取关系。因此，在开发项目之前需要设计数据库及相关的内容，这对项目开发至关重要。

- 数据库设计概述

数据库设计（database design）是在指定的生产环境中建立数据库，构建出性能最优的数据库模式，从而满足应用程序的需求。数据库设计在开发过程中是最重要且复杂的步骤，往往耗费整个开发周期的 45% 以上。数据库设计不仅仅是创建页面中所需要的字段，更重要的是考虑系统运转、模块交互、中转数据和表之间的联系等。

● MySQL 数据库的优势

MySQL 是一个多用户多线程的 SQL 数据库，其以客户机 / 服务器结构实现由一个服务器守护程序 和不同的客户程序组成，能够快捷、有效、安全地处理大量数据。

4.1 数据库设计任务信息

任务编号：SFCMS-04-01。

表 4-1　基本信息

任务名称	数据库设计				
任务编号	SFCMS-04-01	版本	1.0	任务状态	
计划开始时间		计划完成时间		计划用时	
负责人		作者		审核人	
工作产品	【 】文档　【 】图表　【 】测试用例　【 】代码　【 】可执行文件				

表 4-2　角色分工

岗位	系统分析	系统设计	系统页面实现	系统逻辑编程	系统测试
负责人					

4.2 概念模型

概念模型设计是定义用户最终的数据需求和将元素按逻辑单位分组的过程。概念模型设计应独立于最终的物理实现，其目的是便于用户掌握数据的组织结构以及更加全面地设计物理数据库。概念模型设计常用的方法是实体关系方法，即研究模块内需要什么实体以及实体间的联系方式，并画出 E-R（entity relationship diagram）图。采用实体关系方法可以建立满足用户需要的概念模型。

根据智慧校园数据监控系统各模块的需求可知，系统需要保存的信息如表 4-3 所示。

表 4-3 模块信息

模块名称	基本信息
登录模块	用户登录、忘记密码
人员管理模块	学生管理、教师管理
综合信息分析模块	综合信息、餐饮数据分析、网络数据分析、设备与科研数据分析、就业数据分析
学生数据分析模块	综合信息、个人综合数据分析、个人活动数据分析、个人信息修改

根据系统需要保存的信息，采用实体关系方法确定各个实体以及实体之间的关系，可以建立如图 4-1 所示的智慧校园数据监控系统的概念模型。

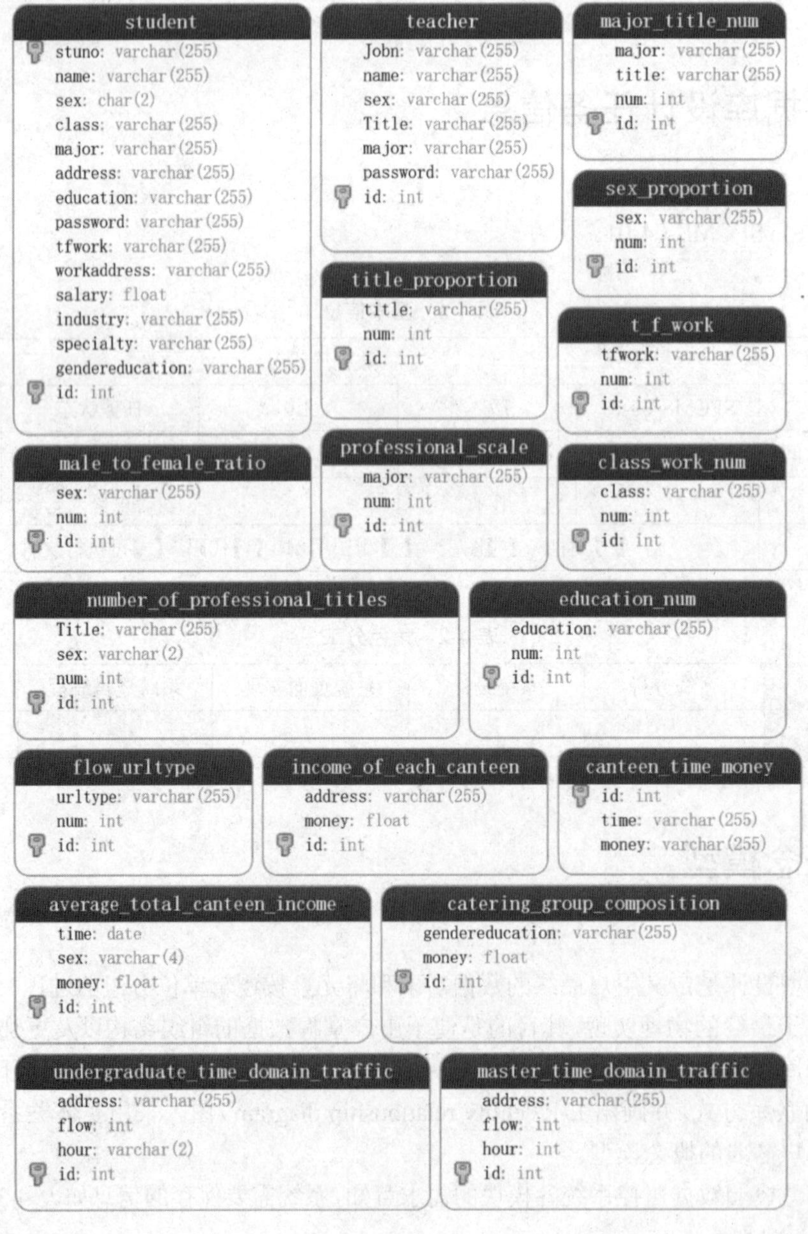

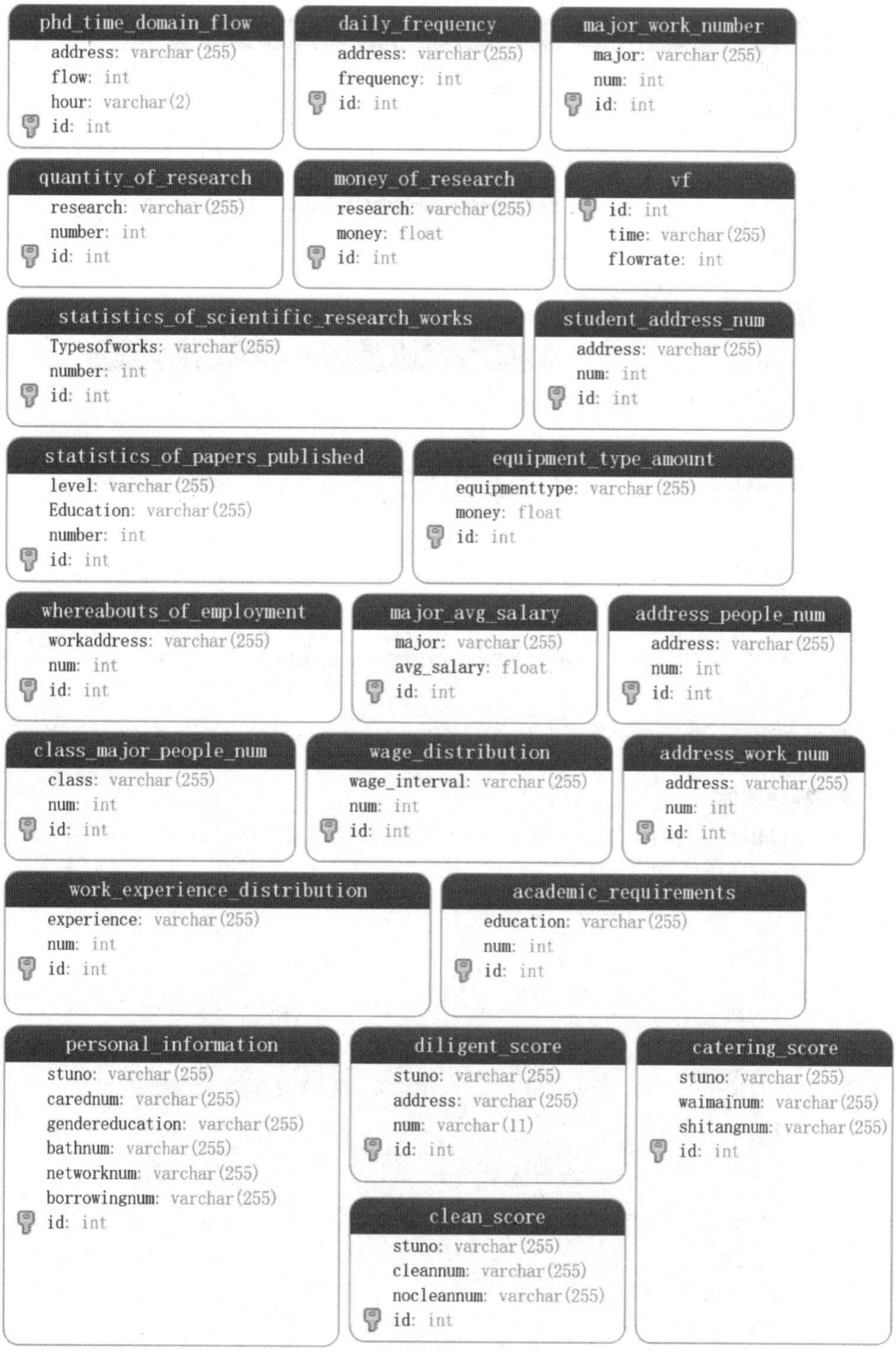

phd_time_domain_flow
address: varchar(255)
flow: int
hour: varchar(2)
id: int

daily_frequency
address: varchar(255)
frequency: int
id: int

major_work_number
major: varchar(255)
num: int
id: int

quantity_of_research
research: varchar(255)
number: int
id: int

money_of_research
research: varchar(255)
money: float
id: int

vf
id: int
time: varchar(255)
flowrate: int

statistics_of_scientific_research_works
Typesofworks: varchar(255)
number: int
id: int

student_address_num
address: varchar(255)
num: int
id: int

statistics_of_papers_published
level: varchar(255)
Education: varchar(255)
number: int
id: int

equipment_type_amount
equipmenttype: varchar(255)
money: float
id: int

whereabouts_of_employment
workaddress: varchar(255)
num: int
id: int

major_avg_salary
major: varchar(255)
avg_salary: float
id: int

address_people_num
address: varchar(255)
num: int
id: int

class_major_people_num
class: varchar(255)
num: int
id: int

wage_distribution
wage_interval: varchar(255)
num: int
id: int

address_work_num
address: varchar(255)
num: int
id: int

work_experience_distribution
experience: varchar(255)
num: int
id: int

academic_requirements
education: varchar(255)
num: int
id: int

personal_information
stuno: varchar(255)
carednum: varchar(255)
gendereducation: varchar(255)
bathnum: varchar(255)
networknum: varchar(255)
borrowingnum: varchar(255)
id: int

diligent_score
stuno: varchar(255)
address: varchar(255)
num: varchar(11)
id: int

clean_score
stuno: varchar(255)
cleannum: varchar(255)
nocleannum: varchar(255)
id: int

catering_score
stuno: varchar(255)
waimainum: varchar(255)
shitangnum: varchar(255)
id: int

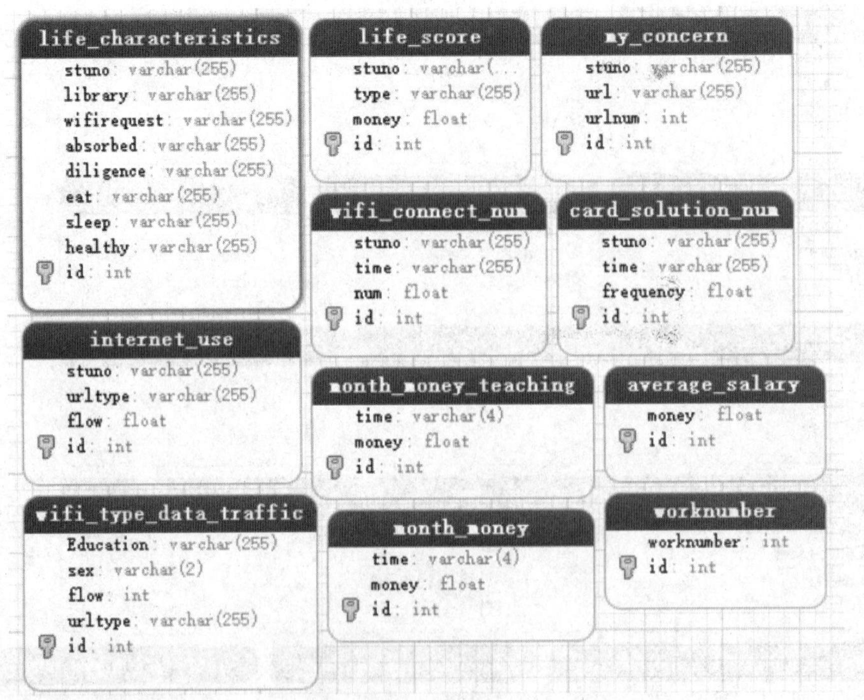

图 4-1　智慧校园数据监控系统的概念模型

4.2.1　登录模块

1. 登录模块实体

登录模块使用到了学生信息实体和教师信息实体，如图 4-2 所示。

学生信息		
id	int	<pk,
学号	varchar	
姓名	varchar	
性别	char	
年级	varchar	
专业	varchar	
住址	varchar	
学历	varchar	
密码	varchar	
是否就业	varchar	
就业地	varchar	
薪资	float	
行业	varchar	
是否与专业相关	varchar	
性别学历	varchar	

教师信息		
id	int	<pk>
工号	varchar	
姓名	varchar	
性别	varchar	
职称	varchar	
专业	varchar	
密码	varchar	

图 4-2　登录模块实体

学生信息实体描述了学生的学号、姓名等基础信息和就业情况等信息，学生信息由管理员统一导入实体中；教师信息实体描述了教师的工号、职称等信息。其中学生的学号和教师的工号为登录系统的账号，用户在登录页面输入与数据库匹配的账号和密码即可登录。以学生账号登录只能修改当前登录账号的姓名、性别、年级、专业、住址和密码。

2. 登录模块 E-R 图

由实体和实体关系可以分析出本模块的 E-R 图，如图 4-3 所示，其中矩形代表实体，菱形代表实体间的关系。

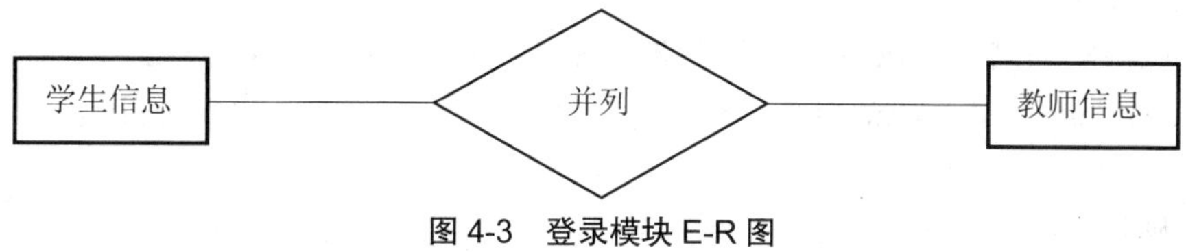

图 4-3　登录模块 E-R 图

4.2.2　人员管理模块

1. 人员管理模块实体

人员管理模块中使用的实体包括学生信息、职称人数比例、教师男女比例、各专业中不同职称的人数、就业比例、教师信息、学生男女比例和各专业人数比例，如图 4-4 所示。

学生信息		
id	int	<pk>
学号	varchar	
姓名	varchar	
性别	char	
年级	varchar	
专业	varchar	
住址	varchar	
住址所在地经度	varchar	
住址所在地纬度	varchar	
学历	varchar	
密码	varchar	
是否就业	varchar	
就业地	varchar	
就业地经度	varchar	
就业地纬度	varchar	
薪资	float	
行业	varchar	
是否与专业相关	varchar	
性别学历	varchar	

职称人数比例		
id	int	<pk>
职称	varchar	
数量	int	

教师男女比例		
id	int	<pk>
性别	varchar	
数量	int	

各专业中不同职称的人数		
id	int	<pk>
专业	varchar	
职称	varchar	
人数	int	

就业比例		
id	int	<pk>
是否就业	varchar	
数量	int	

教师信息		
id	int	<pk>
工号	varchar	
姓名	varchar	
性别	varchar	
职称	varchar	
专业	varchar	
密码	varchar	

学生男女比例		
id	int	<pk>
性别	varchar	
数量	int	

各专业人数比例		
id	int	<pk>
专业	varchar	
数量	int	

图 4-4　人员管理模块实体

1）学生信息

学生信息实体描述了学生的基本信息，学生的基本信息由系统管理员插入数据实体中，实体中包含学号、姓名、性别、年级、专业、住址等基础信息和就业情况等信息。用户不能自行注册新账号，只能够修改当前登录账号的姓名、性别、年级、专业、住址和密码。

2）职称人数比例

职称人数比例实体描述了每个职称的人数，实体中包含职称和数量。职称人数比例由 Hive 对 teacher 数据集根据职称进行分组统计所得，数据由系统自动写入，用户无法修改。

3）教师男女比例

教师男女比例实体描述了教师的男女比例，实体中包含性别和数量。男女比例由 Hive 对 teacher 数据集根据性别进行分组统计所得，数据由系统自动写入，用户无法修改。

4）各专业中不同职称的人数

各专业中不同职称的人数实体描述了在不同专业中每个职称的人数，实体中包含专业、职称和数量。各专业中不同职称的人数由 Hive 对 teacher 数据集根据专业和职称进行分组统计所得，数据由系统自动写入，用户无法修改。

5）就业比例

就业比例实体描述了就业与未就业学生的比例，实体中包含是否就业和数量。就业比例由 Hive 对 student 数据集根据是否就业进行分组统计所得，数据由系统自动写入，用户无法修改。

6）教师信息

教师信息实体描述了教师的基本信息，教师的基本信息由数据集经过 MapReduce 数据清洗后导入 MySQL 中，用户不能自行注册新账号，只能够修改姓名、性别、职称、专业和密码。实体中包含工号、姓名、性别、职称、专业和密码。

7）学生男女比例

学生男女比例实体描述了男生和女生的人数，实体中包含了性别和数量。学生男女比例由 Hive 对学生信息表中的性别进行统计所得，数据由系统自动写入，用户无法修改。

8）各专业人数比例

各专业人数比例实体描述了每个专业的学生人数，实体中包含了专业和数量。各专业人数比例由 Hive 对学生信息表中的专业进行分组统计所得，数据由系统自动写入，用户无法修改。

2. 人员管理模块 E-R 图

由实体和实体关系可以分析出本模块的 E-R 图，如图 4-5 所示，其中矩形代表实体，菱形代表实体间的关系。

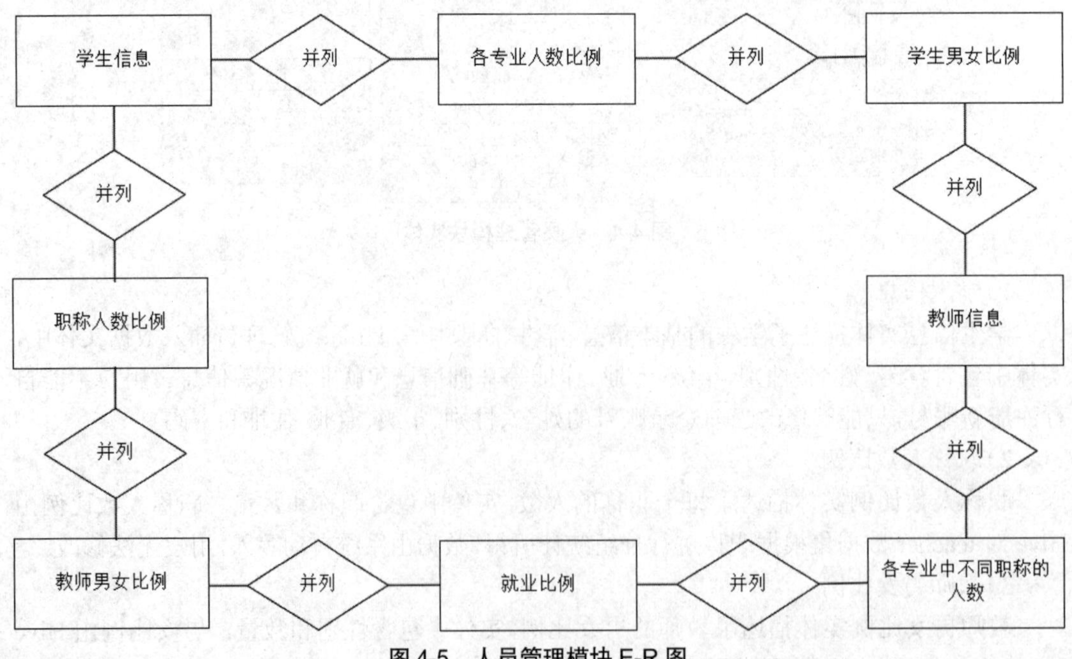

图 4-5 人员管理模块 E-R 图

4.2.3　综合信息分析模块

1. 综合信息模块实体

综合信息模块包括各年级就业人数对比、教师人数统计、生源地分布、学生分布、人群消费、使用流量统计和实时消费额等实体，如图 4-6 所示。

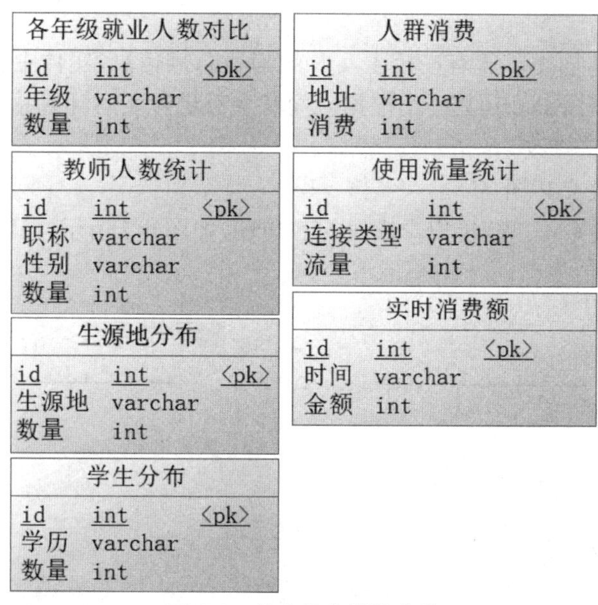

图 4-6　综合信息模块实体

1）综合信息模块实体说明

（1）各年级就业人数对比。

各年级就业人数对比实体描述了各年级学生的就业人数对比，实体中包含年级和数量。各年级就业人数由 Hive 对 student 数据集根据是否就业和年级进行分组统计所得，数据由系统自动写入，用户无法修改。

（2）教师人数统计。

教师人数统计实体描述了各职称的教师数量，实体中包含职称、性别和数量。教师人数由 Hive 对 teacher 数据集根据性别和职称进行分组统计所得，数据由系统自动写入，用户无法修改。

（3）生源地分布。

生源地分布实体描述了学生的生源地信息，实体中包含生源地和数量。生源地分布由 Hive 对 student 数据集根据生源地分组统计所得，数据由系统自动写入，用户无法修改。

（4）学生分布。

学生分布实体描述了各年级学生的学历，实体中包含学历和数量。学生分布由 Hive 对 student 数据集根据学历进行分组统计所得，数据由系统自动写入，用户无法修改。

（5）人群消费。

人群消费实体描述了各食堂的收入信息，实体中包含地址和消费。人群消费由 Hive 对 canteen 数据集根据地址进行分组并对消费进行求和所得，数据由系统自动写入，用户无法修改。

（6）使用流量统计。

使用流量统计实体描述了学生访问各类型网站所使用的流量，实体中包含连接类型和流量。使用流量由 Hive 对 internet 数据集根据连接类型进行分组并对流量进行求和所得，数据由系统自动写入，用户无法修改。

（7）实时消费额

实时消费额实体描述了所有在校生实时的消费总额信息，实体中包含了时间和金额。实时消费额由 Hive 对 canteen 数据集根据时间和金额进行实时计算总金额所得，数据由系统自动写入，用户无法修改。

2）综合信息模块 E-R 图

由实体和实体关系可以分析出本模块的 E-R 图，如图 4-7 所示。其中矩形代表实体，菱形代表实体间的关系。

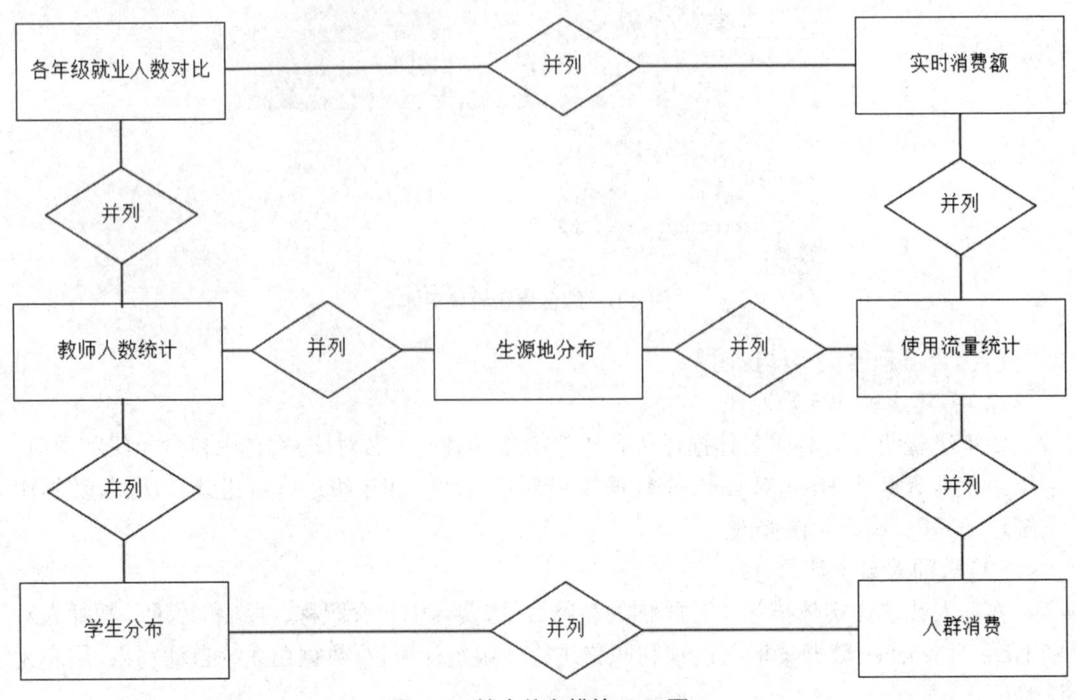

图 4-7 综合信息模块 E-R 图

2. 餐饮数据分析模块实体

餐饮数据分析模块包括今日总额、今日频次、实时餐饮总额、餐饮人群组成、实时用餐人数和历史日均总额等实体，如图 4-8 所示。

1）餐饮综合数据分析模块实体说明

（1）今日总额。

今日总额实体描述了各食堂的收入信息，实体中包含地址和消费。今日总额由 Hive 对 canteen 数据集根据地址进行分组并对消费进行求和所得，数据由系统自动写入，用户无法修改。

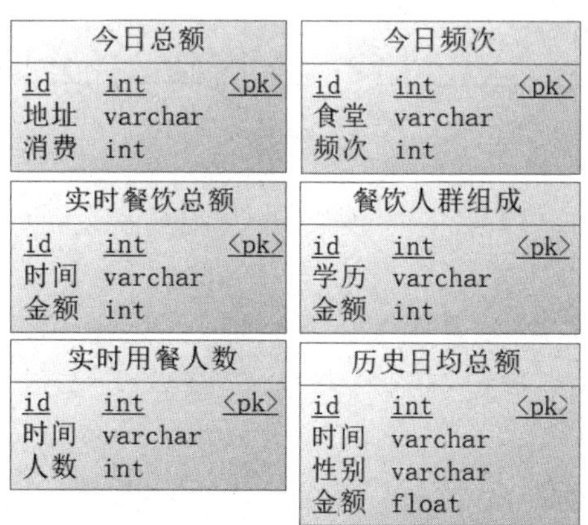

图 4-8　餐饮数据分析模块实体

（2）今日频次。

今日频次实体描述了各食堂的人流量，实体中包含食堂和频次。今日频次由 Hive 对 canteen 数据集根据食堂进行分组统计所得，数据由系统自动写入，用户无法修改。

（3）实时餐饮总额。

实时餐饮总额实体描述了食堂的实时总收入，实体中包含时间和金额。实时餐饮总额由 Flume+Kafka 采集数据并由 Spark Streaming 接收进行实时处理所得，数据由系统自动写入，用户无法修改。

（4）餐饮人群组成。

餐饮人群组成实体描述了在食堂就餐的人群比例，实体中包含学历和金额。餐饮人群组成由 Hive 对 student 数据集和 canteen 数据集通过学号进行关联，根据学历进行分组，并对金额进行求和所得，数据由系统自动写入用户无法修改。

（5）实时用餐人数。

实时用餐人数实体描述了某时间段内的用餐人数，实体中包含时间和人数。实时用餐人数由 Flume+Kafka 采集数据并由 Spark Streaming 接收进行实时处理所得，数据由系统自动写入，用户无法修改。

（6）历史日均总额。

历史日均总额实体描述了食堂每天的收入，实体中包含时间、性别和金额。历史日均总额由 Hive 对 student 数据集和 canteen 数据集通过学号进行关联，并根据时间和性别进行分组统计所得，数据由系统自动写入，用户无法修改。

2）餐饮数据分析模块 E-R 图

由实体和实体关系可以分析出本模块的 E-R 图，如图 4-9 所示。其中矩形代表实体，菱形代表实体间的关系。

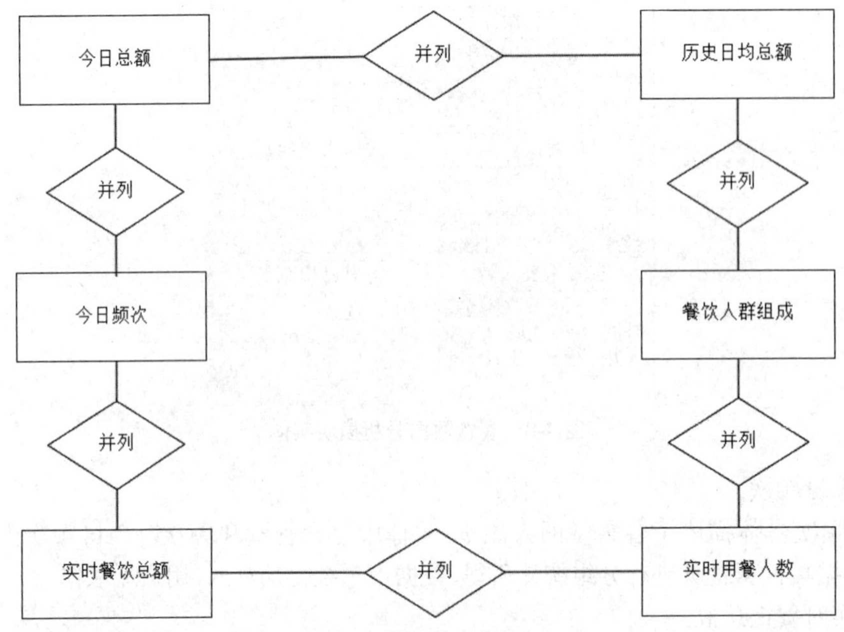

图 4-9　餐饮数据分析模块 E-R 图

3. 网络数据分析模块实体

网络数据分析模块包括等使用流量、本科生流量时域分布、硕士生流量时域分布、博士生流量时域分布和 Wi-fi 数据类型等实体，如图 4-10 所示。

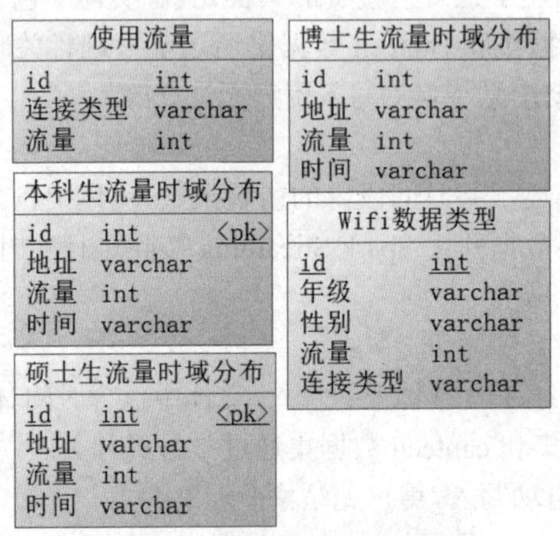

图 4-10　网络数据分析模块实体

1）网络数据分析模块实体说明

（1）使用流量。

使用流量实体描述了全体学生访问不同类型的网站使用的流量，实体中包含连接类型和流量。使用流量由 Hive 对 internet 数据集根据连接类型进行分组并对流量进行求和所得，数据由系统自动写入，用户无法修改。

（2）本科生流量时域分布。

本科生流量时域分布实体描述了本科生一天中在不同时间、地点的流量使用情况，实体中包含地址、流量和时间。使用流量由 Hive 对 internet 数据集和 student 数据集通过学号进行关联，根据地址和时间进行分组，并计算出学历为本科的学生使用的流量总和，数据由系统自动写入，用户无法修改。

（3）硕士生流量时域分布

硕士生流量时域分布实体描述了硕士生一天中在不同时间、地点的流量使用情况，实体中包含地址、流量和时间。使用流量由 Hive 对 internet 数据集和 student 数据集通过学号进行关联，根据地址和时间进行分组，并计算出学历为硕士的学生使用的流量总和，数据由系统自动写入，用户无法修改。

（4）博士生流量时域分布。

博士生流量时域分布实体描述了博士生一天中在不同时间、地点的流量使用情况，实体中包含地址、流量和时间。使用流量由 Hive 对 internet 数据集和 student 数据集通过学号进行关联，根据地址和时间进行分组，并计算出学历为博士的学生使用的流量总和，数据由系统自动写入，用户无法修改。

（5）Wi-fi 数据类型。

Wi-fi 数据类型实体描述了每个年级不同性别的学生使用 Wi-fi 访问不同类型的网站使用的流量，实体中包含年级、性别、流量和连接类型。Wi-fi 数据类型由 Hive 对 student 数据集和 internet 数据集通过学号进行关联，根据年级、性别、连接类型进行分组，并对流量进行求和所得，数据由系统自动写入，用户无法修改。

2）网络数据分析模块 E-R 图

由实体和实体关系可以分析出本模块的 E-R 图，如图 4-11 所示。其中矩形代表实体，菱形代表实体间的关系。

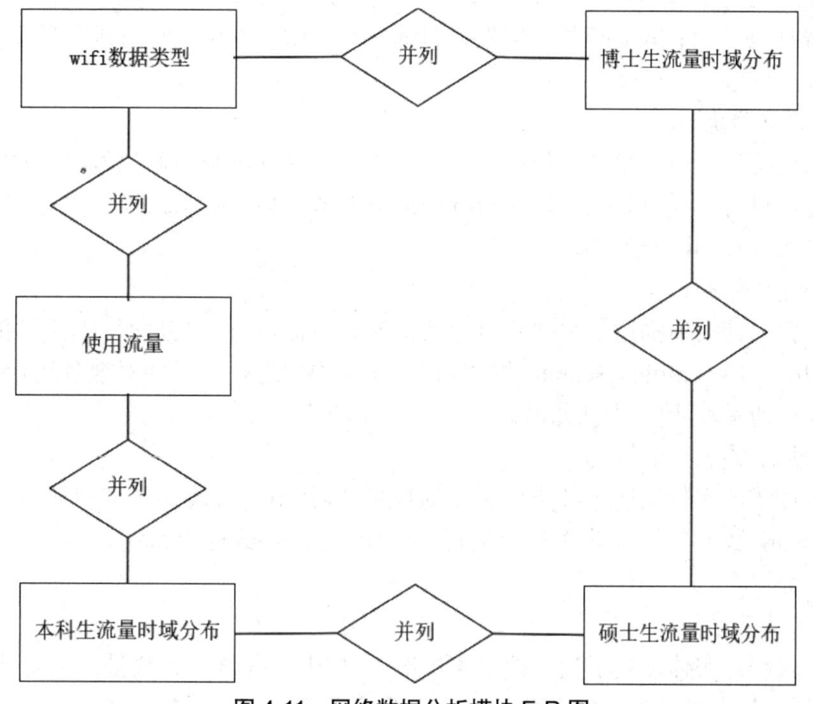

图 4-11　网络数据分析模块 E-R 图

4. 设备与科研数据分析模块实体

设备与科研数据分析模块包括校园设备统计、设备使用趋势、科研立项统计、科研到款统计、科研著作统计和论文发表统计等实体，如图 4-12 所示。

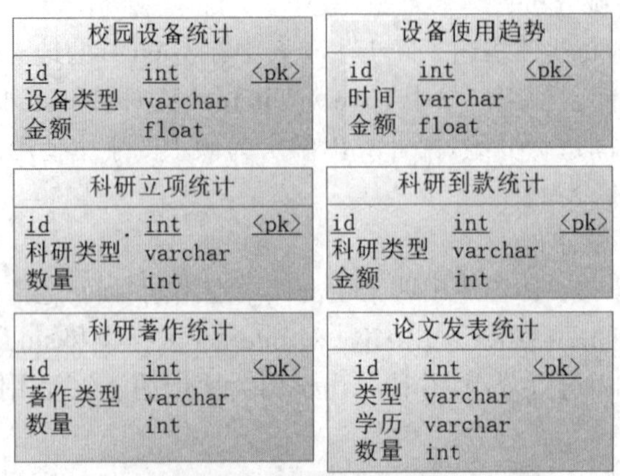

图 4-12 设备与科研数据分析模块实体

1）设备与科研数据分析模块实体说明

（1）校园设备统计。

校园设备统计实体描述了设备的类型和购买设备的花费，实体中包含设备类型和金额。校园设备由 Hive 对 equipment 数据集根据设备类型进行分组统计所得，数据由系统自动写入，用户无法修改。

（2）设备使用趋势。

设备使用趋势实体描述了一年之内每个月采购设备的金额，实体中包含时间和金额。设备使用由 Hive 对 equipment 数据集根据时间进行分组并对金额进行求和所得，数据由系统自动写入，用户无法修改。

（3）科研立项统计。

科研立项统计实体描述了一年内各类型科研项目的立项数量和比例，实体中包含科研类型和数量。科研立项由 Hive 对 scientific research 数据集根据科研类型进行统计所得，数据由系统自动写入，用户无法修改。

（4）科研到款统计。

科研到款统计实体描述了科研项目经费的到款总额，实体中包含科研类型和金额。科研到款由 Hive 对 scientific research 数据集根据科研类型进行分组并对金额进行求和所得，数据由系统自动写入，用户无法修改。

（5）科研著作统计。

科研著作统计实体描述了各类型著作的数量，实体中包含著作类型和数量。科研著作由 Hive 对 work 数据集根据著作类型进行分组统计所得，数据由系统自动写入，用户无法修改。

（6）论文发表统计。

论文发表统计实体描述了论文的发表情况，实体中包含学历和数量。论文发表由 Hive 对 work 数据集根据类型和学历进行分组统计所得，数据由系统自动写入，用户无法修改。

2）设备与科研数据分析模块 E-R 图

由实体和实体关系可以分析出本模块的 E-R 图，如图 4-13 所示。其中矩形代表实体，菱形代表实体间的关系。

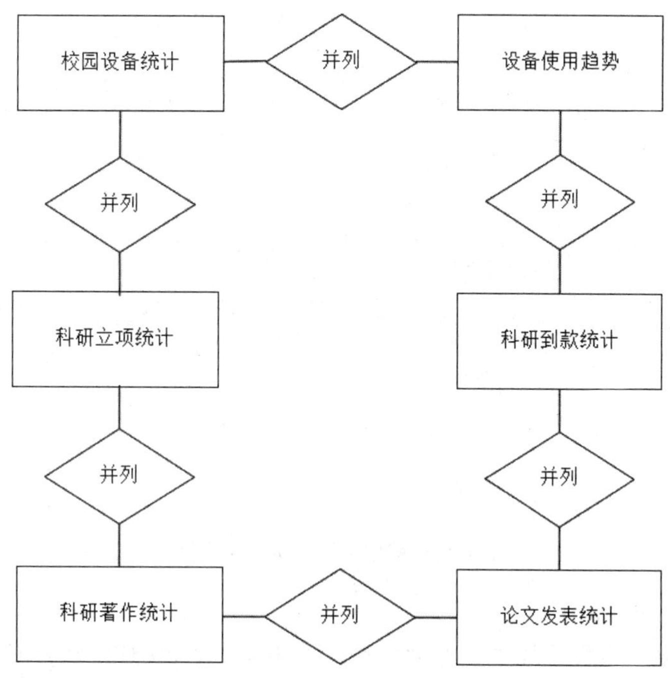

图 4-13　设备与科研数据分析模块 E-R 图

5. 就业数据分析模块实体

就业数据分析模块包括各专业就业人数排名前五、学生就业城市排名前五、各专业平均薪资、各年级就业人数、市场需求工作薪资、市场需求工作年限、市场需求学历、各城市需求人数对比、各城市提供职位对比、平均薪资等实体，如图 4-14 所示。

1）就业数据分析模块实体说明

（1）各专业就业人数排名前五。

各专业就业人数排名前五实体描述了每个专业的就业人数，实体中包含专业和人数。各专业就业人数排名前五由 Hive 对 student 数据集根据已就业学生的专业进行分组统计所得，数据由系统自动写入，用户无法修改。

（2）学生就业城市排名前五。

学生就业城市排名前五实体描述了学生就业的热门城市，实体中包含就业地址和人数。学生就业城市排名前五由 Hive 对 student 数据集根据已就业学生的就业地址进行分组统计所得，数据由系统自动写入，用户无法修改。

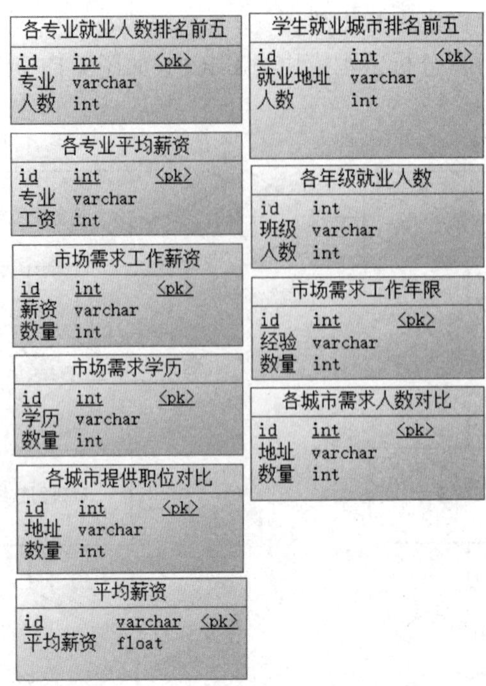

图 4-14　就业数据分析模块实体

（3）各专业平均薪资。

各专业平均薪资实体描述了各专业就业后的平均工资，实体中包含专业和工资。各专业平均薪资由 Hive 对 student 数据集根据专业进行分组统计所得，数据由系统自动写入，用户无法修改。

（4）各年级就业人数。

各年级就业人数实体描述了每个年级的就业人数比例，实体中包含年级和人数。各年级就业人数由 Hive 对 student 数据集根据已就业学生的年级进行分组统计所得，数据由系统自动写入，用户无法修改。

（5）市场需求工作薪资。

市场需求工作薪资实体描述了市场中的薪资水平，实体中包含薪资和数量。市场需求工作薪资由 Hive 对 recruit 数据根据薪资进行分组统计所得，数据由系统自动写入，用户无法修改。

（6）市场需求工作年限。

市场需求工作年限实体描述了招聘信息对工作经验的要求，实体中包含经验和数量。市场需求工作年限由 Hive 对 recruit 数据集根据经验进行分组统计所得，数据由系统自动写入，用户无法修改。

（7）市场需求学历。

市场需求学历实体描述了招聘信息对学历的要求，实体中包含学历和数量。市场需求学历由 Hive 对 recruit 数据集根据学历进行分组统计所得，数据由系统自动写入，用户无法修改。

（8）各城市需求人数对比。

各城市需求人数对比实体描述了各城市的人才需求量，实体中包含地址和数量。各城市需求人数对比由 Hive 对 recruit 数据集根据地址进行分组统计所得，数据由系统自动写入，用户无法修改。

（9）各城市提供职位对比。

各城市提供职位对比实体描述了每个城市提供的职位数量，实体中包含地址和数量。各城市提供职位对比由 Hive 对 recruit 数据集根据地址进行分组统计所得，数据由系统自动写入，用户无法修改。

（10）平均薪资

平均薪资实体中描述了所有学生的薪资综合的平均数，实体中包含所有学生薪资总和的平均薪资。平均薪资由 Hive 通过 student 数据集根据已就业学生的薪资计算平均值所得，数据由系统自动写入，用户无法修改。

2）就业数据分析模块 E-R 图

由实体和实体关系可以分析出本模块的 E-R 图，如图 4-15 所示，其中矩形代表实体，菱形代表实体间的关系。

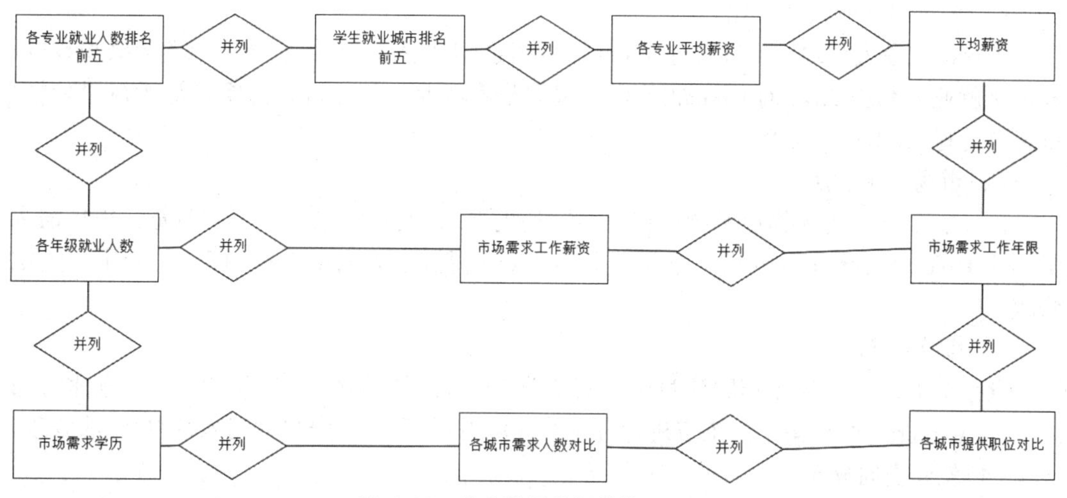

图 4-15　就业数据分析模块 E-R 图

4.2.4　学生数据分析模块

1. 综合信息模块实体

综合信息模块包括各年级就业人数对比、市场需求学历、薪水分布、就业去向分布、各专业平均薪资、各城市需求人数、各专业就业人数排名前五和就业学生总数，实体如图 4-16 所示。

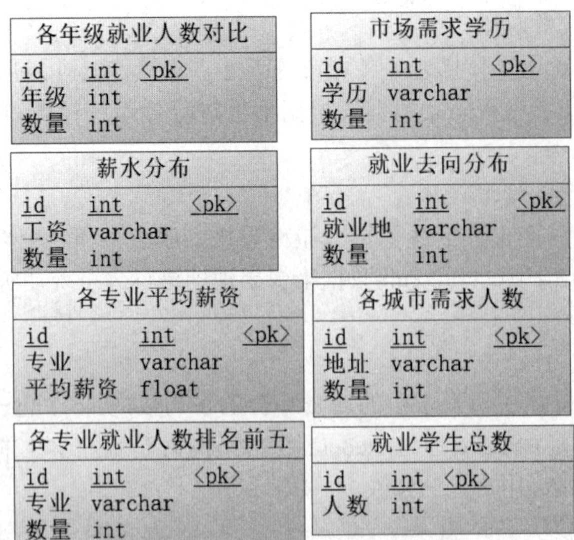

图 4-16 综合信息模块实体

1）综合信息模块说明

（1）各年级就业人数对比。

各年级就业人数对比实体描述了各年级学生的就业人数对比，实体中包含年级和数量。各年级就业人数由 Hive 对 student 数据集根据是否就业和年级进行分组统计所得，数据由系统自动写入，用户无法修改。

（2）市场需求学历。

市场需求学历实体描述了招聘信息对学历的要求，实体中包含学历和数量。市场需求学历由 Hive 对 recruit 数据根据学历进行分组统计所得，数据由系统自动写入，用户无法修改。

（3）薪水分布。

薪水分布实体描述了招聘信息中的薪资分布情况，实体中包含工资和数量。薪水分布由 Hive 对 recruit 数据集根据工资进行分组统计所得，数据由系统自动写入，用户无法修改。

（4）就业去向分布。

就业去向分布实体描述了学生的就业去向，实体中包含就业地和数量。就业去向分布由 Hive 对 student 数据集根据已就业学生的就业地进行分组统计所得，数据由系统自动写入，用户无法修改。

（5）各专业平均薪资。

各专业平均薪资实体描述了各专业就业后的平均薪资，实体中包含专业和平均薪资。平均薪资由 Hive 对 student 数据集根据已就业学生的专业进行分组统计，数据由系统自动写入，用户无法修改。

（6）各城市需求人数。

各城市需求人数实体描述了各城市的人才需求量，实体中包含地址和数量。各城市需求人数由 Hive 对 recruit 数据集根据地址进行分组统计所得，数据由系统自动写入，用户无法修改。

（7）各专业就业人数排名前五。

各专业就业人数排名前五实体描述了各个专业的就业人数，实体中包含专业和人数量。各专业就业人数排名前五由Hive对student数据集根据已就业学生的专业进行分组统计所得，数据由系统自动写入，用户无法修改。

（8）就业学生总数

就业学生总数实体描述了学生总就业人数，实体中包含人数。就业学生总数由Hive对student数据集根据已就业的人数进行统计所得，数据由系统自动写入，用户无法修改。

2）综合信息模块E-R图

由实体和实体关系可以分析出本模块的E-R图，如图4-17所示。其中矩形代表实体，菱形代表实体间的关系。

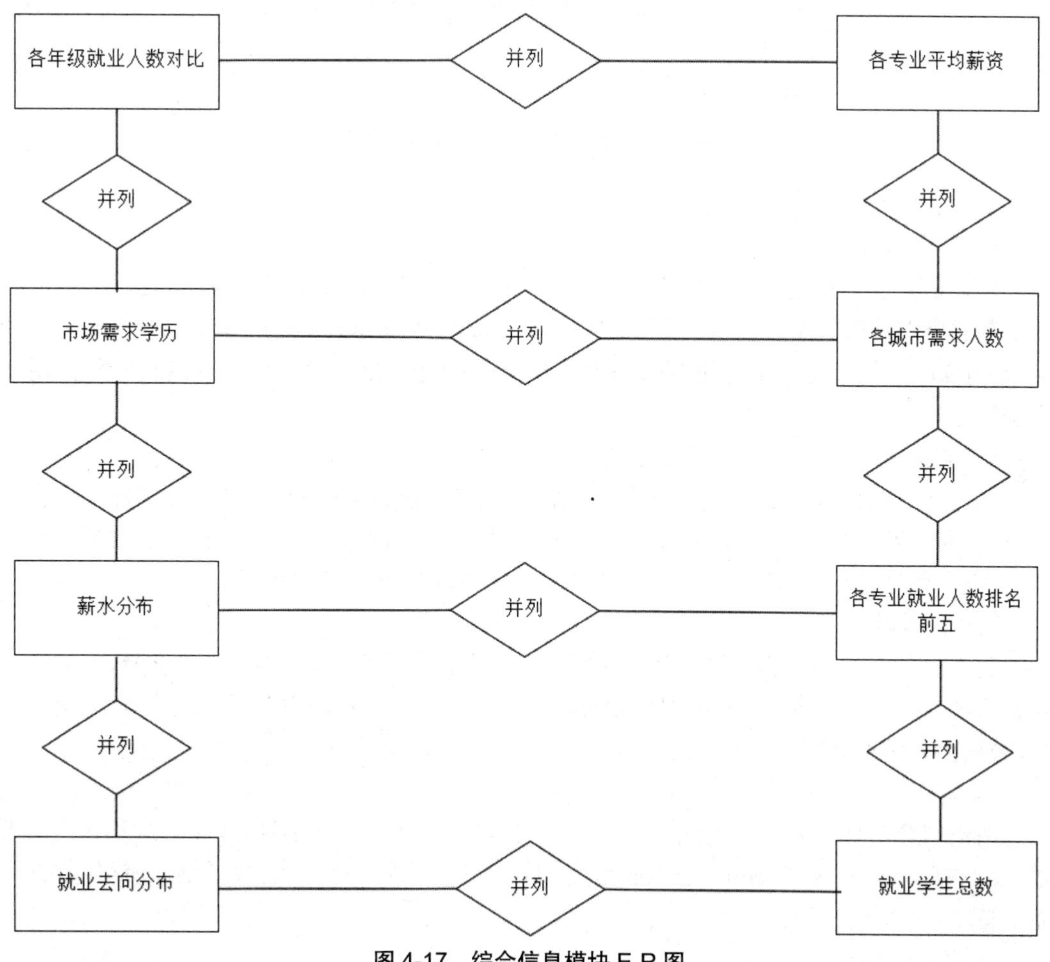

图4-17　综合信息模块E-R图

2. 个人综合数据分析模块实体

个人综合数据分析模块包括个人信息、勤奋得分、餐饮得分、清洁得分、生活得分和我的关注等实体，如图4-18所示。

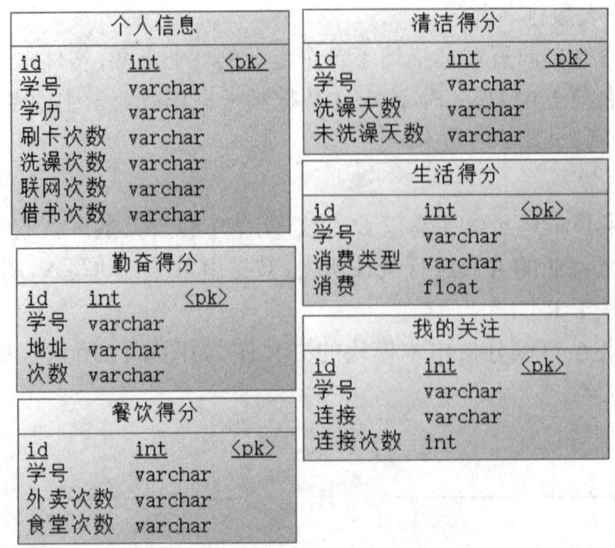

图 4-18 个人综合数据分析模块实体

1）个人综合数据分析模块实体说明

（1）个人信息。

个人信息实体描述了学生的基本信息，实体中包含学号、学历、刷卡次数、洗澡次数、联网次数和借书次数。个人信息由 Hive 对 student 数据集、canteen 数据集、internet 数据集和 consumption 数据集通过学号进行关联并依照学号统计各指标，数据由系统自动写入，用户无法修改。

（2）勤奋得分。

勤奋得分实体描述了学生出入食堂、宿舍、图书馆和教学楼的次数比例，实体中包含学号、地址和次数。勤奋得分由 Hive 对 student 数据集和 consumption 数据集通过学号进行关联，并根据地址进行分组统计所得，数据由系统自动写入，用户无法修改。

（3）餐饮得分。

餐饮得分实体描述了学生去食堂就餐和点外卖就餐的次数，实体中包含学号、外卖次数和食堂次数。餐饮得分由 Hive 对 canteen 数据集根据学号和是否为外卖进行分组统计所得，数据由系统自动写入，用户无法修改。

（4）清洁得分。

清洁得分实体描述了学生洗澡和未洗澡的天数，实体中包含学号、洗澡天数和未洗澡天数。清洁得分由 Hive 对 consumption 数据集筛选出刷卡地为浴室的数据统计所得，数据由系统自动写入，用户无法修改。

（5）生活得分。

生活得分实体描述了学生餐饮、咖啡、水果、活动、超市和其他类型的刷卡次数，实体中包含学号、消费类型和消费。生活得分由 Hive 对 consumption 数据集根据消费类型分组统计所得，数据由系统自动写入，用户无法修改。

（6）我的关注。

我的关注实体描述了学生访问各网站的次数，实体中包含学号、连接和连接次数。我的关注由 Hive 对 internet 数据集根据学号进行分组统计访问网站的次数所得，数据由系统自动写入，用户无法修改。

2）个人综合数据分析模块实体 E-R 图

由实体和实体关系可以分析出本模块的 E-R 图，如图 4-19 所示。其中矩形代表实体，菱形代表实体间的关系。

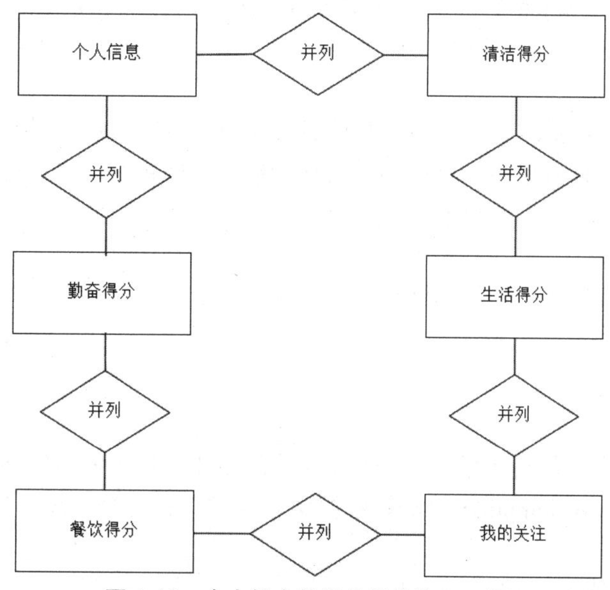

图 4-19　个人综合数据分析模块 E-R 图

3. 个人活动数据分析模块实体

个人活动数据分析模块包括校园活动频次、生活特征比较、互联网情况、消费情况展示等实体，如图 4-20 所示。

生活特征比较		
id	int	<pk>
学号	varchar	
图书馆次数	varchar	
wifi 请求次数	varchar	
专注指数	varchar	
勤奋指数	varchar	
就餐指数	varchar	
睡眠指数	varchar	
健康指数	varchar	

互联网情况		
id	int	<pk>
学号	varchar	
网址类型	varchar	
流量	float	

wifi请求次数		
id	int	<pk>
学号	varchar	
时间	varchar	
数量	float	

消费情况展示		
id	int	<pk>
学号	varchar	
类型	varchar	
金额	float	

刷卡次数		
id	int	<pk>
学号	varchar	
时间	varchar	
数量	float	

图 4-20　个人活动数据分析模块实体

1）个人活动数据分析模块实体说明

（1）校园活动频次。

校园活动频次使用了两个实体，分别为 Wi-fi 请求次数和刷卡次数。Wi-fi 请求次数实体描述了学生的 Wi-fi 连接次数和时间；刷卡次数实体描述了学生的刷卡次数和时间。Wi-fi 请求次数实体中包含学号、时间和数量；刷卡次数实体中包含学号、时间和数量。Wi-fi 请求次数由 Hive 在 internet 数据集根据学号进行分组统计所得，刷卡次数由 Hive 对 consumption 数据集根据学号进行分组统计所得，数据由系统自动写入，用户无法修改。

（2）生活特征比较。

生活特征比较实体描述了学生与公共信息的比较，实体中包含学号、图书馆次数、Wi-fi 请求次数、专注指数、勤奋指数、就餐指数、睡眠指数和健康指数。生活特征比较由系统计算所得，数据由系统自动写入，用户无法修改。

（3）互联网情况。

互联网情况实体描述了学生的网络使用情况，实体中包含学号、网址类型和流量。互联网情况由 Hive 对 internet 数据集根据学号和网址类型进行分组统计所得，数据由系统自动写入，用户无法修改。

（4）消费情况展示。

消费情况展示实体描述了学生各类型消费的金额比例，实体中包含学号、类型和金额。消费情况由 Hive 对 consumption 数据集根据学号和类型进行分组统计所得，数据由系统自动写入，用户无法修改。

2）个人活动数据分析模块 E-R 图

由实体和实体关系可以分析出本模块的 E-R 图，其中矩形代表实体，菱形代表实体与实体之间的关系，如图 4-21 所示。

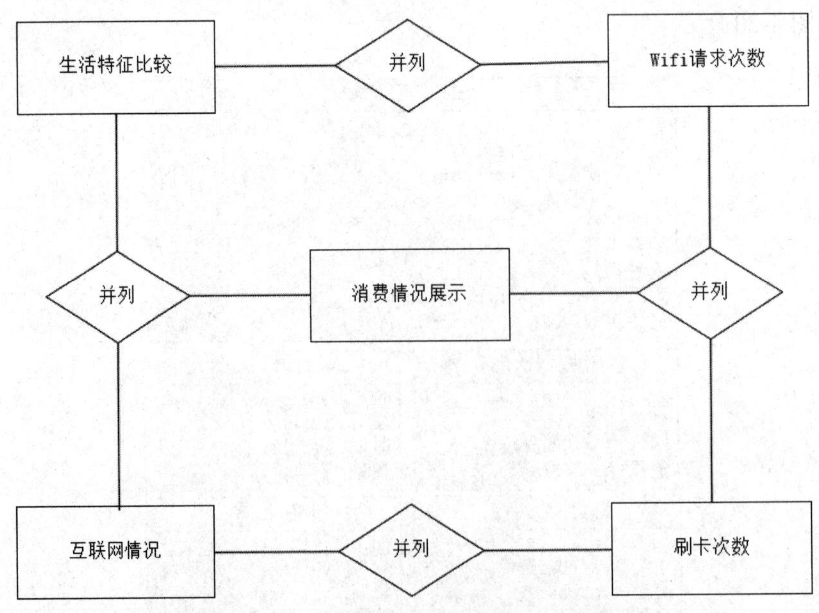

图 4-21　个人活动数据分析模块 E-R 图

4. 个人信息修改模块实体

个人信息修改模块主要完成学生对自身信息的修改，允许修改的内容包括姓名、性别、年级、专业、住址和密码，实体如图 4-22 所示。

学生信息		
id	int	<pk
学号	varchar	
姓名	varchar	
性别	char	
年级	varchar	
专业	varchar	
住址	varchar	
学历	varchar	
密码	varchar	
是否就业	varchar	
就业地	varchar	
薪资	float	
行业	varchar	
是否与专业相关	varchar	
性别学历	varchar	

图 4-22　个人信息修改模块实体

1）个人信息修改模块实体说明

个人信息修改主要针对当前登录的学生账号对自身信息的修改，包括姓名、性别、年级、专业、住址和密码，修改完成后点击确认按钮完成修改。

2）个人信息修改模块实体 E-R 图

由实体和实体关系可以分析出本模块的 E-R 图，其中矩形代表实体，如图 4-23 所示。

学生信息

图 4-22　个人信息修改模块实体 E-R 图

4.3　关系模型

4.3.1　登录模块

根据登录模块 E-R 图和实体图，可以分析出实体中包含的列，从而画出本模块的关系模型。（注：下画线标注部分为主键）

（1）学生信息（用户编号、学号、姓名、性别、年级、专业、住址、学历、密码、是否就业、就业地、薪资、行业、是否与专业相关、性别学历）。

（2）教师信息（用户编号、工号、姓名、性别、职称、专业、密码）。

4.3.2 人员管理模块

根据人员管理模块 E-R 图和实体图，可以分析出实体中包含的列，从而画出本模块的关系模型。（注：下画线标注部分为主键）

1）教师管理模块关系模型

（1）教师信息（<u>编号</u>、工号、姓名、性别、职称、专业、密码）。

（2）职称人数比例（<u>编号</u>、职称、数量）。

（3）教师男女比例（<u>编号</u>、性别、数量）。

（4）各专业中不同职称的人数（<u>编号</u>、专业、职称、数量）。

2）学生管理模块关系模型

（1）学生信息（<u>编号</u>、学号、姓名、性别、年级、专业、住址、学历、密码、是否就业、就业地、薪资、行业、是否与专业相关、性别学历）。

（2）就业比例（<u>编号</u>、是否就业、数量）。

（3）学生男女比例（<u>编号</u>、性别、数量）。

（4）各专业人数比例（<u>编号</u>、专业、数量）。

4.3.3 综合信息分析模块

根据综合信息分析模块 E-R 图和实体图，可以分析出实体中包含的列，从而画出本模块的关系模型。（注：下画线标注部分为主键）

1）综合信息模块关系模型

（1）各年级就业人数对比（<u>编号</u>、年级、数量）。

（2）教师人数统计（<u>编号</u>、职称、性别、数量）。

（3）生源地分布（<u>编号</u>、生源地、数量）。

（4）学生分布（<u>编号</u>、学历、数量）。

（5）人群消费（<u>编号</u>、地址、消费）。

（6）使用流量统计（<u>编号</u>、连接类型、流量）。

（7）实时消费额（<u>编号</u>、时间、金额）。

2）餐饮数据分析模块关系模型

（1）今日总额（<u>编号</u>、地址、消费）。

（2）今日频次（<u>编号</u>、食堂、频次）。

（3）实时餐饮总额（<u>编号</u>、时间、金额）。

（4）餐饮人群组成（<u>编号</u>、学历、金额）。

（5）实时用餐人数（<u>编号</u>、时间、人数）。

（6）历史日均总额（<u>编号</u>、时间、性别、金额）。

3）网络数据分析模块关系模型

（1）使用流量（<u>编号</u>、连接类型、流量）。

（2）本科生流量时域分布（<u>编号</u>、地址、流量、时间）。

（3）硕士生流量时域分布（<u>编号</u>、地址、流量、时间）。

（4）博士生流量时域分布（<u>编号</u>、地址、流量、时间）。

(5)Wi-fi 数据类型(<u>编号</u>、年级、性别、流量、连接类型)。

4)设备与科研数据分析模块关系模型

(1)校园设备统计(<u>编号</u>、设备类型、金额)。

(2)设备使用趋势(<u>编号</u>、时间、金额)。

(3)科研立项统计(<u>编号</u>、科研类型、数量)。

(4)科研到款统计(<u>编号</u>、科研类型、金额)。

(5)科研著作统计(<u>编号</u>、著作类型、数量)。

(6)论文发表统计(<u>编号</u>、类型、学历、数量)。

5)就业数据分析模块关系模型

(1)各专业就业人数排名前五(<u>编号</u>、专业、人数)。

(2)学生就业城市排名前五(<u>编号</u>、就业地址、人数)。

(3)各专业平均薪资(<u>编号</u>、专业、工资)。

(4)各年级就业人数(<u>编号</u>、班级、人数)。

(5)市场需求工作薪资(<u>编号</u>、薪资、数量)。

(6)市场需求工作年限(<u>编号</u>、经验、数量)。

(7)市场需求学历(<u>编号</u>、学历、数量)。

(8)各城市需求人数对比(<u>编号</u>、地址、数量)。

(9)各城市提供职位对比(<u>编号</u>、地址、数量)。

(10)平均薪资(<u>编号</u>、平均薪资)。

4.3.4　学生数据分析模块

根据学生数据分析模块 E-R 图和实体图,可以分析出实体中包含的列,从而画出本模块的关系模型。(注:下画线标注部分为主键)

1)综合信息模块关系模型

(1)各年级就业人数对比(<u>编号</u>、年级、数量)。

(2)市场需求学历(<u>编号</u>、学历、数量)。

(3)薪水分布(<u>编号</u>、工资、数量)。

(4)就业去向分布(<u>编号</u>、就业地、数量)。

(5)各专业平均薪资(<u>编号</u>、专业、平均薪资)。

(6)各城市需求人数(<u>编号</u>、地址、数量)。

(7)各专业就业人数排名前五(<u>编号</u>、专业、数量)。

2)个人综合数据分析模块关系模型

(1)个人信息(<u>编号</u>、学号、学历、刷卡次数、洗澡次数、联网次数、借书次数)。

(2)勤奋得分(<u>编号</u>、学号、地址、次数)。

(3)餐饮得分(<u>编号</u>、学号、外卖次数、食堂次数)。

(4)清洁得分(<u>编号</u>、学号、洗澡天数、未洗澡天数)。

(5)生活得分(<u>编号</u>、学号、消费类型、消费)。

(6)我的关注(<u>编号</u>、学号、连接、连接次数)。

3）个人活动数据分析模块关系模型

（1）Wi-fi 请求次数（编号、学号、时间、数量）。

（2）刷卡次数（编号、学号、时间、数量）。

（3）生活特征比较（编号、学号、图书馆次数、Wi-fi 请求次数、专注指数、勤奋指数、就餐指数、睡眠指数、健康指数）。

（4）互联网情况（编号、学号、网址类型、流量）。

（5）消费情况展示（编号、学号、类型、金额）。

4）个人信息修改模块关系模型

学生信息（编号、学号、姓名、性别、年级、专业、住址、学历、密码、是否就业、就业地、薪资、行业、是否与专业相关、性别学历）

4.4 物理数据模型

在数据库的概念模型和关系模型确定之后，需要建立数据库的物理数据模型。物理数据模型是对实体和实体之间的具体管理进行模型化处理转换而成的。每个实体对应一个物理数据模型，对应情况如表 4-4 所示。

表 4-4 实体与物理数据模型对应表

实体	物理数据模型
教师信息	teacher
职称人数比例	title_proportion
教师男女比例	sex_proportion
各专业中不同职称的人数	major_title_num
学生信息	student
就业比例	t_f_work
学生男女比例	male_to_female_ratio
各专业人数比例	professional_scale
各年级就业人数对比	class_work_num
教师人数统计	number_of_professional_titles
生源地分布	student_address_num
学生分布	education_num
人群消费	income_of_each_canteen
使用流量统计	flow_urltype
实时消费额	canteen_time_money
今日总额	income_of_each_canteen

续表

实体	物理数据模型
今日频次	daily_frequency
实时餐饮总额	canteen_time_money
餐饮人群组成	catering_group_composition
实时用餐人数	vf
历史日均总额	average_total_canteen_income
本科生流量时域分布	undergraduate_time_domain_traffic
硕士生流量时域分布	master_time_domain_traffic
博士生流量时域分布	phd_time_domain_flow
Wi-fi 数据类型	Wi-fi_type_data_traffic
校园设备统计	equipment_type_amount
设备使用趋势	month_money
科研立项统计	quantity_of_research
科研到款统计	money_of_research
科研著作统计	statistics_of_scientific_research_works
论文发表统计	statistics_of_papers_published
各专业就业人数排名前五	major_work_number
学生就业城市排名前五	whereabouts_of_employment
各专业平均薪资	major_avg_salary
各年级就业人数	class_major_people_num
市场需求工作薪资	wage_distribution
市场需求工作年限	work_experience_distribution
市场需求学历	academic_requirements
各城市需求人数对比	address_people_num
各城市提供职位对比	address_work_num
平均薪资	average_salary
薪水分布	wage_distribution
就业去向分布	whereabouts_of_employment
个人信息	pcrsonal_information
勤奋得分	diligent_score
餐饮得分	catering_score
清洁得分	clean_score
生活得分	life_score

续表

实体	物理数据模型
我的关注	my_concern
Wi-fi 请求次数	Wi-fi_connect_num
刷卡次数	card_solution_num
生活特征比较	life_characteristics
互联网情况	internet_use
消费情况展示	life_score

4.4.1 登录模块

（1）学生信息表。

学生信息表由学生信息实体转换而来，并结合关系模型创建表名为 student 的物理数据表，如表 4-5 所示。

表 4-5 student（学生信息表）

序号	列名	数据类型	数据来源	是否为空	是否主键	备注
1	id	int	自动生成	否	是	编号
2	stuno	varchar（255）	管理员输入	否	否	学号
3	name	varchar（255）	管理员输入	否	否	姓名
4	sex	char（2）	管理员输入	否	否	性别
5	class	varchar（255）	管理员输入	否	否	年级
6	major	varchar（255）	管理员输入	否	否	专业
7	address	varchar（255）	管理员输入	否	否	住址
8	education	varchar（255）	管理员输入	否	否	学历
9	password	varchar（255）	管理员输入	否	否	密码
10	tfwork	varchar（255）	管理员输入	否	否	是否就业
11	workaddress	varchar（255）	管理员输入	否	否	就业地
12	salary	float	管理员输入	否	否	薪资
13	industry	varchar（255）	管理员输入	否	否	行业
14	specialty	varchar（255）	管理员输入	否	否	是否与专业相关
15	gendereducation	varchar（255）	管理员输入	否	否	性别学历

（2）教师信息表。

教师信息表由教师信息实体转换而来，并结合关系模型创建表名为 teacher 的物理数据表，如表 4-6 所示。

表 4-6　teacher(教师信息表)

序号	列名	数据类型	数据来源	是否为空	是否主键	备注
1	id	int	自动生成	否	是	编号
2	jobn	varchar(255)	管理员输入	否	否	工号
3	name	varchar(255)	管理员输入	否	否	姓名
4	sex	varchar(255)	管理员输入	否	否	性别
5	title	varchar(255)	管理员输入	否	否	职称
6	major	varchar(255)	管理员输入	否	否	专业
7	password	varchar(255)	管理员输入	否	否	密码

4.4.2　人员管理模块

1)教师管理模块

(1)教师信息表。

教师信息表由教师信息实体转换而来,并结合关系模型。创建表名为 teacher 的物理数据表,如表 4-7 所示。

表 4-7　teacher(教师信息表)

序号	列名	数据类型	数据来源	是否为空	是否主键	备注
1	id	int	自动生成	否	是	编号
2	jobn	varchar(255)	管理员输入	否	否	工号
3	name	varchar(255)	管理员输入	否	否	姓名
4	sex	varchar(255)	管理员输入	否	否	性别
5	title	varchar(255)	管理员输入	否	否	职称
6	major	varchar(255)	管理员输入	否	否	专业
7	password	varchar(255)	管理员输入	否	否	密码

(2)职称人数比例表。

职称人数比例表由职称人数比例实体转换而来,并结合关系模型创建表名为 title_proportion 的物理数据表,如表 4-8 所示。

表 4-8　title_proportion(职称人数比例表)

序号	列名	数据类型	数据来源	是否为空	是否主键	备注
1	id	int	自动生成	否	是	编号
2	title	varchar(255)	数据分析结果	否	否	职称
3	num	int	数据分析结果	否	否	数量

(3)教师男女比例表。

教师男女比例表由教师男女比例实体转换而来，并结合关系模型创建表名为 sex_proportion 的物理数据表，如表 4-9 所示。

表 4-9 sex_proportion(教师男女比例表)

序号	列名	数据类型	数据来源	是否为空	是否主键	备注
1	id	int	自动生成	否	是	编号
2	sex	varchar(255)	数据分析结果	否	否	性别
3	num	int	数据分析结果	否	否	数量

(4)各专业中不同职称的人数表。

各专业中不同职称的人数表由各专业中不同职称的人数实体转换而来，并结合关系模型创建表名为 major_title_num 的物理数据表，如表 4-10 所示。

表 4-10 major_title_num(各专业中不同职称的人数表)

序号	列名	数据类型	数据来源	是否为空	是否主键	备注
1	id	int	自动生成	否	是	编号
2	major	varchar(255)	数据分析结果	否	否	专业
3	title	varchar(255)	数据分析结果	否	否	职称
4	num	int	数据分析结果	否	否	数量

2)学生管理模块

(1)学生信息表。

学生信息表由学生信息实体转换而来，并结合关系模型创建表名为 student 的物理数据表，如表 4-11 所示。

表 4-11 student(学生信息表)

序号	列名	数据类型	数据来源	是否为空	是否主键	备注
1	id	int	自动生成	否	是	编号
2	stuno	varchar(255)	管理员输入	否	否	学号
3	name	varchar(255)	管理员输入	否	否	姓名
4	sex	char(2)	管理员输入	否	否	性别
5	class	varchar(255)	管理员输入	否	否	年级
6	major	varchar(255)	管理员输入	否	否	专业
7	address	varchar(255)	管理员输入	否	否	住址
8	education	varchar(255)	管理员输入	否	否	学历

续表

序号	列名	数据类型	数据来源	是否为空	是否主键	备注
9	password	varchar（255）	管理员输入	否	否	密码
10	tfwork	varchar（255）	管理员输入	否	否	是否就业
11	workaddress	varchar（255）	管理员输入	否	否	就业地
12	salary	float	管理员输入	否	否	薪资
13	industry	varchar（255）	管理员输入	否	否	行业
14	specialty	varchar（255）	管理员输入	否	否	是否与专业相关
15	gendereducation	varchar（255）	管理员输入	否	否	性别学历

（2）就业比例表。

就业比例表由就业比例实体转换而来，并结合关系模型创建表名为 t_f_work 的物理数据表，如表 4-12 所示。

表 4-12　t_f_work（就业比例表）

序号	列名	数据类型	数据来源	是否为空	是否主键	备注
1	id	int	自动生成	否	是	编号
2	tfwork	varchar（255）	数据分析结果	否	否	是否就业
3	num	int	数据分析结果	否	否	数量

（3）学生男女比例表。

学生男女比例表由学生男女比例实体转换而来，并结合关系模型创建表名为 male_to_female_ratio 的物理数据表，如表 4-13 所示。

表 4-13　male_to_female_ratio（学生男女比例表）

序号	列名	数据类型	数据来源	是否为空	是否主键	备注
1	id	int	自动生成	否	是	编号
2	sex	varchar（255）	数据分析结果	否	否	性别
3	num	int	数据分析结果	否	否	数量

（4）各专业人数比例表。

各专业人数比例表由各专业人数比例实体转换而来，并结合关系模型创建表名为 professional_scale 的物理数据表，如表 4-14 所示。

表 4-14 professional_scale(各专业人数比例表)

序号	列名	数据类型	数据来源	是否为空	是否主键	备注
1	id	int	自动生成	否	是	编号
2	major	varchar(255)	数据分析结果	否	否	专业
3	num	int	数据分析结果	否	否	数量

4.4.3 综合信息分析模块

1)综合信息模块

(1)各年级就业人数对比表。

各年级就业人数对比表由各年级就业人数对比实体转换而来,并结合关系模型创建表名为 class_work_num 的物理数据表,如表 4-15 所示。

表 4-15 class_work_num(各年级就业人数对比表)

序号	列名	数据类型	数据来源	是否为空	是否主键	备注
1	id	int	自动生成	否	是	编号
2	class	varchar(255)	数据分析结果	否	否	年级
3	num	int	数据分析结果	否	否	数量

(2)教师人数统计表。

教师人数统计表由教师人数统计实体转换而来,并结合关系模型创建表名为 number_of_professional_titles 的物理数据表,如表 4-16 所示。

表 4-16 number_of_professional_titles(教师人数统计表)

序号	列名	数据类型	数据来源	是否为空	是否主键	备注
1	id	int	自动生成	否	是	编号
2	title	varchar(255)	数据分析结果	否	否	职称
3	sex	varchar(2)	数据分析结果	否	否	性别
4	num	int	数据分析结果	否	否	数量

(3)生源地分布表。

生源地分布表由生源地分布实体转换而来,并结合关系模型创建表名为 student_address_num 的物理数据表,如表 4-17 所示。

表 4-17　student_address_num(生源地分布表)

序号	列名	数据类型	数据来源	是否为空	是否主键	备注
1	id	int	自动生成	否	是	编号
2	address	varchar(255)	数据分析结果	否	否	生源地
3	num	int	数据分析结果	否	否	数量

(4)学生分布表。

学生分布表由学生分布实体转换而来,并结合关系模型创建表名为 education_num 的物理数据表,如表 4-18 所示。

表 4-18　education_num(学生分布表)

序号	列名	数据类型	数据来源	是否为空	是否主键	备注
1	id	int	自动生成	否	是	编号
2	education	varchar(255)	数据分析结果	否	否	学历
3	num	int	数据分析结果	否	否	数量

(5)人群消费表。

人群消费表由人群消费实体转换而来,并结合关系模型创建表名为 income_of_each_canteen 的物理数据表,如表 4-19 所示。

表 4-19　income_of_each_canteen(人群消费表)

序号	列名	数据类型	数据来源	是否为空	是否主键	备注
1	id	int	自动生成	否	是	编号
2	address	varchar(255)	数据分析结果	否	否	地址
3	money	float	数据分析结果	否	否	消费

(6)使用流量统计表。

使用流量统计表由使用流量统计实体转换而来,并结合关系模型创建表名为 flow_urltype 的物理数据表,如表 4-20 所示。

表 4-20　flow_urltype(使用流量统计表)

序号	列名	数据类型	数据来源	是否为空	是否主键	备注
1	id	int	自动生成	否	是	编号
2	urltype	varchar(255)	数据分析结果	否	否	连接类型
3	num	int	数据分析结果	否	否	流量

(7)实时消费额表。

实时消费额表由实时消费额实体转换而来,并结合关系模型创建表名为 canteen_time_money 的物理数据表,如表 4-21 所示。

表 4-21 canteen_time_money(实时消费额表)

序号	列名	数据类型	数据来源	是否为空	是否主键	备注
1	id	int	自动生成	否	是	编号
2	time	varchar(255)	数据分析结果	否	否	时间
3	money	varchar(255)	数据分析结果	否	否	金额

2)餐饮数据分析模块

(1)今日总额表。

今日总额表由今日总额实体转换而来,并结合关系模型创建表名为 income_of_each_canteen 的物理数据表,如表 4-22 所示。

表 4-22 income_of_each_canteen(今日总额表)

序号	列名	数据类型	数据来源	是否为空	是否主键	备注
1	id	int	自动生成	否	是	编号
2	address	varchar(255)	数据分析结果	否	否	地址
3	money	float	数据分析结果	否	否	消费

(2)今日频次表。

今日频次表由今日频次实体转换而来,并结合关系模型创建表名为 daily_frequency 的物理数据表,如表 4-23 所示。

表 4-23 daily_frequency(今日频次表)

序号	列名	数据类型	数据来源	是否为空	是否主键	备注
1	id	int	自动生成	否	是	编号
2	address	varchar(255)	数据分析结果	否	否	食堂
3	frequency	int	数据分析结果	否	否	频次

(3)实时餐饮总额表。

实时餐饮总额表由实时餐饮总额实体转换而来,并结合关系模型创建表名为 canteen_time_money 的物理数据表,如表 4-24 所示。

表 4-24　canteen_time_money(实时餐饮总额表)

序号	列名	数据类型	数据来源	是否为空	是否主键	备注
1	id	int	自动生成	否	是	编号
2	time	varchar(255)	数据分析结果	否	否	时间
3	money	varchar(255)	数据分析结果	否	否	金额

(4)餐饮人群组成表。

餐饮人群组成表由餐饮人群组成实体转换而来，并结合关系模型创建表名为 catering_group_composition 的物理数据表，如表 4-25 所示。

表 4-25　catering_group_composition(餐饮人群组成表)

序号	列名	数据类型	数据来源	是否为空	是否主键	备注
1	id	int	自动生成	否	是	编号
2	gendereducation	varchar(255)	数据分析结果	否	否	学历
3	money	float	数据分析结果	否	否	金额

(5)实时用餐人数表。

实时用餐人数表由实时用餐人数实体转换而来，并结合关系模型创建表名为 canteen_time_money 的物理数据表，如表 4-26 所示。

表 4-26　vf(实时用餐人数表)

序号	列名	数据类型	数据来源	是否为空	是否主键	备注
1	id	int	自动生成	否	是	编号
2	time	varchar(255)	数据分析结果	否	否	时间
3	flowate	int	数据分析结果	否	否	人数

(6)历史日均总额表。

历史日均总额表由历史日均总额实体转换而来，并结合关系模型。创建表名为 average_total_canteen_income 的物理数据表，如表 4-27 所示。

表 4-27　average_total_canteen_income(历史日均总额表)

序号	列名	数据类型	数据来源	是否为空	是否主键	备注
1	id	int	自动生成	否	是	编号
2	time	date	数据分析结果	否	否	时间
3	sex	varchar(4)	数据分析结果	否	否	性别
4	money	float	数据分析结果	否	否	金额

3）网络数据分析模块

（1）使用流量表。

使用流量表由使用流量实体转换而来，并结合关系模型创建表名为 flow_urltype 的物理数据表，如表 4-28 所示。

表 4-28 flow_urltype（使用流量表）

序号	列名	数据类型	数据来源	是否为空	是否主键	备注
1	id	int	自动生成	否	是	编号
2	urltype	varchar（255）	数据分析结果	否	否	连接类型
3	num	int	数据分析结果	否	否	流量

（2）本科生流量时域分布表。

本科生流量时域分布表由本科生流量时域分布实体转换而来，并结合关系模型创建表名为 undergraduate_time_domain_traffic 的物理数据表，如表 4-29 所示。

表 4-29 undergraduate_time_domain_traffic（本科生流量时域分布表）

序号	列名	数据类型	数据来源	是否为空	是否主键	备注
1	id	int	自动生成	否	是	编号
2	address	varchar（255）	数据分析结果	否	否	地址
3	flow	int	数据分析结果	否	否	流量
4	hour	varchar（2）	数据分析结果	否	否	时间

（3）硕士生流量时域分布表。

硕士生流量时域分布表由硕士生流量时域分布实体转换而来，并结合关系模型创建表名为 master_time_domain_traffic 的物理数据表，如表 4-30 所示。

表 4-30 master_time_domain_traffic（硕士生流量时域分布表）

序号	列名	数据类型	数据来源	是否为空	是否主键	备注
1	id	int	自动生成	否	是	编号
2	address	varchar（255）	数据分析结果	否	否	地址
3	flow	int	数据分析结果	否	否	流量
4	hour	int	数据分析结果	否	否	时间

（4）博士生流量时域分布表

博士生流量时域分布表由博士生流量时域分布实体转换而来，并结合关系模型创建表名为 phd_time_domain_flow 的物理数据表，如表 4-31 所示。

表 4-31 phd_time_domain_flow(博士生流量时域分布表)

序号	列名	数据类型	数据来源	是否为空	是否主键	备注
1	id	int	自动生成	否	是	编号
2	address	varchar(255)	数据分析结果	否	否	地址
3	flow	int	数据分析结果	否	否	流量
4	hour	varchar(2)	数据分析结果	否	否	时间

(5)Wi-fi 数据类型表

Wi-fi 数据类型表由 Wi-fi 数据类型实体转换而来,并结合关系模型创建表名为 Wi-fi_type_data_traffic 的物理数据表,如表 4-32 所示。

表 4-32 Wi-fi_type_data_traffic(Wi-fi 数据类型表)

序号	列名	数据类型	数据来源	是否为空	是否主键	备注
1	id	int	自动生成	否	是	编号
2	education	varchar(255)	数据分析结果	否	否	年级
3	sex	varchar(2)	数据分析结果	否	否	性别
4	flow	int	数据分析结果	否	否	流量
5	urltype	varchar(255)	数据分析结果	否	否	连接类型

4)设备与科研数据分析模块

(1)校园设备统计表。

校园设备统计表由校园设备统计实体转换而来,并结合关系模型创建表名为 equipment_type_amount 的物理数据表,如表 4-33 所示。

表 4-33 equipment_type_amount(校园设备统计表)

序号	列名	数据类型	数据来源	是否为空	是否主键	备注
1	id	int	自动生成	否	是	编号
2	equipmenttype	varchar(255)	数据分析结果	否	否	设备类型
3	money	float	数据分析结果	否	否	金额

(2)设备与科研使用趋势表。

设备使用趋势表由设备使用趋势实体转换而来,并结合关系模型创建表名为 month_money 的物理数据表,如表 4-34 所示。

表 4-34 month_money(设备使用趋势表)

序号	列名	数据类型	数据来源	是否为空	是否主键	备注
1	id	int	自动生成	否	是	编号
2	time	varchar(4)	数据分析结果	否	否	时间
3	money	float	数据分析结果	否	否	金额

(3)科研立项统计表。

科研立项统计表由科研立项统计实体转换而来,并结合关系模型创建表名为 quantity_of_research 的物理数据表,如表 4-35 所示。

表 4-35 quantity_of_research(科研立项统计表)

序号	列名	数据类型	数据来源	是否为空	是否主键	备注
1	id	int	自动生成	否	是	编号
2	research	varchar(255)	数据分析结果	否	否	科研类型
3	number	int	数据分析结果	否	否	数量

(4)科研到款统计表。

科研到款统计表由科研到款统计实体转换而来,并结合关系模型创建表名为 money_of_research 的物理数据表,如表 4-36 所示。

表 4-36 money_of_research(科研到款统计表)

序号	列名	数据类型	数据来源	是否为空	是否主键	备注
1	id	int	自动生成	否	是	编号
2	research	varchar(255)	数据分析结果	否	否	科研类型
3	money	float	数据分析结果	否	否	金额

(5)科研著作统计表。

科研著作统计表由科研著作统计实体转换而来,并结合关系模型创建表名为 statistics_of_scientific_research_works 的物理数据表,如表 4-37 所示。

表 4-37 statistics_of_scientific_research_works(科研著作统计表)

序号	列名	数据类型	数据来源	是否为空	是否主键	备注
1	id	int	自动生成	否	是	编号
2	typesofworks	varchar(255)	数据分析结果	否	否	著作类型
3	number	int	数据分析结果	否	否	数量

（6）论文发表统计表。

论文发表统计表由论文发表统计实体转换而来，并结合关系模型创建表名为 statistics_of_papers_published 的物理数据表，如表 4-38 所示。

表 4-38　statistics_of_papers_published（论文发表统计表）

序号	列名	数据类型	数据来源	是否为空	是否主键	备注
1	id	int	自动生成	否	是	编号
2	level	varchar（255）	数据分析结果	否	否	类型
3	education	varchar（255）	数据分析结果	否	否	学历
4	number	int	数据分析结果	否	否	数量

5）就业数据分析模块

（1）各专业就业人数排名前五表。

各专业就业人数排名前五表由各专业就业人数排名前五实体转换而来，并结合关系模型创建表名为 major_work_number 的物理数据表，如表 4-39 所示。

表 4-39　major_work_number（各专业就业人数排名前五表）

序号	列名	数据类型	数据来源	是否为空	是否主键	备注
1	id	int	自动生成	否	是	编号
2	major	varchar（255）	数据分析结果	否	否	专业
3	num	int	数据分析结果	否	否	人数

（2）学生就业城市排名前五表。

学生就业城市排名前五表由学生就业城市排名前五实体转换而来，并结合关系模型创建表名为 whereabouts_of_employment 的物理数据表，如表 4-40 所示。

表 4-40　whereabouts_of_employment（学生就业城市排名前五表）

序号	列名	数据类型	数据来源	是否为空	是否主键	备注
1	id	int	自动生成	否	是	编号
2	workaddress	varchar（255）	数据分析结果	否	否	就业地址
3	num	int	数据分析结果	否	否	人数

（3）各专业平均薪资表。

各专业平均薪资表由各专业平均薪资实体转换而来，并结合关系模型创建表名为 major_avg_salary 的物理数据表，如表 4-41 所示。

表 4-41 major_avg_salary(各专业平均薪资表)

序号	列名	数据类型	数据来源	是否为空	是否主键	备注
1	id	int	自动生成	否	是	编号
2	major	varchar(255)	数据分析结果	否	否	专业
3	avg_salary	float	数据分析结果	否	否	工资

(4)各年级就业人数表。

各年级就业人数表由各年级就业人数实体转换而来,并结合关系模型创建表名为class_major_people_num 的物理数据表,如表 4-42 所示。

表 4-42 class_major_people_num(各年级就业人数表)

序号	列名	数据类型	数据来源	是否为空	是否主键	备注
1	id	int	自动生成	否	是	编号
2	class	varchar(255)	数据分析结果	否	否	班级
3	num	int	数据分析结果	否	否	人数

(5)市场需求工作薪资表。

市场需求工作薪资表由市场需求工作薪资实体转换而来,并结合关系模型创建表名为wage_distribution 的物理数据表,如表 4-43 所示。

表 4-43 wage_distribution(市场需求工作薪资表)

序号	列名	数据类型	数据来源	是否为空	是否主键	备注
1	id	int	自动生成	否	是	编号
2	wage_interval	varchar(255)	数据分析结果	否	否	薪资
3	num	int	数据分析结果	否	否	数量

(6)市场需求工作年限表。

市场需求工作年限表由市场需求工作年限实体转换而来,并结合关系模型创建表名为work_experience_distribution 的物理数据表,如表 4-44 所示。

表 4-44 work_experience_distribution(市场需求工作年限表)

序号	列名	数据类型	数据来源	是否为空	是否主键	备注
1	id	int	自动生成	否	是	编号
2	experience	varchar(255)	数据分析结果	否	否	经验
3	num	int	数据分析结果	否	否	数量

（7）市场需求学历表。

市场需求学历表由市场需求学历实体转换而来，并结合关系模型创建表名为 academic_requirements 的物理数据表，如表 4-45 所示。

表 4-45　academic_requirements（市场需求学历表）

序号	列名	数据类型	数据来源	是否为空	是否主键	备注
1	id	int	自动生成	否	是	编号
2	education	varchar（255）	数据分析结果	否	否	学历
3	num	int	数据分析结果	否	否	数量

（8）各城市需求人数对比表。

各城市需求人数对比表由各城市需求人数对比实体转换而来，并结合关系模型创建表名为 address_people_num 的物理数据表，如表 4-46 所示。

表 4-46　address_people_num（各城市需求人数对比表）

序号	列名	数据类型	数据来源	是否为空	是否主键	备注
1	id	int	自动生成	否	是	编号
2	address	varchar（255）	数据分析结果	否	否	地址
3	num	int	数据分析结果	否	否	数量

（9）各城市提供职位对比表。

各城市提供职位对比表由各城市提供职位对比实体转换而来，并结合关系模型创建表名为 address_work_num 的物理数据表，如表 4-47 所示。

表 4-47　address_work_num（各城市提供职位对比表）

序号	列名	数据类型	数据来源	是否为空	是否主键	备注
1	id	int	自动生成	否	是	编号
2	address	varchar（255）	数据分析结果	否	否	地址
3	num	int	数据分析结果	否	否	数量

（10）平均薪资表

平均薪资表由平均薪资实体转换而来，并结合关系模型创建表名为 average_salary 的物理数据表，如表 4-48 所示。

表 4-48 average_salary(平均薪资表)

序号	列名	数据类型	数据来源	是否为空	是否主键	备注
1	id	int	自动生成	否	是	编号
2	money	float	数据分析结果	否	否	工资

4.4.4 学生数据分析模块

1）综合信息模块

（1）各年级就业人数对比表。

各年级就业人数对比表由各年级就业人数对比实体转换而来，并结合关系模型创建表名为 class_work_num 的物理数据表，如表 4-49 所示。

表 4-49 class_work_num(各年级就业人数对比表)

序号	列名	数据类型	数据来源	是否为空	是否主键	备注
1	id	int	自动生成	否	是	编号
2	class	int	数据分析结果	否	否	年级
3	num	int	数据分析结果	否	否	数量

（2）市场需求学历表。

市场需求学历表由市场需求学历实体转换而来，并结合关系模型创建表名为 academic_requirements 的物理数据表，如表 4-50 所示。

表 4-50 academic_requirements(市场需求学历表)

序号	列名	数据类型	数据来源	是否为空	是否主键	备注
1	id	int	自动生成	否	是	编号
2	education	varchar（255）	数据分析结果	否	否	学历
3	num	int	数据分析结果	否	否	数量

（3）薪水分布表。

薪水分布表由薪水分布实体转换而来，并结合关系模型创建表名为 wage_distribution 的物理数据表，如表 4-51 所示。

表 4-51 wage_distribution(薪水分布表)

序号	列名	数据类型	数据来源	是否为空	是否主键	备注
1	id	int	自动生成	否	是	编号
2	wage_interval	varchar（255）	数据分析结果	否	否	工资
3	num	int	数据分析结果	否	否	数量

（4）就业去向分布表。

就业去向分布表由就业去向分布实体转换而来，并结合关系模型创建表名为 whereabouts_of_employment 的物理数据表，如表 4-52 所示。

表 4-52　whereabouts_of_employment（就业去向分布表）

序号	列名	数据类型	数据来源	是否为空	是否主键	备注
1	id	int	自动生成	否	是	编号
2	workaddress	varchar（255）	数据分析结果	否	否	就业地
3	num	int	数据分析结果	否	否	数量

（5）各专业平均薪资表。

各专业平均薪资表由各专业平均薪资实体转换而来，并结合关系模型创建表名为 major_avg_salary 的物理数据表，如表 4-53 所示。

表 4-53　major_avg_salary（各专业平均薪资表）

序号	列名	数据类型	数据来源	是否为空	是否主键	备注
1	id	int	自动生成	否	是	编号
2	major	varchar（255）	数据分析结果	否	否	专业
3	avg_salary	float	数据分析结果	否	否	平均薪资

（6）各城市需求人数表。

各城市需求人数表由各城市需求人数实体转换而来，并结合关系模型创建表名为 address_people_num 的物理数据表，如表 4-54 所示。

表 4-54　address_people_num（各城市需求人数表）

序号	列名	数据类型	数据来源	是否为空	是否主键	备注
1	id	int	自动生成	否	是	编号
2	address	varchar（255）	数据分析结果	否	否	地址
3	num	int	数据分析结果	否	否	数量

（7）各专业就业人数排名前五表。

各专业就业人数排名前五表由各专业就业人数排名前五实体转换而来，并结合关系模型创建表名为 major_work_number 的物理数据表，如表 4-55 所示。

表 4-55 major_work_number(各专业就业人数排名前五表)

序号	列名	数据类型	数据来源	是否为空	是否主键	备注
1	id	int	自动生成	否	是	编号
2	major	varchar(255)	数据分析结果	否	否	专业
3	num	int	数据分析结果	否	否	数量

(8)就业学生总数表

就业学生总数表由各就业学生总数实体转换而来,并结合关系模型创建表名为 worknumber 的物理数据表,如表 4-56 所示。

表 4-56 worknumber(就业学生总数表)

序号	列名	数据类型	数据来源	是否为空	是否主键	备注
1	id	int	自动生成	否	是	编号
2	worknumber	int	数据分析结果	否	否	人数

2)个人综合数据分析模块

(1)个人信息表。

个人信息表由个人信息实体转换而来,并结合关系模型创建表名为 personal_information 的物理数据表,如表 4-57 所示。

表 4-57 personal_information(个人信息表)

序号	列名	数据类型	数据来源	是否为空	是否主键	备注
1	id	int	自动生成	否	是	编号
2	stuno	varchar(255)	数据分析结果	否	否	学号
3	gendereducation	varchar(255)	数据分析结果	否	否	学历
4	cardnum	varchar(255)	数据分析结果	否	否	刷卡次数
5	bathnum	varchar(255)	数据分析结果	否	否	洗澡次数
6	networknum	varchar(255)	数据分析结果	否	否	联网次数
7	borrowingnum	varchar(255)	数据分析结果	否	否	借书次数

(2)勤奋得分表。

勤奋得分表由勤奋得分实体转换而来,并结合关系模型创建表名为 diligent_score 的物理数据表,如表 4-58 所示。

表 4-58 diligent_score(勤奋得分表)

序号	列名	数据类型	数据来源	是否为空	是否主键	备注
1	id	int	自动生成	否	是	编号

续表

序号	列名	数据类型	数据来源	是否为空	是否主键	备注
2	stuno	varchar(255)	数据分析结果	否	否	学号
3	address	varchar(255)	数据分析结果	否	否	地址
4	num	varchar(11)	数据分析结果	否	否	次数

(3)餐饮得分表。

餐饮得分表由餐饮得分实体转换而来,并结合关系模型创建表名为 catering_score 的物理数据表,如表 4-59 所示。

表 4-59 catering_score(餐饮得分表)

序号	列名	数据类型	数据来源	是否为空	是否主键	备注
1	id	int	自动生成	否	是	编号
2	stuno	varchar(255)	数据分析结果	否	否	学号
3	waimainum	varchar(255)	数据分析结果	否	否	外卖次数
4	shitangnum	varchar(255)	数据分析结果	否	否	食堂次数

(4)清洁得分表。

清洁得分表由清洁得分实体转换而来,并结合关系模型创建表名为 clean_score 的物理数据表,如表 4-60 所示。

表 4-60 clean_score(清洁得分表)

序号	列名	数据类型	数据来源	是否为空	是否主键	备注
1	id	int	自动生成	否	是	编号
2	stuno	varchar(255)	数据分析结果	否	否	学号
3	cleannum	varchar(255)	数据分析结果	否	否	洗澡天数
4	nocleannum	varchar(255)	数据分析结果	否	否	未洗澡天数

(5)生活得分表。

生活得分表由生活得分实体转换而来,并结合关系模型创建表名为 life_score 的物理数据表,如表 4-61 所示。

表 4-61 life_score(生活得分表)

序号	列名	数据类型	数据来源	是否为空	是否主键	备注
1	id	int	自动生成	否	是	编号
2	stuno	varchar(255)	数据分析结果	否	否	学号

续表

序号	列名	数据类型	数据来源	是否为空	是否主键	备注
3	type	varchar(255)	数据分析结果	否	否	消费类型
4	money	float	数据分析结果	否	否	消费

(6)我的关注表。

我的关注表由我的关注实体转换而来,并结合关系模型创建表名为 my_concern 的物理数据表,如表 4-62 所示。

表 4-62　my_concern(我的关注表)

序号	列名	数据类型	数据来源	是否为空	是否主键	备注
1	id	int	自动生成	否	是	编号
2	stuno	varchar(255)	数据分析结果	否	否	学号
3	url	varchar(255)	数据分析结果	否	否	连接
4	urlnum	int	数据分析结果	否	否	连接次数

3)个人活动数据分析模块

(1)Wi-fi 请求次数表。

Wi-fi 请求次数表由 Wi-fi 请求次数实体转换而来,并结合关系模型创建表名为 Wi-fi_connect_num 的物理数据表,如表 4-63 所示。

表 4-63　Wi-fi_connet_num(Wi-fi 请求次数表)

序号	列名	数据类型	数据来源	是否为空	是否主键	备注
1	id	int	自动生成	否	是	编号
2	stuno	varchar(255)	数据分析结果	否	否	学号
3	type	varchar(255)	数据分析结果	否	否	时间
4	num	float	数据分析结果	否	否	数量

(2)刷卡次数表。

刷卡次数表由刷卡次数实体转换而来,并结合关系模型创建表名为 card_solution_num 的物理数据表,如表 4-64 所示。

表 4-64　card_solution_num(刷卡次数表)

序号	列名	数据类型	数据来源	是否为空	是否主键	备注
1	id	int	自动生成	否	是	编号
2	stuno	varchar(255)	数据分析结果	否	否	学号

续表

序号	列名	数据类型	数据来源	是否为空	是否主键	备注
3	time	varchar(255)	数据分析结果	否	否	时间
4	frequency	float	数据分析结果	否	否	数量

(3)生活特征比较表。

生活特征比较表由生活特征比较实体转换而来,并结合关系模型创建表名为 life_characteristics 的物理数据表,如表 4-65 所示。

表 4-65　life_characteristics(生活特征比较表)

序号	列名	数据类型	数据来源	是否为空	是否主键	备注
1	id	int	自动生成	否	是	编号
2	stuno	varchar(255)	数据分析结果	否	否	学号
3	library	varchar(255)	数据分析结果	否	否	图书馆次数
4	Wi-fi request	varchar(255)	数据分析结果	否	否	Wi-fi 请求次数
5	absorbed	varchar(255)	数据分析结果	否	否	专注指数
6	diligence	varchar(255)	数据分析结果	否	否	勤奋指数
7	eat	varchar(255)	数据分析结果	否	否	就餐指数
8	sleep	varchar(255)	数据分析结果	否	否	睡眠指数
9	healthy	varchar(255)	数据分析结果	否	否	健康指数

(4)互联网情况表。

互联网情况表由互联网情况实体转换而来,并结合关系模型创建表名为 internet_use 的物理数据表,如表 4-66 所示。

表 4-66　internet_use(互联网情况表)

序号	列名	数据类型	数据来源	是否为空	是否主键	备注
1	id	int	自动生成	否	是	编号
2	stuno	varchar(255)	数据分析结果	否	否	学号
3	urltype	varchar(255)	数据分析结果	否	否	网址类型
4	flow	float	数据分析结果	否	否	流量

(5)消费情况展示表。

消费情况展示表由消费情况展示实体转换而来,并结合关系模型创建表名为 life_score 的物理数据表,如表 4-67 所示。

表 4-67 life_score（消费情况展示表）

序号	列名	数据类型	数据来源	是否为空	是否主键	备注
1	id	int	自动生成	否	是	编号
2	stuno	varchar（255）	数据分析结果	否	否	学号
3	type	varchar（255）	数据分析结果	否	否	类型
4	money	float	数据分析结果	否	否	金额

4.5 数据库安全设计

该系统的所有原数据均保存在大数据集群中，在不需要与可视化系统进行数据交互时处于独立状态，不与外部网络连接，以保证数据的安全。数据可视化系统采用 MySQL 数据库，并设置为只允许已授权的用户访问和读取数据库的内容。由于 MySQL 数据库中仅保存数据分析的结果性数据，窃取数据的意义不大。

研究并使用建模工具完成本系统模块 E-R 图以及物理数据表的绘制。

完成本模块的学习后，填写并提交智慧校园数据监控系统数据库设计报告。

智慧校园数据监控系统数据库设计报告	
项目名称	
数据库选型	
数据库概念结构	
数据库逻辑关系	
数据库物理结构	
数据库安全设计	
数据字典	

模块五　登录与人员管理模块

本模块主要介绍如何实现智慧校园数据监控系统的登录功能及人员管理功能。通过本模块的学习，掌握前端框架 jQuery 的使用、Django 的基本结构和编写流程以及 Hadoop 的数据分析流程。

- 熟悉 Django 框架的基本结构。
- 掌握登录与人员管理功能的设计要求和开发流程。
- 完成登录与人员管理模块的单元测试任务。
- 提交登录与人员管理模块开发报告及技术文档。

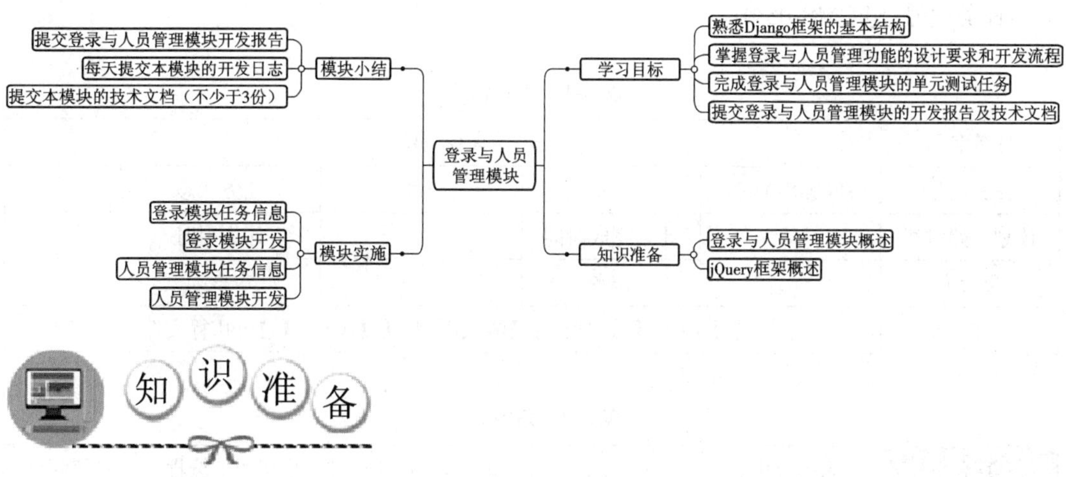

知识准备

在智慧校园数据监控系统中，为了实现用户登录功能，建立了登录模块。用户在登录页面输入正确的账号和密码，就可以进入智慧校园数据监控系统。为实现学生和教师的精细化管理，建立了人员管理模块。

● 登录与人员管理模块概述

登录模块是用户进入智慧校园数据监控系统的入口，用户只有登录系统之后才能操作系统的基本功能。本模块主要介绍智慧校园数据监控系统登录功能的设计与实现，使用前端框架 jQuery 实现前后端数据的传递。

在人员管理模块，管理员可以对学生和教师的信息进行修改、删除等操作，具有相应权限的用户可以对学生和教师的信息进行修改。在管理员对数据库进行修改的过程中，使用 JSON（轻量级的数据交换格式）进行数据的传递。

在修改密码模块中学生和教师只能修改当前登录账号的密码，且只能操作自己权限范围内的功能。这样的形式保证了系统的安全性，可以防止用户对重要数据进行修改。

● jQuery 框架概述

jQuery 是一个快速、简洁的 JavaScript 框架，它简化了 JavaScript 编程，使页面代码更加简洁，实现了使用更少的代码实现更多的功能。与其他框架相比，jQuery 的优势体现在方方面面，它是轻量级框架，具有强大的选择器、出色的 DOM 操作封装、可靠的事件处理机制，并且拥有详细的文档说明和各种应用讲解，还有许多成熟的插件可供选择。

5.1 登录模块任务信息

任务编号：SFCMS-05-01。

表 5-1 基本信息

任务名称	登录模块				
任务编号	SFCMS-05-01	版本	1.0	任务状态	
计划开始时间		计划完成时间		计划用时	
负责人		作者		审核人	
工作产品	【 】文档 【 】图表 【 】测试用例 【 】代码 【 】可执行文件				

表 5-2 角色分工

岗位	系统分析	系统设计	系统页面实现	系统逻辑编程	系统测试
负责人					

5.2　登录模块开发

登录模块是智慧校园数据监控系统的入口，选择不同的登录方式可以分别实现学生和教师的登录。登录模块分为两部分，即用户登录和忘记密码。

5.2.1　用户登录

1. 概要设计

1）原型设计

用户登录模块的主要功能是采集用户的账号和密码信息，并判断信息填写是否符合格式。其页面如图 5-1 所示。

图 5-1　用户登录页面

2）功能分析

（1）用户登录页面描述。

点击登录按钮，系统提交用户输入的账号和密码，后台验证用户输入的账号和密码是否匹配，匹配成功则提示登录成功并进入综合信息大屏界面，匹配失败则提示登录失败。

（2）用户登录用例描述。

表 5-3　用户登录用例描述

用例 ID	SFCMS-UC-05-01	用例名称	用户登录
执行者	系统已有的用户		
前置条件	用户具有账号和密码		
后置条件	登录成功并进入综合信息大屏界面		

续表

基本事件流	1. 用户选择学生登录或管理员登录 2. 用户输账号和密码 3. 用户点击登录按钮 4. 系统验证账号和密码
扩展事件流	a. 系统未检测到用户登录请求 b. 用户登录失败
异常事件流	第 2、3 步出现系统故障，例如网络故障、数据库服务器故障，系统弹出系统异常页面，提示“系统出错，请重试”
待解决问题	

3）流程处理

用户登录模块主要用于采集用户输入的账号和密码，并验证所输入的信息格式是否正确。当用户输入基本信息并点击登录按钮之后，首先判断用户输入的信息是否符合格式，然后将信息传递给后台进行验证。用户登录流程如图 5-2 所示。

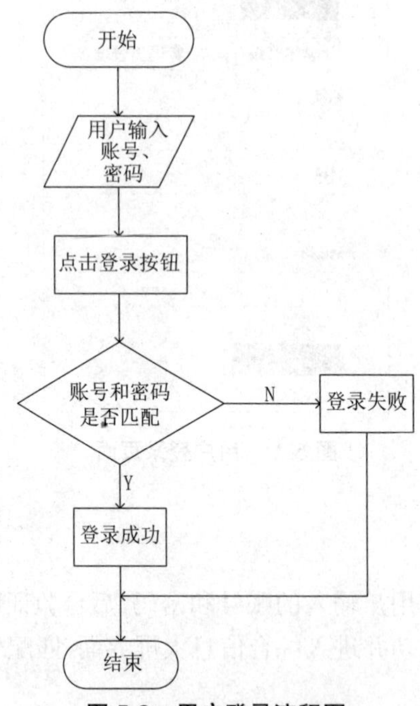

图 5-2　用户登录流程图

4）数据库设计

根据功能分析和流程处理可分析出用户登录模块所需的数据库表，如表 5-4 和表 5-5 所示。

表 5-4　student(学生信息表)

序号	列名	数据类型	数据来源	是否为空	是否主键	备注
1	id	int	自动生成	否	是	编号
2	stuno	varchar(255)	管理员输入	否	否	学号
3	password	varchar(255)	管理员输入	否	否	密码

表 5-5　teacher(教师信息表)

序号	列名	数据类型	数据来源	是否为空	是否主键	备注
1	id	int	自动生成	否	是	编号
2	jobn	varchar(255)	管理员输入	否	否	工号
3	password	varchar(255)	管理员输入	否	否	密码

2. 页面效果

按照上述步骤进行模块开发并实现如图 5-3 所示的效果。

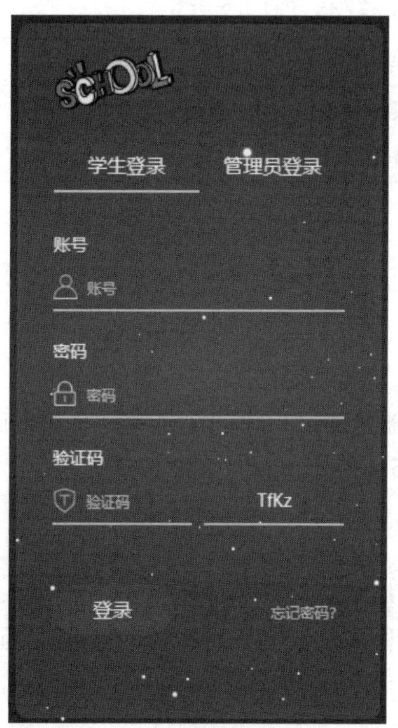

图 5-3　用户登录页面效果

3. 单元测试

模块开发完成后按照表 5-6 给出的单元测试用例进行本模块的单元测试。

表 5-6 用户登录模块单元测试

测试用例标识符	输入 / 动作	期望输出	实际输出	测试结果
Testcase001	用户输入账号	显示账号		□通过 □未通过
Testcase002	用户输入密码	以隐藏的形式显示密码		□通过 □未通过
Testcase003	用户输入验证码	显示验证码		□通过 □未通过
Testcase004	验证码是否匹配	匹配		□通过 □未通过
Testcase005	账号格式是否符合要求	符合		□通过 □未通过
Testcase006	密码格式是否符合要求	符合		□通过□未通过
Testcase007	用户选择学生登录或管理员登录	选中学生登录或管理员登录		□通过 □未通过
Testcase008	用户点击登录按钮	跳转到综合信息大屏界面		□通过 □未通过
Testcase009	用户点击忘记密码按钮	跳转到忘记密码页面		□通过 □未通过
Testcase010	验证码是否显示	显示		□通过 □未通过
Testcase011	点击验证码是否更换验证码	更换		□通过 □未通过
Testcase012	账号输入错误是否提示	提示		□通过 □未通过
Testcase013	密码输入错误是否提示	提示		□通过 □未通过
Testcase014	验证码输入错误是否提示	提示		□通过 □未通过

5.2.2 忘记密码

1. 概要设计

1）原型设计

忘记密码模块的主要功能是通过用户的账号和姓名对密码进行修改，并判断信息填写是否符合格式。其页面如图 5-4 所示。

2）功能分析

（1）忘记密码页面描述。

用户点击忘记密码按钮进入忘记密码页面，在该页面输入账号、姓名和密码，后台验证输入的账号和姓名是否匹配，匹配成功则进行密码的修改，匹配失败则提示账号或姓名存在错误。

图 5-4　忘记密码页面

（2）忘记密码用例描述。

表 5-7　忘记密码用例描述

用例 ID	SFCMS-UC-05-02	用例名称	忘记密码
执行者	系统已有的用户		
前置条件	用户点击忘记密码按钮		
后置条件	进入忘记密码页面		
基本事件流	1. 用户输入账号、姓名和密码 2. 用户点击保存并修改密码按钮 3. 系统验证账号和姓名		
扩展事件流	a. 系统未检测到用户修改密码请求 b. 用户修改密码失败		
异常事件流	第 2、3 步出现系统故障，例如网络故障、数据库服务器故障，系统弹出系统异常页面，提示“系统出错，请重试”		
待解决问题			

3）流程处理

忘记密码模块主要用于采集用户输入的账号、姓名和密码，并验证所输入的信息格式是否正确。当用户输入基本信息并点击保存并修改密码按钮之后，首先判断用户输入的信息是否符合格式，然后将信息传递给后台进行验证并实现密码的修改。忘记密码流程如图 5-5 所示。

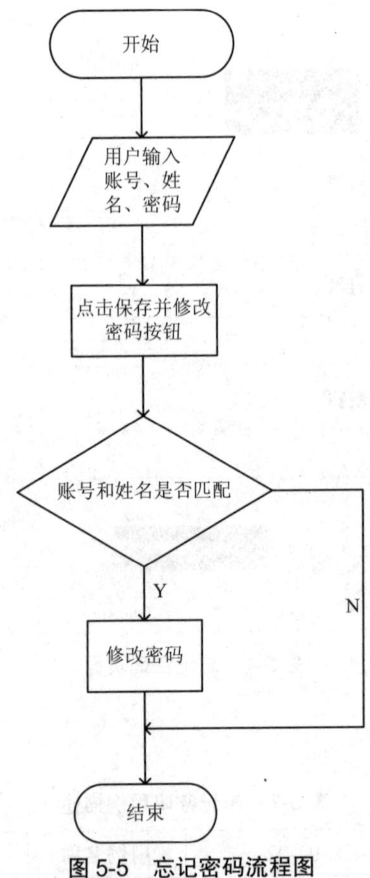

图 5-5 忘记密码流程图

4）数据库设计

根据功能分析和流程处理可分析出忘记密码模块所需的数据库表，如表 5-8 和表 5-9 所示。

表 5-8 student(学生信息表)

序号	列名	数据类型	数据来源	是否为空	是否主键	备注
1	id	int	自动生成	否	是	编号
2	stuno	varchar(255)	管理员输入	否	否	学号
3	name	varchar(255)	管理员输入	否	否	姓名
4	password	varchar(255)	管理员输入	否	否	密码

表 5-9 teacher(教师信息表)

序号	列名	数据类型	数据来源	是否为空	是否主键	备注
1	id	int	自动生成	否	是	编号
2	jobn	varchar(255)	管理员输入	否	否	工号

续表

序号	列名	数据类型	数据来源	是否为空	是否主键	备注
3	name	varchar（255）	管理员输入	否	否	姓名
4	password	varchar（255）	管理员输入	否	否	密码

2. 页面效果

按照上述步骤进行模块开发并实现如图 5-6 所示的效果。

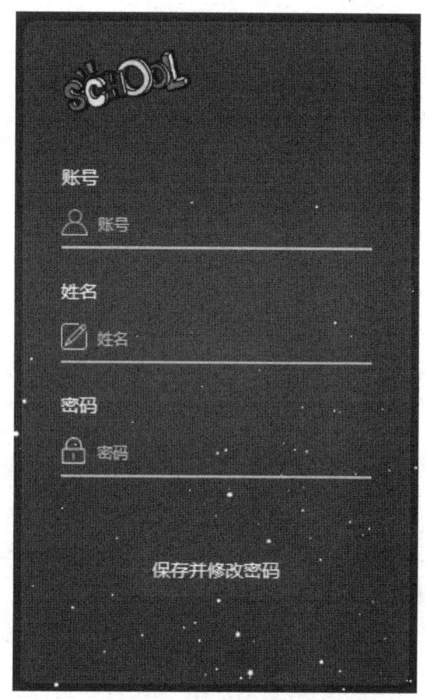

图 5-6　忘记密码页面效果

3. 单元测试

模块开发完成后按照表 5-10 给出的单元测试用例进行本模块的单元测试。

表 5-10　忘记密码模块单元测试

测试用例标识符	输入 / 动作	期望输出	实际输出	测试结果
Testcase001	用户点击保存并修改密码按钮	跳转到登录页面		□通过 □未通过
Testcase002	用户输入账号	显示账号		□通过 □未通过
Testcase003	用户输入密码	以隐藏的形式显示密码		□通过 □未通过
Testcase004	用户输入姓名	显示姓名		□通过□未通过
Testcase005	账号格式是否符合要求	符合		□通过□未通过
Testcase006	密码格式是否符合要求	符合		□通过 □未通过

续表

测试用例标识符	输入 / 动作	期望输出	实际输出	测试结果
Testcase007	姓名格式是否符合要求	符合		□通过 □未通过
Testcase008	账号输入错误是否提示	提示		□通过 □未通过
Testcase009	密码输入错误是否提示	提示		□通过 □未通过
Testcase010	姓名输入错误是否提示	提示		□通过 □未通过

5.3 人员管理模块任务信息

任务编号:SFCMS-05-02。

表 5-11 基本信息

任务名称	人员管理模块				
任务编号	SFCMS-05-02	版本	1.0	任务状态	
计划开始时间		计划完成时间		计划用时	
负责人		作者		审核人	
工作产品	【 】文档 【 】图表 【 】测试用例 【 】代码 【 】可执行文件				

表 5-12 角色分工

岗位	系统分析	系统设计	系统页面实现	系统逻辑编程	系统测试
负责人					

5.4 人员管理模块开发

人员管理模块主要对学生和教师的信息进行管理,包括学生管理和教师管理两个子模块。本模块用例图如图 5-7 所示。

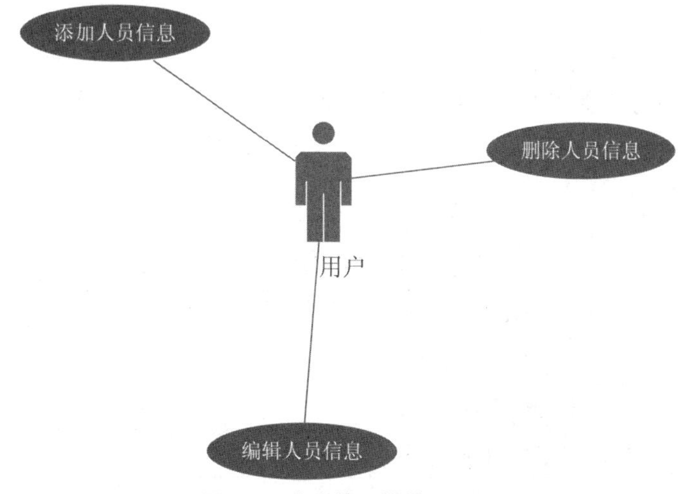

图 5-7　人员管理模块用例图

5.4.1　学生管理

1. 概要设计

1）原型设计

学生管理模块主要将符合用户需求的学生信息以列表的形式展现在页面上，拥有该权限的用户可以对学生信息进行操作。页面设置了相应的文本框以及修改、删除、查看详情按钮，用来实现相应的功能。其页面如图 5-8 所示。

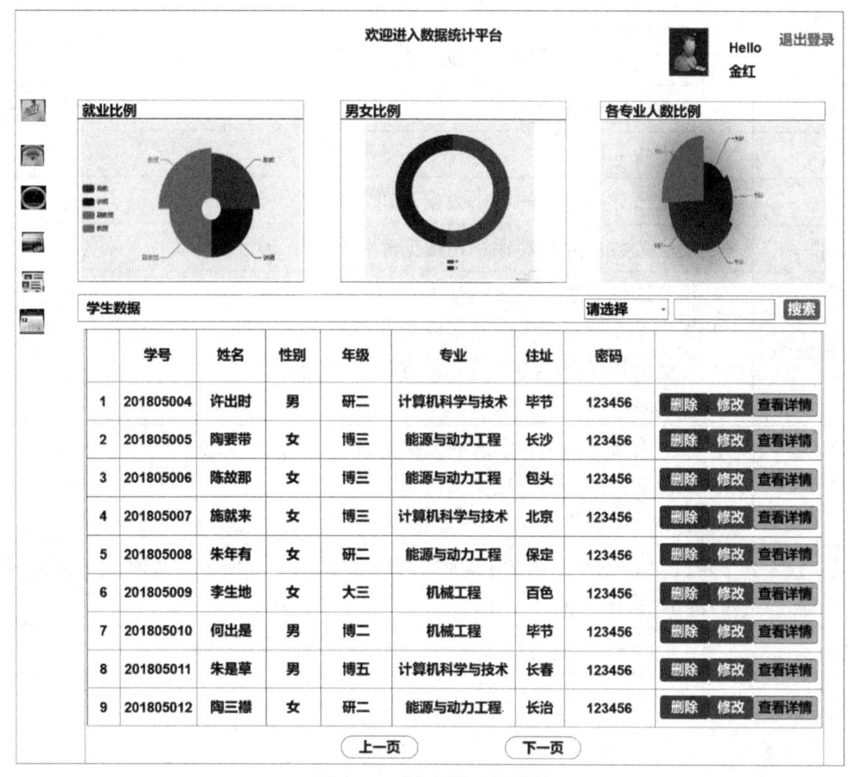

图 5-8　学生管理页面

2）功能分析

（1）学生管理页面描述。

学生管理模块的主要使用者是教师，此页面中显示所有学生信息，用户可以对学生信息进行查询、修改、删除等操作。

（2）学生管理用例描述。

表 5-13 查询学生信息用例描述

用例 ID	SFCMS-UC-05-03	用例名称	查询学生信息
执行者	当前用户		
前置条件	用户点击导航栏中的学生数据按钮		
后置条件	成功过滤学生数据		
基本事件流	1. 用户请求查询学生信息 2. 用户点击查询按钮 3. 系统显示所有符合条件的学生信息		
扩展事件流	a. 系统未检测到用户发送的查询请求 b. 系统未检测到用户提交的信息		
异常事件流	第 2、3 步出现系统故障，例如网络故障、数据库服务器故障，系统弹出系统异常页面，提示“系统出错，请重试”		
待解决问题			

表 5-14 修改学生信息用例描述

用例 ID	SFCMS-UC-05-04	用例名称	修改学生信息
执行者	当前用户		
前置条件	用户点击导航栏中的学生数据按钮		
后置条件	成功修改数据并将其保存在数据库中		
基本事件流	1. 用户选择要修改信息的学生并点击编辑按钮 2. 用户重新填写学生的基本信息并点击提交按钮 3. 系统审核用户填写的信息是否符合要求 4. 系统显示所有学生信息		
扩展事件流	a. 系统未检测到用户发送的编辑请求 b. 系统未检测到用户提交的信息 c. 系统页面刷新失败		
异常事件流	第 2、4 步出现系统故障，例如网络故障、数据库服务器故障，系统弹出系统异常页面，提示“系统出错，请重试”		
待解决问题			

表 5-15　删除学生信息用例描述

用例 ID	SFCMS-UC-05-05	用例名称	删除学生信息
执行者	当前用户		
前置条件	用户点击导航栏中的学生数据按钮		
后置条件	成功删除学生数据		
基本事件流	1. 用户选择需要删除信息的学生所在的列 2. 用户点击删除按钮 3. 系统显示所有学生信息		
扩展事件流	a. 系统未检测到用户发送的删除请求 b. 系统页面刷新失败		
异常事件流	第 2、3 步出现系统故障，例如网络故障、数据库服务器故障，系统弹出系统异常页面，提示“系统出错，请重试”		
待解决问题			

表 5-16　查看学生信息详情用例描述

用例 ID	SFCMS-UC-05-06	用例名称	查看学生信息详情
执行者	当前用户		
前置条件	用户点击导航栏中的学生数据按钮		
后置条件	跳转到个人综合数据分析页面		
基本事件流	1. 用户点击查看详情按钮 2. 系统显示所有学生信息		
扩展事件流	a. 系统未检测到用户点击 b. 系统页面跳转失败		
异常事件流	第 1、2 步出现系统故障，例如网络故障、数据库服务器故障，系统弹出系统异常页面，提示“系统出错，请重试”		
待解决问题			

3）流程处理

用户进入该页面后可以选择学号、姓名、年级、专业等筛选条件进行筛选查询，并进行相应的操作，也可以查看学生的统计信息。学生管理流程如图 5-9 所示。

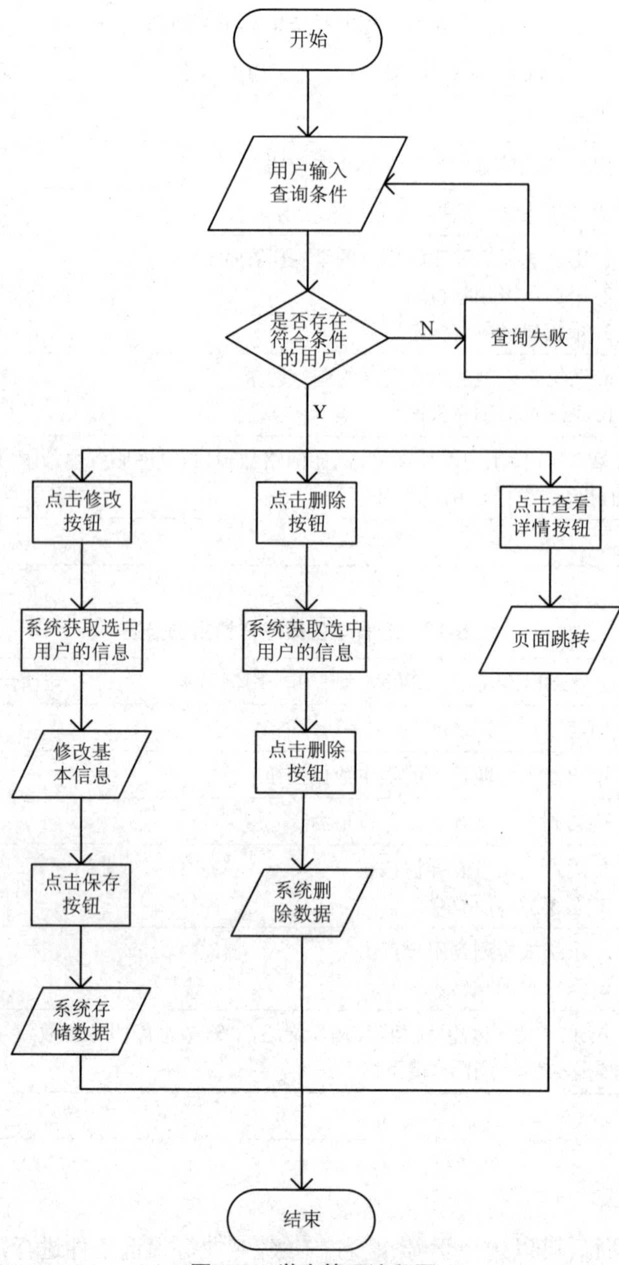

图 5-9 学生管理流程图

4)原数据格式

学生管理主要通过对学生数据文件中包含的数据进行可视化处理、分析统计实现,学生数据一般被保存在数据库中,因此需要将数据从数据库中导出到本地文件中。学生数据文件如图 5-10 所示。

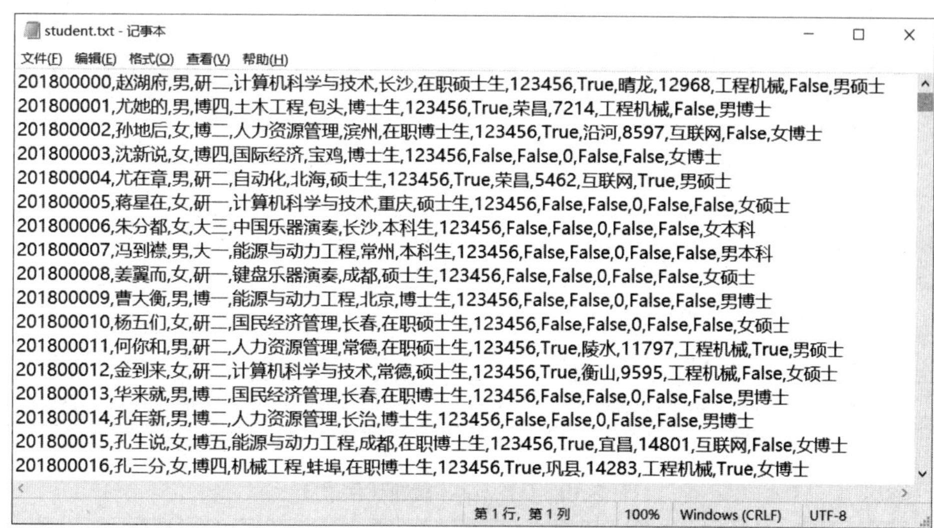
student.txt - 记事本

文件(F) 编辑(E) 格式(O) 查看(V) 帮助(H)

```
201800000,赵湖府,男,研二,计算机科学与技术,长沙,在职硕士生,123456,True,晴龙,12968,工程机械,False,男硕士
201800001,尤她的,男,博四,土木工程,包头,博士生,123456,True,荣昌,7214,工程机械,False,男博士
201800002,孙地后,女,博二,人力资源管理,滨州,在职博士生,123456,True,沿河,8597,互联网,False,女博士
201800003,沈新说,女,博四,国际经济,宝鸡,博士生,123456,False,False,0,False,False,女博士
201800004,尤在章,男,研二,自动化,北海,硕士生,123456,True,荣昌,5462,互联网,True,男硕士
201800005,蒋星在,女,研一,计算机科学与技术,重庆,硕士生,123456,False,False,0,False,False,女硕士
201800006,朱分都,女,大三,中国乐器演奏,长沙,本科生,123456,False,False,0,False,False,女本科
201800007,冯到襟,男,大一,能源与动力工程,常州,本科生,123456,False,False,0,False,False,男本科
201800008,姜翼而,女,研一,键盘乐器演奏,成都,硕士生,123456,False,False,0,False,False,女硕士
201800009,曹大衡,男,博一,能源与动力工程,北京,博士生,123456,False,False,0,False,False,男博士
201800010,杨五们,女,研二,国民经济管理,长春,在职硕士生,123456,False,False,0,False,False,女硕士
201800011,何你和,男,研二,人力资源管理,常德,在职硕士生,123456,True,陵水,11797,工程机械,True,男硕士
201800012,金到来,女,研二,计算机科学与技术,常德,硕士生,123456,True,衡山,9595,工程机械,False,女硕士
201800013,华来就,男,博二,国民经济管理,长春,在职博士生,123456,False,False,0,False,False,男博士
201800014,孔年新,男,博二,人力资源管理,长治,博士生,123456,False,False,0,False,False,男博士
201800015,孔生说,女,博五,能源与动力工程,成都,在职博士生,123456,True,宜昌,14801,互联网,False,女博士
201800016,孔三分,女,博四,机械工程,蚌埠,在职博士生,123456,True,巩县,14283,工程机械,True,女博士
```

第 1 行，第 1 列　100%　Windows (CRLF)　UTF-8

图 5-10　学生数据文件

5）数据分析内容

按照原型图对提供的学生数据进行统计分析，分析内容如表 5-17 所示。

表 5-17　学生数据分析内容

内容	描述
就业比例	对学生是否就业进行统计
男女比例	对学生的男女人数进行统计
各专业人数比例	对学生各个专业的人数进行统计

6）数据库设计

根据功能分析、流程处理和数据分析内容可分析出学生管理模块所需的数据库表，如表 5-18 至表 5-21 所示。

表 5-18　student（学生信息表）

序号	列名	数据类型	数据来源	是否为空	是否主键	备注
1	id	int	自动生成	否	是	编号
2	stuno	varchar（255）	管理员输入	否	否	学号
3	name	varchar（255）	管理员输入	否	否	姓名
4	sex	char（2）	管理员输入	否	否	性别
5	class	varchar（255）	管理员输入	否	否	年级
6	major	varchar（255）	管理员输入	否	否	专业
7	address	varchar（255）	管理员输入	否	否	住址
8	education	varchar（255）	管理员输入	否	否	学历

续表

序号	列名	数据类型	数据来源	是否为空	是否主键	备注
9	password	varchar(255)	管理员输入	否	否	密码
10	tfwork	varchar(255)	管理员输入	否	否	是否就业
11	workaddress	varchar(255)	管理员输入	否	否	就业地
12	salary	float	管理员输入	否	否	薪资
13	industry	varchar(255)	管理员输入	否	否	行业
14	specialty	varchar(255)	管理员输入	否	否	是否与专业相关
15	gendereducation	varchar(255)	管理员输入	否	否	性别学历

表 5-19　t_f_work(就业比例表)

序号	列名	数据类型	数据来源	是否为空	是否主键	备注
1	id	int	自动生成	否	是	编号
2	tfwork	varchar(255)	数据分析结果	否	否	是否就业
3	num	int	数据分析结果	否	否	数量

表 5-20　male_to_female_ratio(学生男女比例表)

序号	列名	数据类型	数据来源	是否为空	是否主键	备注
1	id	int	自动生成	否	是	编号
2	sex	varchar(255)	数据分析结果	否	否	性别
3	num	int	数据分析结果	否	否	数量

表 5-21　professional_scale(各专业人数比例表)

序号	列名	数据类型	数据来源	是否为空	是否主键	备注
1	id	int	自动生成	否	是	编号
2	major	varchar(255)	数据分析结果	否	否	专业
3	num	int	数据分析结果	否	否	数量

2. 详细设计

1)项目结构

学生管理模块的项目结构如图 5-11 所示。

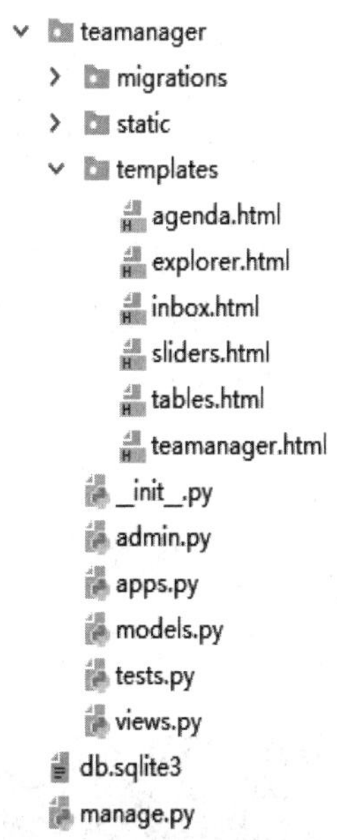

图 5-11　学生管理模块的项目结构

2）实现顺序

学生管理模块主要对采集到的学生数据进行就业比例、男女比例和各专业人数比例的分析并提供了修改数据的功能。本系统中所有离线数据分析的实现顺序一致，此处以就业比例为例介绍离线数据分析的实现顺序，如图 5-12 所示。

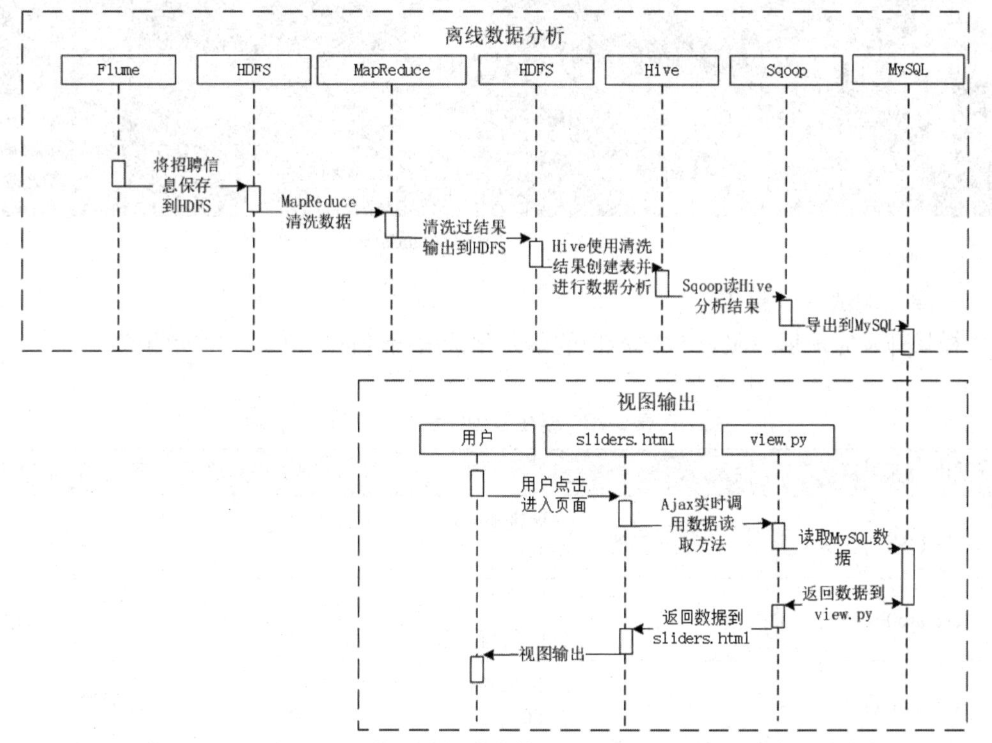

图 5-12　就业比例离线数据分析的实现顺序

3）实现步骤

（1）管理员启动 Flume 将数据采集到 HDFS 中。

（2）编写 MapReduce 程序对数据进行清洗，并按照规定的格式输出到 HDFS 中。

（3）Hive 使用清洗后的数据创建表。

（4）使用 Hive 统计就业比例，并将结果保存到一个新的 Hive 表中。

（5）在 MySQL 中创建与 Hive 中存储的分析结果表结构和名称一致的 MySQL 表，并使用 Sqoop 将 Hive 中的分析结果导出到 MySQL 中。

（6）用户点击学生管理页面。

（7）使用 Django 读取 MySQL 中的数据。

（8）Django 将数据返回到 HTML 页面生成视图。

3. 页面效果

按照上述步骤进行模块开发并实现如图 5-13 所示的效果。

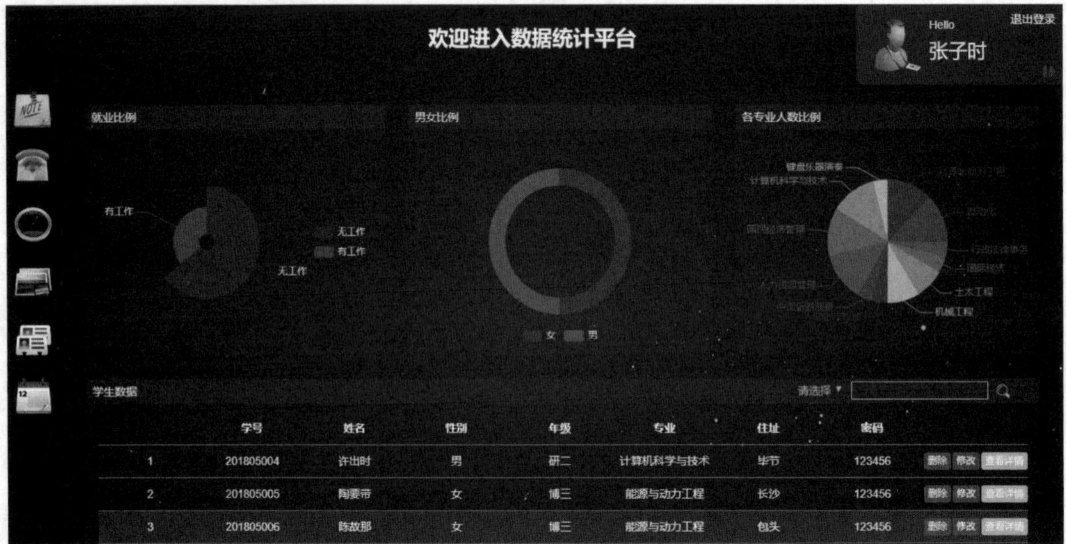

图 5-13　学生管理页面效果

4. 单元测试

模块开发完成后按照表 5-22 给出的单元测试用例进行本模块的单元测试。

表 5-22　学生管理模块单元测试

测试用例标识符	输入 / 动作	期望输出	实际输出	测试结果
Testcase001	输入无效查询条件	页面提示未查询到有效信息		□通过 □未通过
Testcase002	输入模糊查询条件	显示符合当前的模糊条件的所有信息		□通过 □未通过
Testcase003	输入空查询条件	页面提示未查询到有效信息		□通过 □未通过

续表

测试用例标识符	输入 / 动作	期望输出	实际输出	测试结果
Testcase004	点击查询按钮	查询到的信息符合查询条件		□通过 □未通过
Testcase005	修改单条数据	修改成功		□通过 □未通过
Testcase006	修改为相同的数据	修改成功		□通过 □未通过
Testcase007	不选择数据修改	修改成功		□通过 □未通过
Testcase008	必填项为空验证	页面提示必填项为空		□通过 □未通过
Testcase009	最大字符验证	无要求		□通过 □未通过
Testcase010	全角 / 半角输入法	支持各类输入法		□通过 □未通过
Testcase011	修改为已有用户的信息	修改失败并提示用户已存在		□通过 □未通过
Testcase012	删除单条数据	删除成功		□通过 □未通过
Testcase013	删除后查看数据库是否删除	删除成功		□通过 □未通过
Testcase014	向后翻页，选择一条数据，点击删除按钮并确定删除，测试删除边界值是否正常	删除成功		□通过 □未通过
Testcase015	学生数据是否显示	显示		□通过 □未通过
Testcase016	浮动就业比例图表	显示就业人数及其所占的比例		□通过□未通过
Testcase017	浮动男女比例图表	显示学生男女人数及其所占的比例		□通过 □未通过
Testcase018	浮动各专业人数比例图表	显示各专业的人数及其所占比例		□通过 □未通过
Testcase019	就业比例是否分析准确	准确		□通过 □未通过
Testcase020	男女比例是否分析准确	准确		□通过 □未通过
Testcase021	各专业人数比例是否分析准确	准确		□通过 □未通过
Testcase022	就业比例是否显示	显示		□通过 □未通过
Testcase023	男女比例是否显示	显示		□通过 □未通过
Testcase024	各专业人数比例是否显示	显示		□通过 □未通过

5.4.2 教师管理

1. 概要设计

1）原型设计

教师管理模块主要将符合用户需求的教师信息以列表的形式展现在页面上，拥有该权限的用户可以对教师信息进行操作。页面设置了相应的文本框以及修改、删除、查询按钮，用来实现相应的功能。其页面如图 5-14 所示。

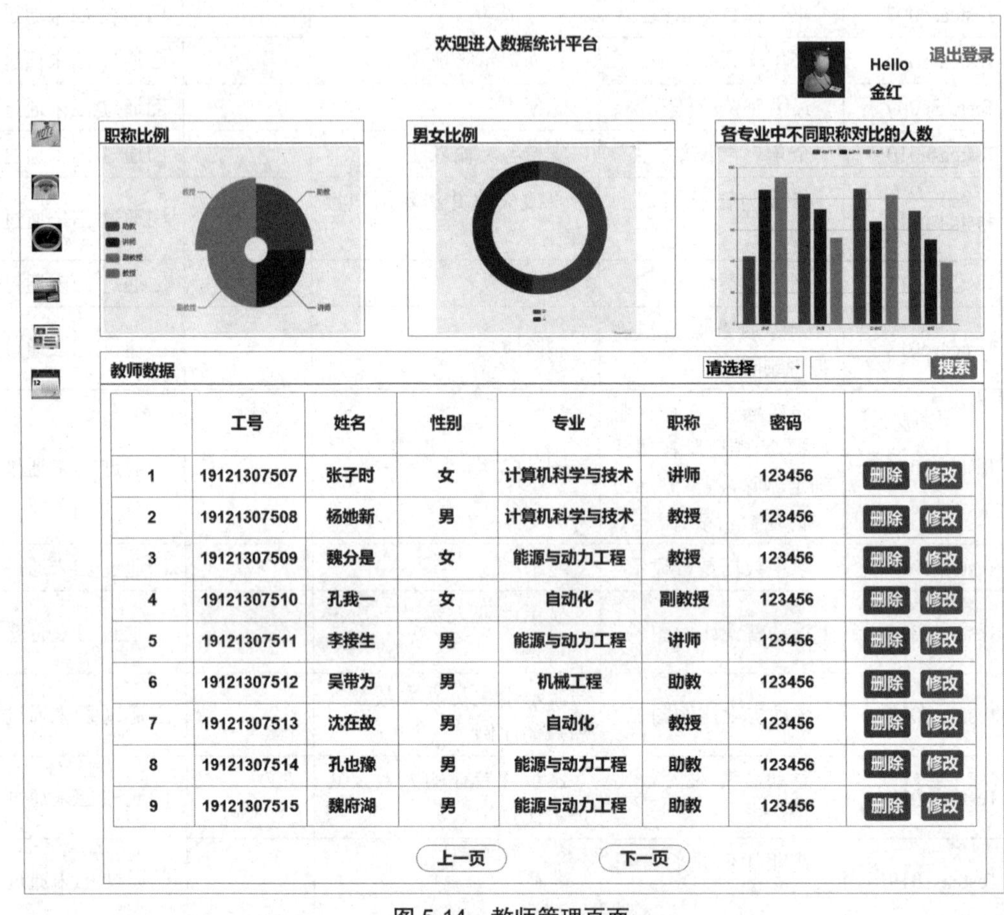

图 5-14 教师管理页面

2）功能分析

（1）教师管理页面描述。

教师管理模块的主要使用者是管理员，此页面中显示所有教师信息，用户可以对教师信息进行查询、修改、删除等操作。

（2）教师管理用例描述。

表 5-23 查询教师信息用例描述

用例 ID	SFCMS-UC-05-07	用例名称	查询教师信息
执行者	当前用户		
前置条件	用户点击导航栏中的教师数据按钮		

续表

后置条件	成功过滤教师数据
基本事件流	1. 用户请求查询教师信息 2. 用户点击查询按钮 3. 系统显示所有符合条件的教师信息
扩展事件流	a. 系统未检测到用户发送的查询请求 b. 系统未检测到用户提交的信息
异常事件流	第 2、3 步出现系统故障，例如网络故障、数据库服务器故障，系统弹出系统异常页面，提示“系统出错，请重试”
待解决问题	

表 5-24　修改教师信息用例描述

用例 ID	SFCMS-UC-05-08	用例名称	修改教师信息
执行者	当前用户		
前置条件	用户点击导航栏中的教师数据按钮		
后置条件	成功修改数据并将其保存在数据库中		
基本事件流	1. 用户选择要修改信息的教师并点击编辑按钮 2. 用户重新填写教师的基本信息并点击提交按钮 3. 系统审核用户填写的信息是否符合要求 4. 系统显示所有教师信息		
扩展事件流	a. 系统未检测到用户发送的编辑请求 b. 系统未检测到用户提交的信息 c. 系统页面刷新失败		
异常事件流	第 2、4 步出现系统故障，例如网络故障、数据库服务器故障，系统弹出系统异常页面，提示“系统出错，请重试”		
待解决问题			

表 5-25　删除教师信息用例描述

用例 ID	SFCMS-UC-05-09	用例名称	删除教师信息
执行者	当前用户		
前置条件	用户点击导航栏中的教师数据按钮		
后置条件	成功删除教师数据		
基本事件流	1. 用户选择需要删除信息的教师所在的列 2. 用户点击删除按钮 3. 系统显示所有教师信息		
扩展事件流	a. 系统未检测到用户发送的删除请求 b. 系统页面刷新失败		
异常事件流	第 2、3 步出现系统故障，例如网络故障、数据库服务器故障，系统弹出系统异常页面，提示“系统出错，请重试”		

续表

待解决问题	

(3)流程处理

用户进入该页面后可以选择工号、姓名、职称、专业等筛选条件进行筛选查询,并进行相应的操作,也可以查看教师的统计信息。教师管理流程如图 5-15 所示。

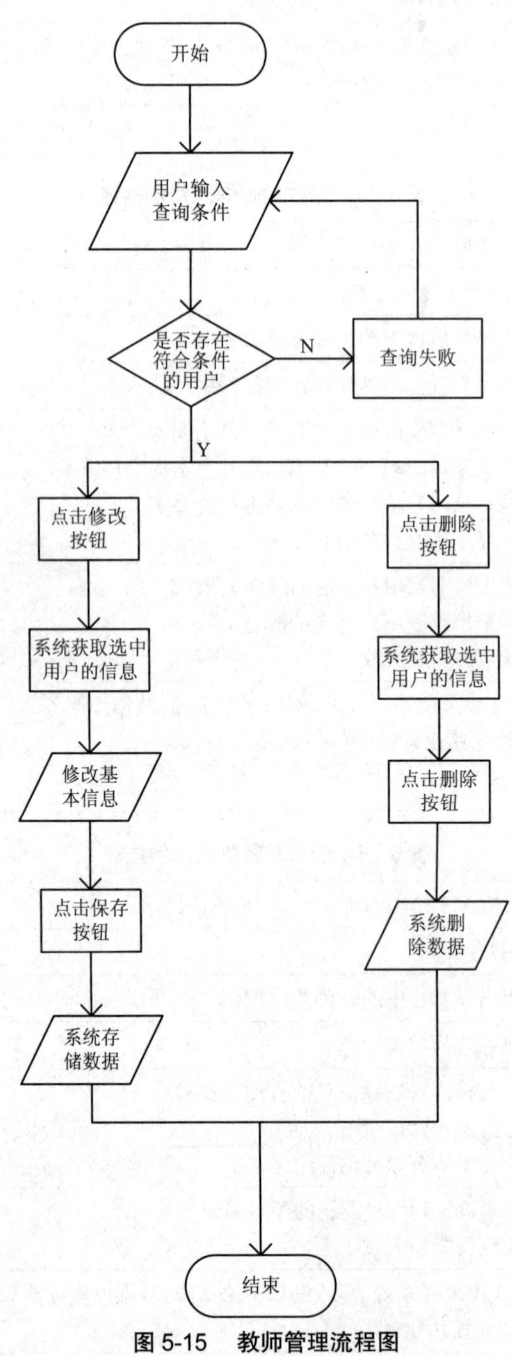

图 5-15 教师管理流程图

4）原数据格式

教师管理主要通过对教师数据文件包含的数据进行可视化处理、分析统计实现，教师数据同样被保存在数据库中，使用时需要将数据从数据库中导出到本地文件中。教师数据文件如图 5-16 所示。

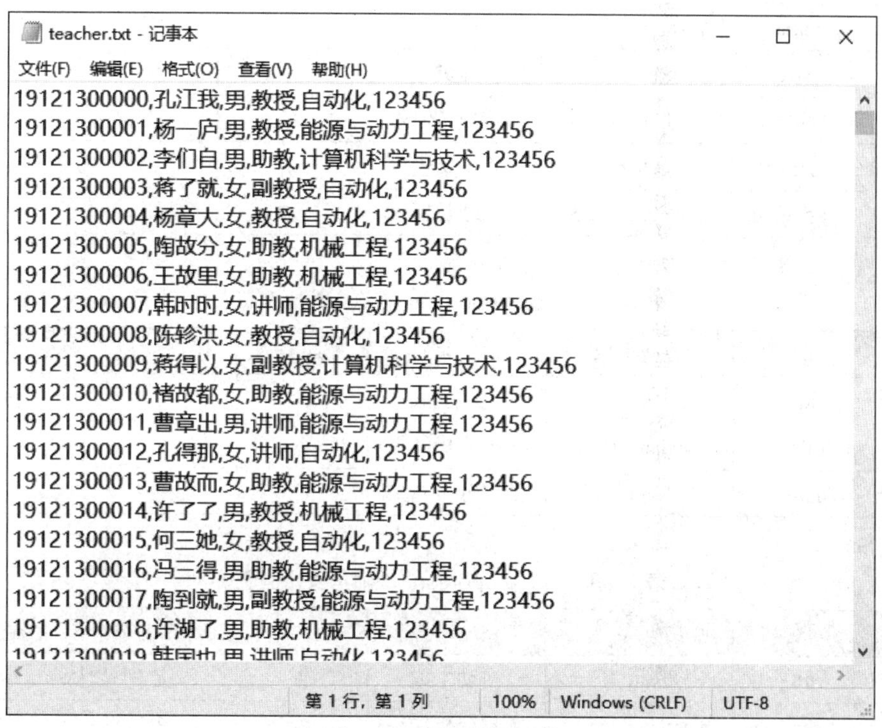
teacher.txt - 记事本
文件(F) 编辑(E) 格式(O) 查看(V) 帮助(H)

19121300000,孔江我,男,教授,自动化,123456
19121300001,杨一庐,男,教授,能源与动力工程,123456
19121300002,李们自,男,助教,计算机科学与技术,123456
19121300003,蒋了就,女,副教授,自动化,123456
19121300004,杨章大,女,教授,自动化,123456
19121300005,陶故分,女,助教,机械工程,123456
19121300006,王故里,女,助教,机械工程,123456
19121300007,韩时时,女,讲师,能源与动力工程,123456
19121300008,陈轸洪,女,教授,自动化,123456
19121300009,蒋得以,女,副教授,计算机科学与技术,123456
19121300010,褚故都,女,助教,能源与动力工程,123456
19121300011,曹章出,男,讲师,能源与动力工程,123456
19121300012,孔得那,女,讲师,自动化,123456
19121300013,曹故而,女,助教,能源与动力工程,123456
19121300014,许了了,男,教授,机械工程,123456
19121300015,何三她,女,教授,自动化,123456
19121300016,冯三得,男,助教,能源与动力工程,123456
19121300017,陶到就,男,副教授,能源与动力工程,123456
19121300018,许湖了,男,助教,机械工程,123456

第 1 行，第 1 列　100%　Windows (CRLF)　UTF-8

图 5-16　教师数据文件

5）数据分析内容

按照原型图对提供的教师数据进行统计分析，分析内容如表 5-26 所示。

表 5-26　教师数据分析内容

内容	描述
职称人数比例	对教师的职称进行统计
男女比例	对教师的男女人数进行统计
各专业中不同职称的人数	对每个职称的各专业教师的人数进行统计

6）数据库设计

根据功能分析、流程处理和数据分析内容可分析出教师管理模块所需的数据库表，如表 5-27 至表 5-30 所示。

表 5-27 teacher(教师信息表)

序号	列名	数据类型	数据来源	是否为空	是否主键	备注
1	id	int	自动生成	否	是	编号
2	jobn	varchar(255)	管理员输入	否	否	工号
3	name	varchar(255)	管理员输入	否	否	姓名
4	sex	varchar(255)	管理员输入	否	否	性别
5	title	varchar(255)	管理员输入	否	否	职称
6	major	varchar(255)	管理员输入	否	否	专业
7	password	varchar(255)	管理员输入	否	否	密码

表 5-28 title_proportion(职称人数比例表)

序号	列名	数据类型	数据来源	是否为空	是否主键	备注
1	id	int	自动生成	否	是	编号
2	title	varchar(255)	数据分析结果	否	否	职称
3	num	int	数据分析结果	否	否	数量

表 5-29 sex_proportion(教师男女比例表)

序号	列名	数据类型	数据来源	是否为空	是否主键	备注
1	id	int	自动生成	否	是	编号
2	sex	varchar(255)	数据分析结果	否	否	性别
3	num	int	数据分析结果	否	否	数量

表 5-30 major_title_num(各专业中不同职称的人数表)

序号	列名	数据类型	数据来源	是否为空	是否主键	备注
1	id	int	自动生成	否	是	编号
2	major	varchar(255)	数据分析结果	否	否	专业
3	title	varchar(255)	数据分析结果	否	否	职称
4	num	int	数据分析结果	否	否	数量

2. 页面效果

按照上述步骤进行模块开发并实现如图 5-17 所示的效果。

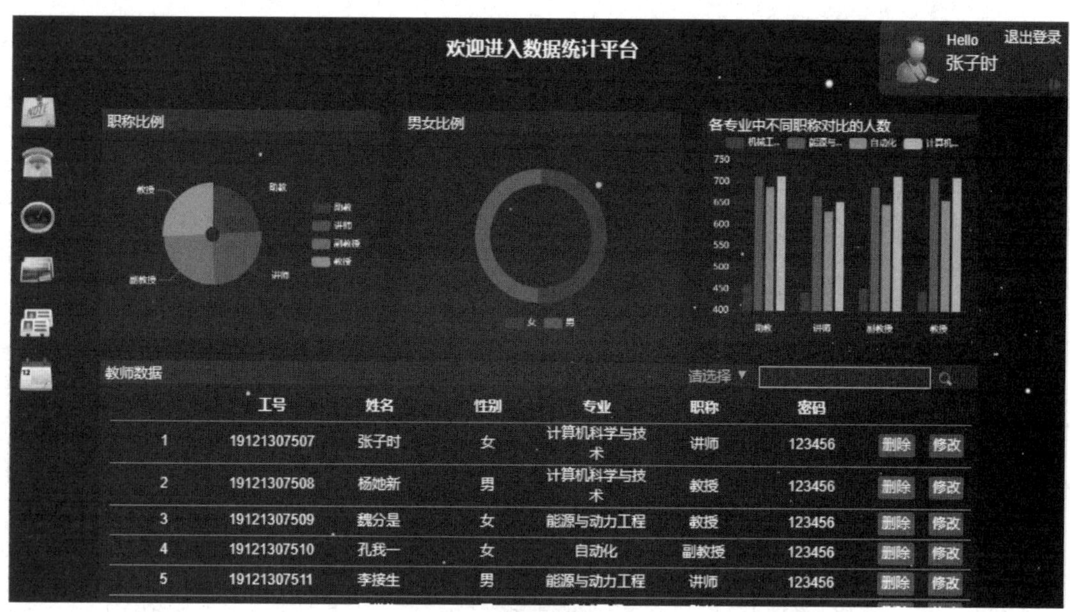

图 5-17　教师管理页面效果

3. 单元测试

模块开发完成后按照表 5-31 给出的单元测试用例进行本模块的单元测试。

表 5-31　教师管理模块单元测试

测试用例标识符	输入 / 动作	期望输出	实际输出	测试结果
Testcase001	输入无效查询条件	页面提示未查询到有效信息		□通过 □未通过
Testcase002	输入模糊查询条件	显示符合当前的模糊条件的所有信息		□通过 □未通过
Testcase003	输入空查询条件	页面提示未查询到有效信息		□通过 □未通过
Testcase004	点击查询按钮	查询到的信息符合查询条件		□通过 □未通过
Testcase005	修改单条数据	修改成功		□通过 □未通过
Testcase006	修改为相同的数据	修改成功		□通过 □未通过
Testcase007	不选择数据修改	修改成功		□通过 □未通过
Testcase008	必填项为空验证	页面提示必填项为空		□通过 □未通过
Testcase009	最大字符验证	无要求		□通过 □未通过
Testcase010	全角 / 半角输入法	支持各类输入法		□通过□未通过
Testcase011	修改为已有用户的信息	修改失败并提示用户已存在		□通过 □未通过
Testcase012	删除单条数据	删除成功		□通过 □未通过

续表

测试用例标识符	输入/动作	期望输出	实际输出	测试结果
Testcase013	删除后查看数据库是否删除	删除成功		□通过 □未通过
Testcase014	向后翻页，选择一条数据，点击删除按钮并确定删除，测试删除边界值是否正常	删除成功		□通过 □未通过
Testcase015	教师数据是否显示	显示		□通过 □未通过
Testcase016	浮动职称人数比例图表	显示各职称的人数及其所占的比例		□通过 □未通过
Testcase017	浮动男女比例图表	显示教师男女人数及其所占的比例		□通过 □未通过
Testcase018	浮动各专业中不同职称的人数图表	显示每个职称的各专业教师的人数		□通过 □未通过
Testcase019	职称人数比例是否分析准确	准确		□通过 □未通过
Testcase020	男女比例是否分析准确	准确		□通过 □未通过
Testcase021	各专业中不同职称的人数是否分析准确	准确		□通过 □未通过
Testcase022	职称人数比例是否显示	显示		□通过 □未通过
Testcase023	男女比例是否显示	显示		□通过 □未通过
Testcase024	各专业中不同职称的人数是否显示	显示		□通过 □未通过

在本模块的开发过程中，小组成员每天提交开发日志。本模块开发完成后，以小组为单位提交模块开发报告及技术文档（不少于 3 份）。

登录与人员管理模块开发报告	
小组名称	
负责人	

续表

小组成员		
工作内容		
状态	□正常　□提前　□延期	
小组得分		
备注		

模块六　综合信息分析模块

本模块主要介绍如何实现综合信息分析模块的功能。通过本模块的学习，掌握数据的采集、处理、分析、存储、可视化展示，并结合所学知识完成综合信息分析模块功能的开发。

- 熟悉综合信息分析模块的业务流程和设计要求。
- 掌握综合信息分析模块的总体结构和开发流程。
- 完成综合信息分析模块的单元测试任务。
- 提交综合信息分析模块开发报告及技术文档。

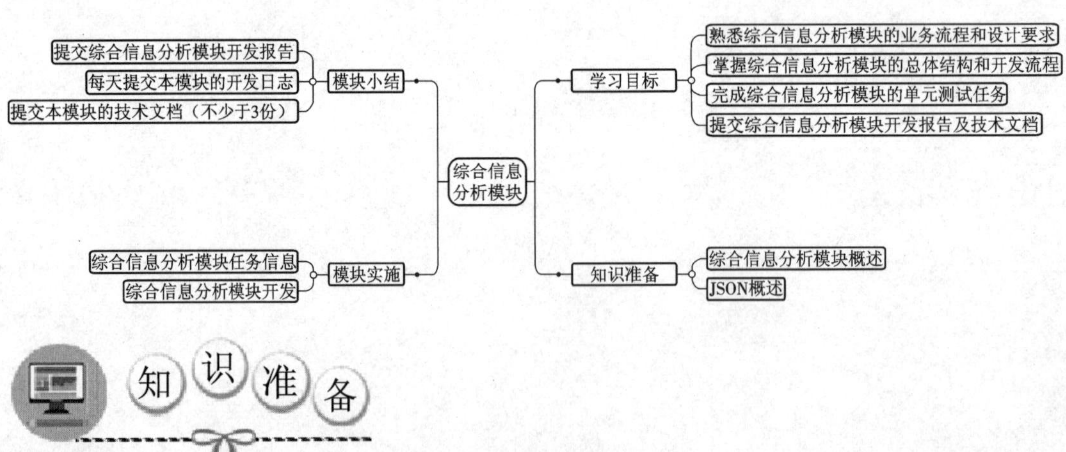

知识准备

在智慧校园数据监控系统中，为了实现校园综合信息的展示，建立了综合信息分析模块。通过综合信息分析模块，用户可以对餐饮、网络、设备与科研、就业等情况进行查看、分析。

- 综合信息分析模块概述

综合信息分析模块显示与学生及教师相关的一些信息。通过综合信息查看餐饮、网络、就业、学生分布等各个部分的总体情况,通过餐饮数据分析查看餐饮消费的详细情况,通过网络数据分析查看网络使用及浏览类型的详细情况,通过设备与科研数据分析查看设备与科研的详细情况,通过就业数据分析查看学生的就业情况以及当前企业招聘的相关情况。

● JSON 概述

JSON 是一种轻量级的数据交换格式,是存储和交换文本信息的语法。JSON 采用完全独立于语言的文本格式,并且比 XML 更易于人阅读和编写,同时也易于机器解析和生成(一般用于提升网络传输速率)。这些特性使得 JSON 成为理想的数据转换语言。在对数据库进行修改的过程中,使用 JSON 进行数据的传递。它的语法格式简单,具有清晰的层次结构,比 XML 更容易阅读,这些优势在本系统中得到了充分的发挥。

6.1　综合信息分析模块任务信息

任务编号:SFCMS-06-01。

表 6-1　基本信息

任务名称	综合信息分析模块				
任务编号	SFCMS-06-01	版本	1.0	任务状态	
计划开始时间		计划完成时间		计划用时	
负责人		作者		审核人	
工作产品	【 】文档 【 】图表 【 】测试用例 【 】代码 【 】可执行文件				

表 6-2　角色分工

岗位	系统分析	系统设计	系统页面实现	系统逻辑编程	系统测试
负责人					

6.2　综合信息分析模块开发

在校教师登录智慧校园数据监控系统后,可以在综合信息分析模块中查看学生的餐饮消费详情、上网浏览情况、使用流量时域情况、就业情况等。综合信息分析模块分为五部分，即综合信息、餐饮数据分析、网络数据分析、设备与科研数据分析以及就业数据分析。综合信息分析模块用例图如图 6-1 所示。

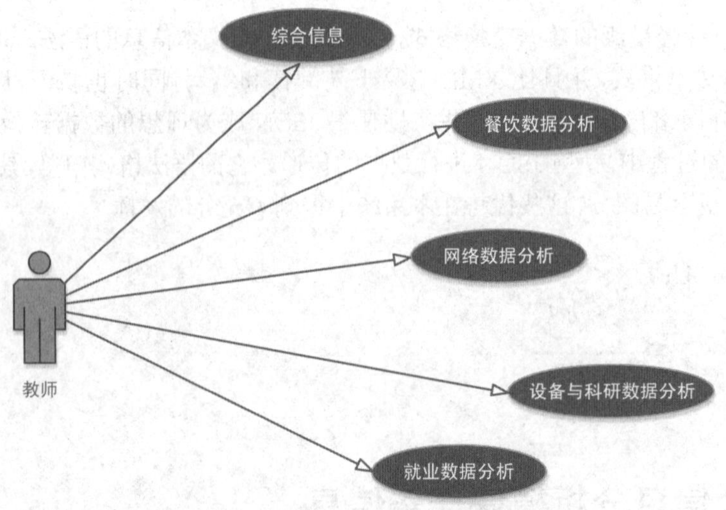

图 6-1 综合信息分析模块用例图

6.2.1 综合信息

1. 概要设计

1）原型设计

综合信息模块显示学生和教师的一些简要信息，包括各年级就业人数对比、教师人数统计、学生分布、生源地分布图、实时消费额、使用流量统计以及人群消费等内容。其页面如图 6-2 所示。

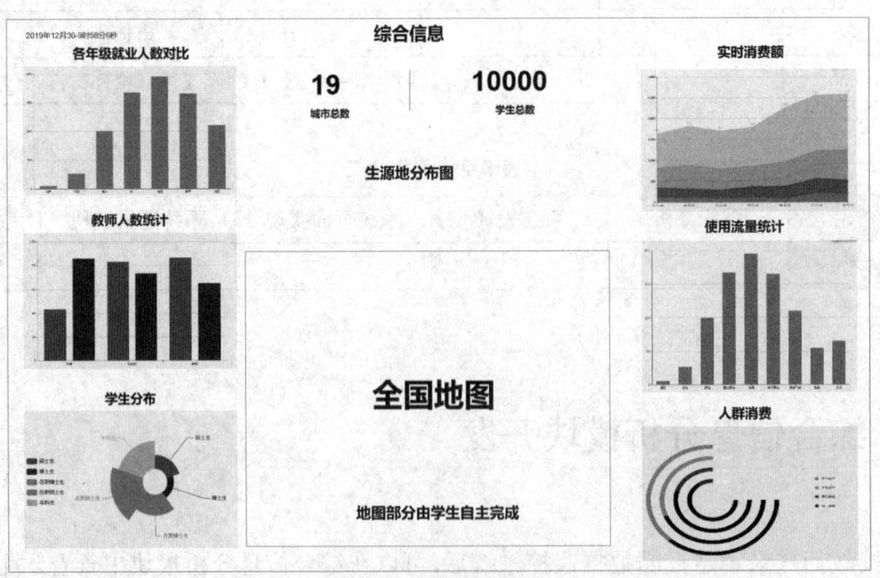

图 6-2 综合信息页面

2）功能分析

（1）综合信息页面描述。

综合信息模块显示在校师生的整体情况，通过该模块教师可以查看学生来自哪个城市、目前在校学生人数、各个年级有多少学生等。

（2）综合信息用例描述。

表 6-3　综合信息用例描述

用例 ID	SFCMS-UC-06-01	用例名称	综合信息
执行者	当前用户		
前置条件	用户点击管理员登录按钮		
后置条件	成功跳转到综合信息页面		
基本事件流	1. 用户点击进入管理平台按钮 2. 服务器请求查询相关图表的数据库数据 3. 将最新的数据显示在页面上		
扩展事件流	a. 系统未检测到点击事件 b. 系统未检测到用户提交的信息 c. 系统信息显示失败		
异常事件流	第 2、3 步出现系统故障，例如页面无信息显示，系统弹出系统异常页面，提示“系统出错，请重试”		
待解决问题			

3）原数据格式

综合信息主要通过对多个不同的原数据文件中包含的数据进行分析统计得出，包括学生数据文件、教师数据文件、餐饮数据文件以及网络数据文件等，可通过以下内容查找。

4）数据分析内容

按照原型图对提供的综合信息数据进行统计分析，分析内容如表 6-4 所示。

表 6-4　综合信息数据分析内容

内容	描述
各年级就业人数对比	对当前各年级的就业人数进行统计
教师人数统计	对各职称对应的男女人数进行统计
学生分布	对当前各学历学生的总数进行统计
生源地分布	对学生的住址进行统计
城市总数	对所有学生的住址进行统计
学生总数	对在校学生总人数进行统计
实时消费额	按照每秒更新 1 次的频率对所有食堂学生的消费金额进行计算
使用流量统计	对学生用各类型软件所使用的流量进行统计
人群消费	对各食堂的消费总额进行统计

5）数据库设计

根据功能分析和数据分析内容可分析出综合信息模块所需的数据库表，如表 6-5 至表 6-11 所示。

表 6-5 class_work_num（各年级就业人数对比表）

序号	列名	数据类型	数据来源	是否为空	是否主键	备注
1	id	int	自动生成	否	是	编号
2	class	varchar（255）	数据分析结果	否	否	年级
3	num	int	数据分析结果	否	否	数量

表 6-6 number_of_professional_titles（教师人数统计表）

序号	列名	数据类型	数据来源	是否为空	是否主键	备注
1	id	int	自动生成	否	是	编号
2	title	varchar（255）	数据分析结果	否	否	职称
3	sex	varchar（2）	数据分析结果	否	否	性别
4	num	int	数据分析结果	否	否	数量

表 6-7 education_num（学生分布表）

序号	列名	数据类型	数据来源	是否为空	是否主键	备注
1	id	int	自动生成	否	是	编号
2	education	varchar（255）	数据分析结果	否	否	学历
3	num	int	数据分析结果	否	否	数量

表 6-8 student_address_num（生源地分布表）

序号	列名	数据类型	数据来源	是否为空	是否主键	备注
1	id	int	自动生成	否	是	编号
2	address	varchar（255）	数据分析结果	否	否	生源地
3	num	int	数据分析结果	否	否	数量

表 6-9 canteen_time_money（实时消费额表）

序号	列名	数据类型	数据来源	是否为空	是否主键	备注
1	id	int	自动生成	否	是	编号
2	time	varchar(255)	数据分析结果	否	否	时间
3	money	varchar(255)	数据分析结果	否	否	金额

表 6-10　flow_urltype（使用流量统计表）

序号	列名	数据类型	数据来源	是否为空	是否主键	备注
1	id	int	自动生成	否	是	编号
2	urltype	varchar（255）	数据分析结果	否	否	连接类型
3	num	int	数据分析结果	否	否	流量

表 6-11　income_of_each_canteen（人群消费表）

序号	列名	数据类型	数据来源	是否为空	是否主键	备注
1	id	int	自动生成	否	是	编号
2	address	varchar（255）	数据分析结果	否	否	地址
3	money	float	数据分析结果	否	否	消费

2. 详细设计

1）项目结构

综合信息模块的项目结构如图 6-3 所示。

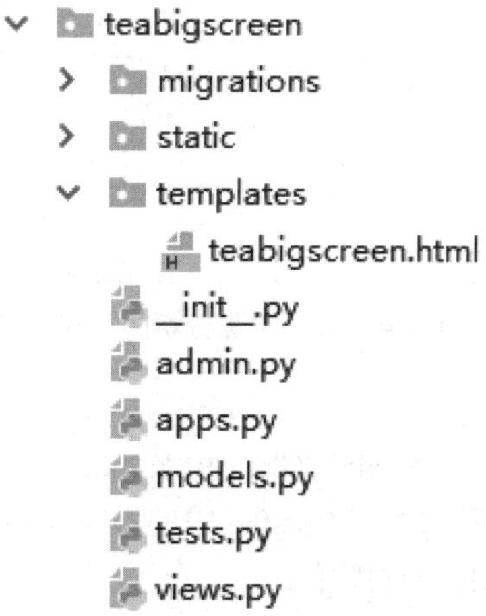

```
teabigscreen
    migrations
    static
    templates
        teabigscreen.html
    __init__.py
    admin.py
    apps.py
    models.py
    tests.py
    views.py
```

图 6-3　综合信息模块的项目结构

2）实现顺序

综合信息模块主要对采集到的数据进行各年级就业人数对比、教师人数统计、学生分布、生源地分布、实时消费额、使用流量统计和人群消费的分析。本系统中所有实时数据分析的实现顺序一致，此处以实时消费额为例介绍实时数据分析的实现顺序，如图 6-4 所示。

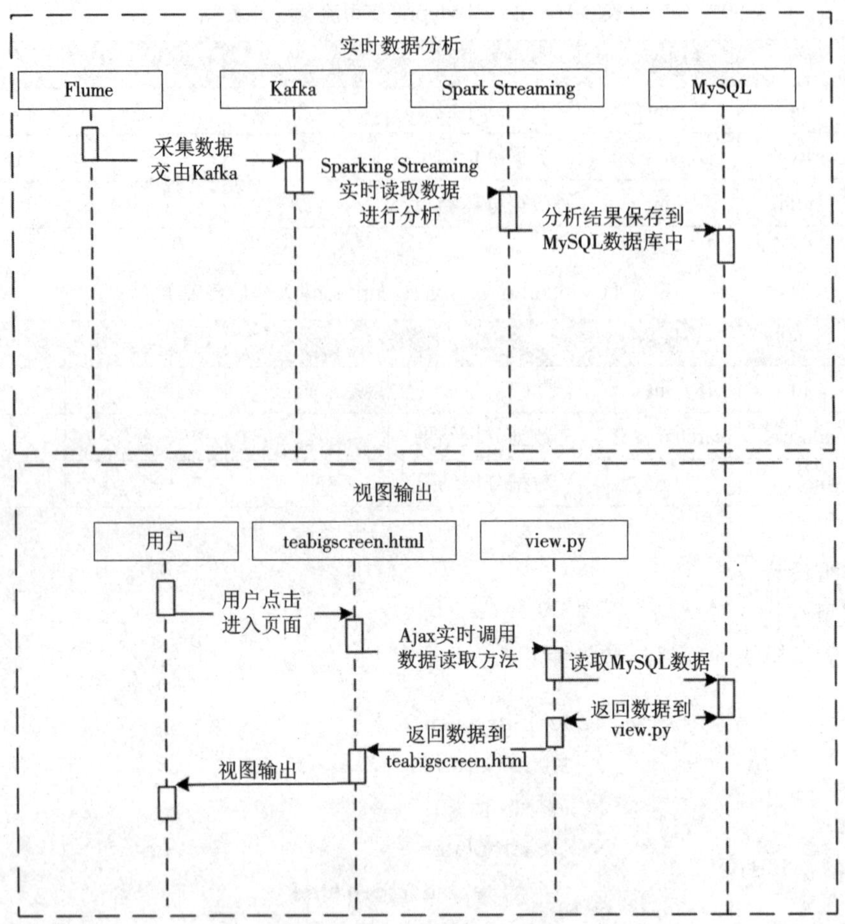

图 6-4 实时消费额实时数据分析的实现顺序

3）实现步骤

（1）管理员启动 Flume 实时将采集到的数据交由 Kafka。

（2）编写 Spark Streaming 程序实时接收 Kafka 中的数据进行分析。

（3）将分析结果保存到 MySQL 数据库中。

（4）用户点击综合信息页面。

（5）Ajax 实时调用 Django 读取数据库中数据的方法。

（6）Django 将数据返回到 HTML 页面生成视图。

3. 页面效果

按照上述步骤进行模块开发并实现如图 6-5 所示的效果。

图 6-5　综合信息页面效果

4. 单元测试

模块开发完成后按照表 6-12 给出的单元测试用例进行本模块的单元测试。

表 6-12　综合信息模块单元测试

测试用例标识符	输入 / 动作	期望输出	实际输出	测试结果
Testcase001	点击进入管理平台按钮	跳转到管理平台		□通过 □未通过
Testcase002	浮动各年级就业人数对比图表	显示每个年级学生的就业人数		□通过 □未通过
Testcase003	浮动教师人数统计图表	显示每个职称教师的男女人数		□通过 □未通过
Testcase004	浮动学生分布图表	显示每个学历学生的人数对比		□通过 □未通过
Testcase005	浮动生源地分布图表	显示每个城市的学生人数		□通过 □未通过
Testcase006	浮动实时消费额图表	显示全校学生当前的消费情况		□通过 □未通过
Testcase007	浮动使用流量统计图表	显示学生使用流量的情况		□通过 □未通过
Testcase008	浮动人群消费图表	显示学生消费地点、消费金额的对比		□通过 □未通过
Testcase009	各年级就业人数是否分析准确	准确		□通过 □未通过
Testcase010	教师人数统计是否分析准确	准确		□通过 □未通过

续表

测试用例标识符	输入 / 动作	期望输出	实际输出	测试结果
Testcase011	学生分布是否分析准确	准确		□通过 □未通过
Testcase012	生源地分布是否分析准确	准确		□通过 □未通过
Testcase013	城市总数是否分析准确	准确		□通过 □未通过
Testcase014	学生总数是否分析准确	准确		□通过 □未通过
Testcase015	实时消费额是否分析准确且动态更新	准确		□通过 □未通过
Testcase016	使用流量统计是否分析准确	准确		□通过 □未通过
Testcase017	人群消费是否分析准确	准确		□通过 □未通过
Testcase018	城市总数是否显示	显示		□通过 □未通过
Testcase019	学生总数是否显示	显示		□通过 □未通过
Testcase020	当前时间是否显示	显示		□通过 □未通过
Testcase021	图表标题是否显示	显示		□通过 □未通过
Testcase022	图表坐标值是否显示	显示		□通过 □未通过

6.2.2 餐饮数据分析

1. 概要设计

1）原型设计

餐饮数据分析模块显示今日总额、今日频次、实时餐饮总额、历史日均总额、餐饮人群组成、实时用餐人数等内容。其页面如图 6-6 所示。

2）功能分析

（1）餐饮数据分析页面描述。

餐饮数据分析主要是查看学生的餐饮消费情况，从而能够有针对性的对各个食堂进行管理。

（2）餐饮数据分析用例描述。

表 6-13 餐饮数据分析用例描述

用例 ID	SFCMS-UC-06-02	用例名称	餐饮数据分析
执行者	当前用户		
前置条件	用户点击进入管理平台按钮		
后置条件	餐饮数据显示成功		
基本事件流	1. 用户点击导航菜单 2. 用户查看餐饮数据 3. 系统显示所有餐饮数据 4. 服务器请求查询相关图表的数据库数据		

续表

扩展事件流	a. 系统未检测到点击事件 b. 系统未检测到用户提交的信息 c. 系统信息显示失败
异常事件流	第 2、3 步出现系统故障，例如页面无信息显示，系统弹出系统异常页面，提示“系统出错，请重试”
待解决问题	

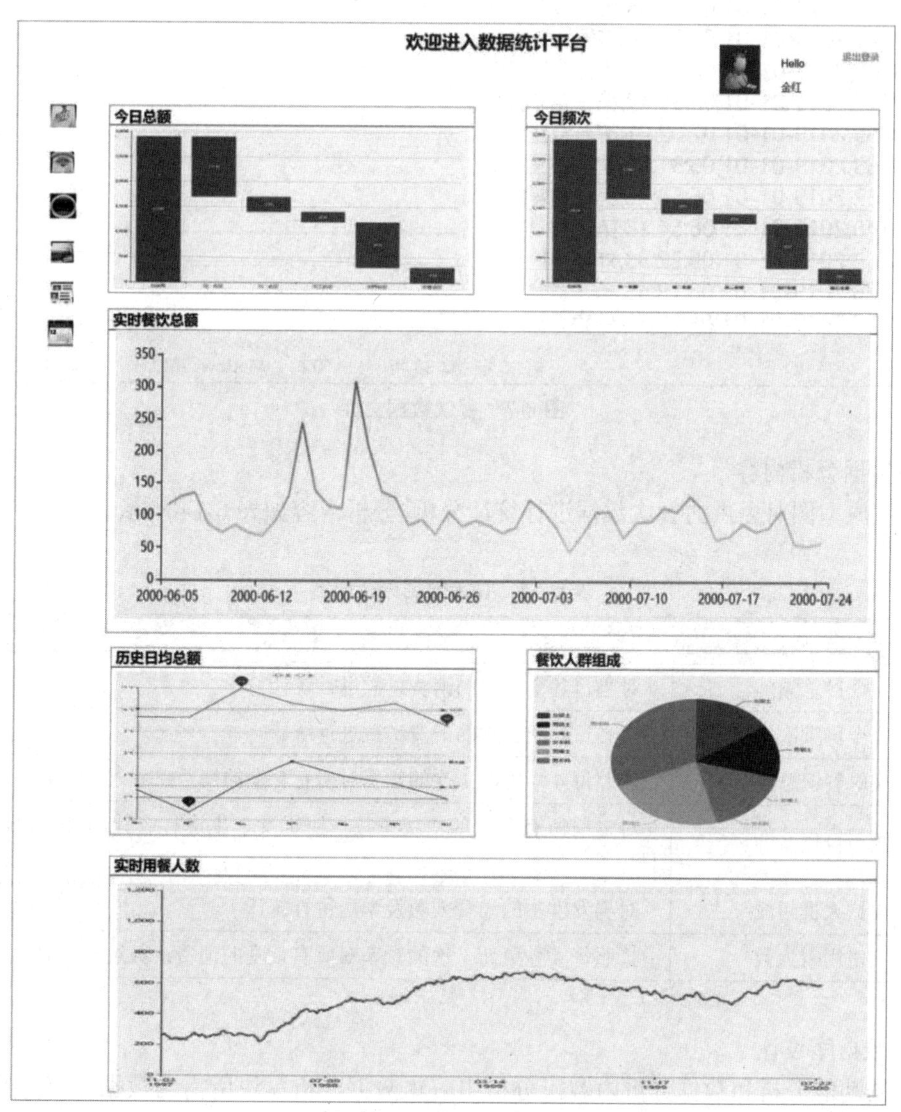

图 6-6　餐饮数据分析页面

3）原数据格式

餐饮数据分析主要通过对餐饮数据文件以及学生数据文件中包含的数据进行分析统计

得出，餐饮数据文件由于数据较多，可以直接以本地文件的格式存放，如图 6-7 所示。

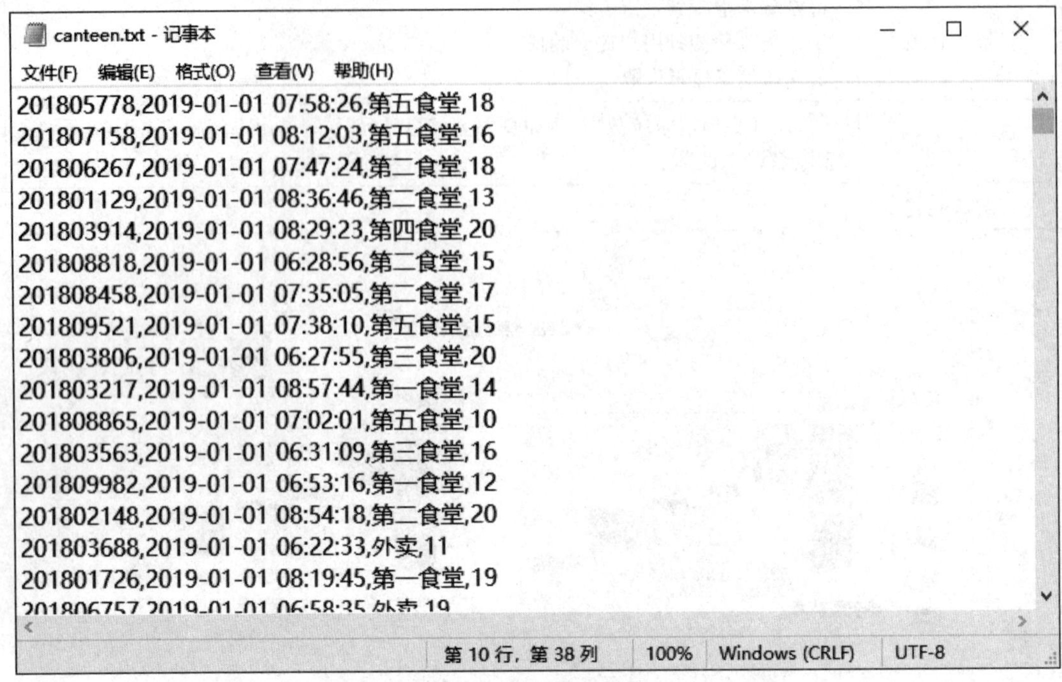

图 6-7 餐饮数据文件

4）数据分析内容

按照原型图对提供的餐饮数据进行统计分析，分析内容如表 6-14 所示。

表 6-14 餐饮数据分析内容

内容	描述
今日总额	对当日各个食堂的消费总额进行统计
今日频次	对当日各个食堂的消费次数进行统计
实时餐饮总额	按照每 4 秒更新 1 次的频率对所有食堂的消费总额进行计算
历史日均总额	对之前所有食堂的消费总额按照男女学生进行统计，并按照日期进行排序
餐饮人群组成	对男女学生的消费人数及学历进行统计
实时用餐人数	按照每 4 秒更新 1 次的频率对所有食堂的消费次数进行计算

5）数据库设计

根据功能分析和数据分析内容可分析出餐饮数据分析模块所需的数据库表，如表 6-15 至表 6-20 所示。

表 6-15　income_of_each_canteen(今日总额表)

序号	列名	数据类型	数据来源	是否为空	是否主键	备注
1	id	int	自动生成	否	是	编号
2	address	varchar(255)	数据分析结果	否	否	地址
3	money	float	数据分析结果	否	否	消费

表 6-16　daily_frequency(今日频次表)

序号	列名	数据类型	数据来源	是否为空	是否主键	备注
1	id	int	自动生成	否	是	编号
2	address	varchar(255)	数据分析结果	否	否	食堂
3	frequency	int	数据分析结果	否	否	频次

表 6-17　canteen_time_money(实时餐饮总额表)

序号	列名	数据类型	数据来源	是否为空	是否主键	备注
1	id	int	自动生成	否	是	编号
2	time	varchar(255)	数据分析结果	否	否	时间
3	money	varchar(255)	数据分析结果	否	否	金额

表 6-18　average_total_canteen_income(历史日均总额表)

序号	列名	数据类型	数据来源	是否为空	是否主键	备注
1	id	int	自动生成	否	是	编号
2	time	date	数据分析结果	否	否	时间
3	sex	varchar(4)	数据分析结果	否	否	性别
4	money	float	数据分析结果	否	否	金额

表 6-19　catering_group_composition(餐饮人群组成表)

序号	列名	数据类型	数据来源	是否为空	是否主键	备注
1	id	int	自动生成	否	是	编号
2	gendereducation	varchar(255)	数据分析结果	否	否	学历
3	money	float	数据分析结果	否	否	金额

表 6-20　canteen_time_money(实时用餐人数表)

序号	列名	数据类型	数据来源	是否为空	是否主键	备注
1	id	int	自动生成	否	是	编号
2	time	varchar(255)	数据分析结果	否	否	时间
3	flowate	int	数据分析结果	否	否	人数

2. 页面效果

按照上述步骤进行模块开发并实现如图 6-8 所示的效果。

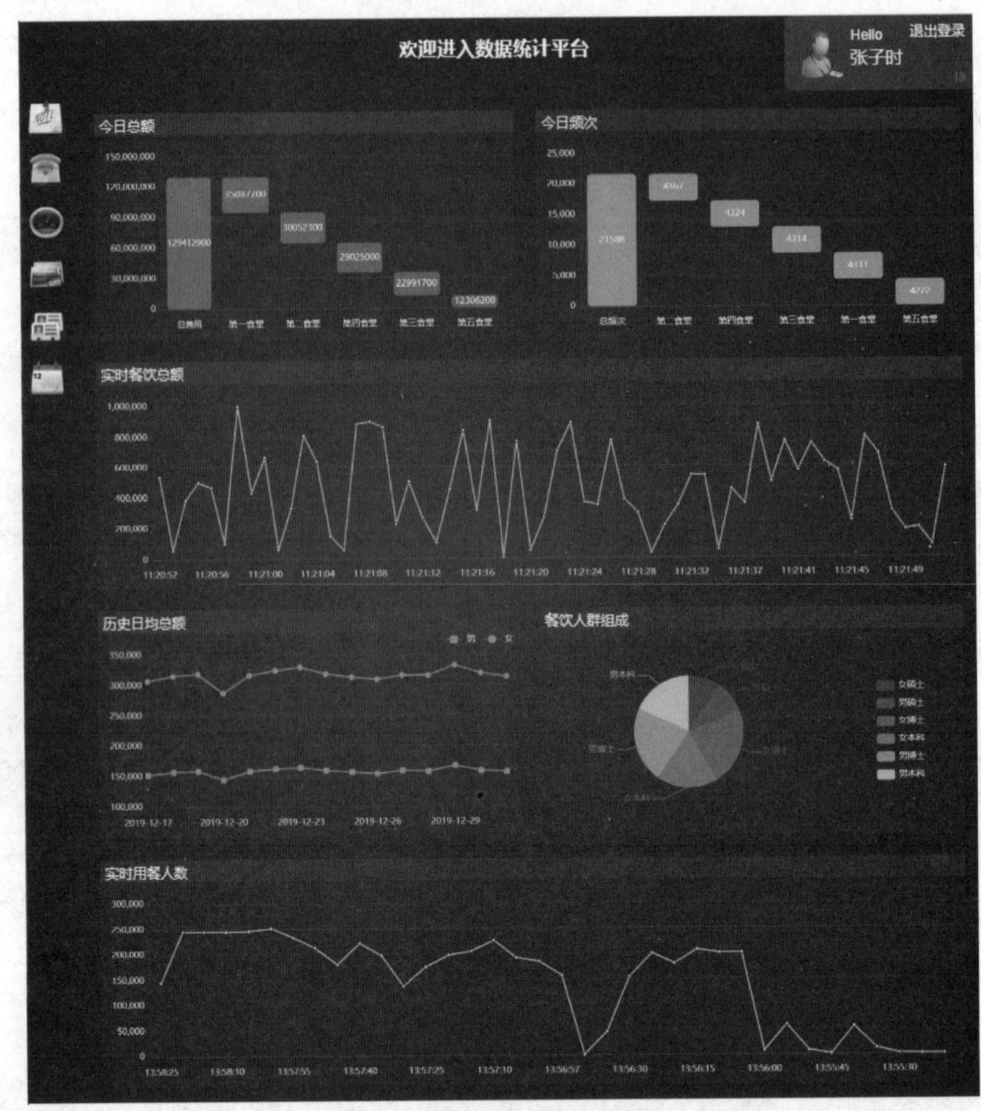

图 6-8 餐饮数据分析页面效果

3. 单元测试

模块开发完成后按照表 6-21 给出的单元测试用例进行本模块的单元测试。

表 6-21 餐饮数据分析模块单元测试

测试用例标识符	输入 / 动作	期望输出	实际输出	测试结果
Testcase001	点击导航菜单	跳转到相应的页面		□通过 □未通过
Testcase002	浮动今日总额图表	显示当日各个食堂学生的消费总额		□通过 □未通过

续表

测试用例标识符	输入 / 动作	期望输出	实际输出	测试结果
Testcase003	浮动今日频次图表	显示当日各个食堂的学生消费次数		□通过 □未通过
Testcase004	浮动实时餐饮总额图表	显示当前的餐饮消费总额		□通过 □未通过
Testcase005	浮动历史日均总额图表	显示每天男女学生的消费总额		□通过 □未通过
Testcase006	浮动餐饮人群组成图表	显示各个学历男女学生的消费总额		□通过 □未通过
Testcase007	浮动实时用餐人数图表	显示当前的用餐总人数		□通过 □未通过
Testcase008	今日总额是否分析准确	准确		□通过 □未通过
Testcase009	今日频次是否分析准确	准确		□通过 □未通过
Testcase010	实时餐饮总额是否分析准确	准确		□通过 □未通过
Testcase011	历史日均总额是否分析准确	准确		□通过 □未通过
Testcase012	餐饮人群组成是否分析准确	准确		□通过 □未通过
Testcase013	实时用餐人数是否分析准确	准确		□通过 □未通过
Testcase014	今日总额是否显示	显示		□通过 □未通过
Testcase015	今日频次是否显示	显示		□通过 □未通过
Testcase016	实时餐饮总额是否显示	显示		□通过 □未通过
Testcase017	历史日均总额是否显示	显示		□通过 □未通过
Testcase018	餐饮人群组成是否显示	显示		□通过 □未通过
Testcase019	实时用餐人数是否显示	显示		□通过 □未通过

6.2.3　网络数据分析

1. 概要设计

1）原型设计

网络数据分析模块显示男女学生浏览网站统计、Wi-fi 数据类型、使用流量、流量时域分布等内容，是对学生使用的网络数据进行分析。其页面如图 6-9 所示。

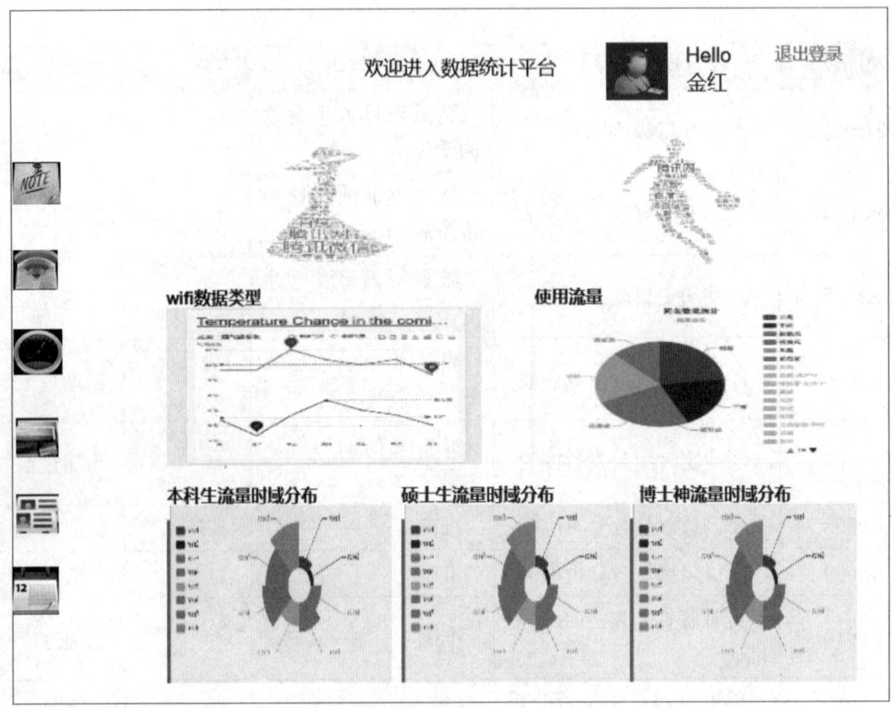

图 6-9　网络数据分析页面

2）功能分析

（1）网络数据分析页面描述。

网络数据分析模块的主要作用是查看当前学生相关的流量使用情况。

（2）网络数据分析用例描述。

表 6-22　网络数据分析用例描述

用例 ID	SFCMS-UC-06-03	用例名称	网络数据分析
执行者	当前用户		
前置条件	用户点击导航栏中的网络数据按钮		
后置条件	网络数据显示成功		
基本事件流	1. 用户点击导航菜单 2. 用户查看网络数据 3. 系统显示所有网络数据 4. 服务器请求查询相关图表的数据库数据		
扩展事件流	a. 系统未检测到点击事件 b. 系统未检测到用户提交的信息 c. 系统信息显示失败		
异常事件流	第 2、3 步出现系统故障，例如页面无信息显示，系统弹出系统异常页面，提示“系统出错，请重试”		
待解决问题			

3）原数据格式

网络数据分析主要通过对网络数据文件以及学生数据文件中包含的数据进行分析统计得出，网络数据文件同样由于数据较多，因此直接存放在本地文件中，如图 6-10 所示。

internet.txt - 记事本

文件(F) 编辑(E) 格式(O) 查看(V) 帮助(H)

```
201809122,2019-01-01 07:28:12,宿舍,wifi,945,淘宝,购物
201805038,2019-01-01 05:13:21,教学楼,4G,961,高德,即时通信
201800232,2019-01-01 13:05:42,食堂,4G,433,苹果官网,电子通信
201803203,2019-01-01 16:17:03,宿舍,wifi,604,苹果官网,电子通信
201801117,2019-01-01 22:07:10,宿舍,4G,160,知乎,通信
201809577,2019-01-01 01:34:53,其他,wifi,356,百度,搜索引擎
201808141,2019-01-01 09:23:10,宿舍,4G,927,京东,购物
201803568,2019-01-01 19:39:07,宿舍,wifi,949,小米,电子通信
201806740,2019-01-01 14:03:12,食堂,wifi,937,优酷,视频
201809320,2019-01-01 21:46:45,宿舍,wifi,487,淘宝,购物
201805529,2019-01-01 10:43:17,食堂,wifi,746,网易,音乐
201809665,2019-01-01 08:14:16,食堂,4G,156,知乎,通信
201802507,2019-01-01 08:14:55,宿舍,wifi,708,腾讯,即时通信
201805874,2019-01-01 21:18:38,食堂,4G,952,豌豆荚,软件
201801026,2019-01-01 17:46:23,其他,wifi,175,人人网,通信
201806282,2019-01-01 21:56:25,宿舍,4G,305,知乎,通信
201804569,2019-01-01 09:45:53,其他,wifi,897,毒霸,软件
201805666,2019-01-01 08:39:10,其他,wifi,1024,有道,软件
201804339,2019-01-01 15:13:54,教学楼,4G,887,有道,软件
201805742,2019-01-01 09:49:28,食堂,4G,933,知乎,通信
```

第 13 行，第 49 列　100%　Windows (CRLF)　UTF-8

图 6-10　网络数据文件

4）数据分析内容

按照原型图对提供的网络数据进行统计分析，分析内容如表 6-23 所示。

表 6-23　网络数据分析内容

内容	描述
Wi-fi 数据类型	对各年级的男女学生使用各类型软件的总流量进行统计
使用流量	对所有学生使用各类型软件的总流量进行统计
本科生流量时域分布	对本科生使用流量的时间、地点以及所用的总流量进行统计
硕士生流量时域分布	对硕士生使用流量的时间、地点以及所用的总流量进行统计
博士生流量时域分布	对博士生使用流量的时间、地点以及所用的总流量进行统计

5）数据库设计

根据功能分析和数据分析内容可分析出网络数据分析模块所需的数据库表，如表 6-24 至表 6-28 所示。

表 6-24 Wi-fi_type_data_traffic(Wi-fi 数据类型表)

序号	列名	数据类型	数据来源	是否为空	是否主键	备注
1	id	int	自动生成	否	是	编号
2	education	varchar(255)	数据分析结果	否	否	年级
3	sex	varchar(2)	数据分析结果	否	否	性别
4	flow	int	数据分析结果	否	否	流量
5	urltype	varchar(255)	数据分析结果	否	否	连接类型

表 6-25 flow_urltype(使用流量表)

序号	列名	数据类型	数据来源	是否为空	是否主键	备注
1	id	int	自动生成	否	是	编号
2	urltype	varchar(255)	数据分析结果	否	否	连接类型
3	num	int	数据分析结果	否	否	流量

表 6-26 undergraduate_time_domain_traffic(本科生流量时域分布表)

序号	列名	数据类型	数据来源	是否为空	是否主键	备注
1	id	int	自动生成	否	是	编号
2	address	varchar(255)	数据分析结果	否	否	地址
3	flow	int	数据分析结果	否	否	流量
4	hour	varchar(2)	数据分析结果	否	否	时间

表 6-27 master_time_domain_traffic(硕士生流量时域分布表)

序号	列名	数据类型	数据来源	是否为空	是否主键	备注
1	id	int	自动生成	否	是	编号
2	address	varchar(255)	数据分析结果	否	否	地址
3	flow	int	数据分析结果	否	否	流量
4	hour	int	数据分析结果	否	否	时间

表 6-28 phd_time_domain_flow(博士生流量时域分布表)

序号	列名	数据类型	数据来源	是否为空	是否主键	备注
1	id	int	自动生成	否	是	编号
2	address	varchar(255)	数据分析结果	否	否	地址
3	flow	int	数据分析结果	否	否	流量
4	hour	int	数据分析结果	否	否	时间

2. 页面效果

按照上述步骤进行模块开发并实现如图 6-11 所示的效果。

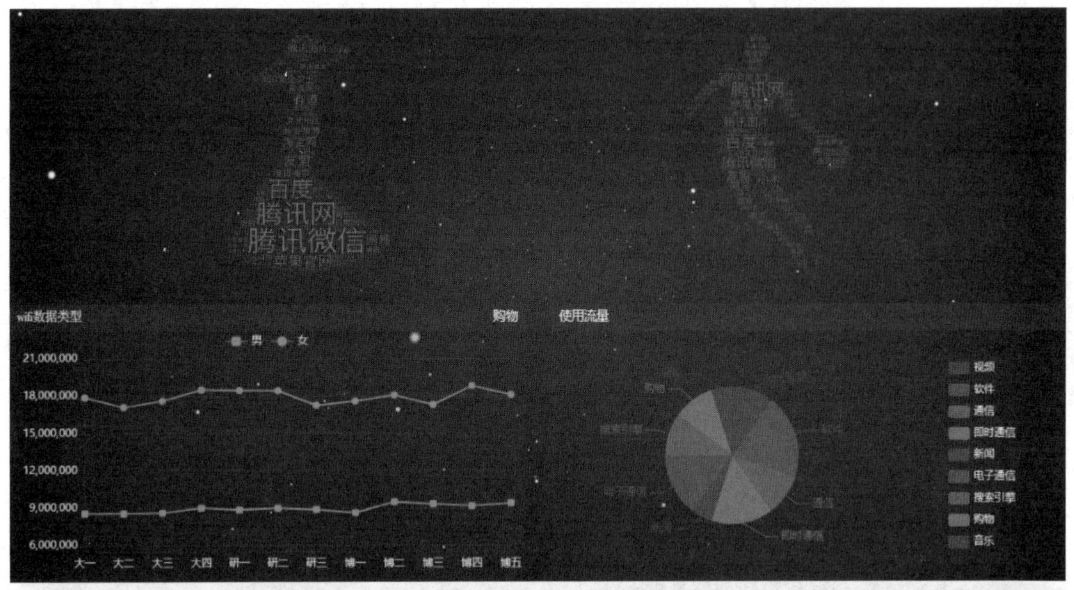

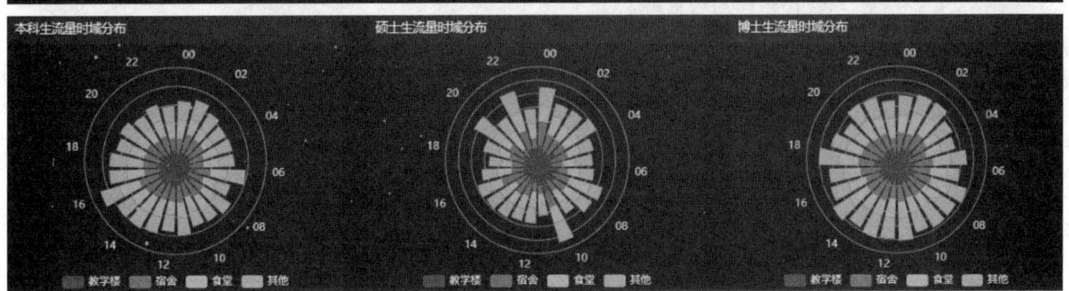

图 6-11　网络数据分析页面效果

3. 单元测试

模块开发完成后按照表 6-29 给出的单元测试用例进行本模块的单元测试。

表 6-29　网络数据分析模块单元测试

测试用例标识符	输入 / 动作	期望输出	实际输出	测试结果
Testcase001	点击导航菜单	跳转到相应的页面		□通过 □未通过
Testcase002	浮动 Wi-fi 数据类型图表	显示不同年级的男女学生使用各类型软件的总流量		□通过 □未通过
Testcase003	浮动使用流量图表	显示所有学生使用各类型的流量		□通过 □未通过
Testcase004	浮动本科生流量时域分布图表	显示本科生在各时间、地点使用的总流量		□通过 □未通过

续表

测试用例标识符	输入 / 动作	期望输出	实际输出	测试结果
Testcase005	浮动硕士生流量时域分布图表	显示硕士生在各时间、地点使用的总流量		□通过 □未通过
Testcase006	浮动博士生流量时域分布图表	显示博士生各个时间所在地点使用的总流量		□通过 □未通过
Testcase007	Wi-fi 数据类型是否分析准确	准确		□通过 □未通过
Testcase008	使用流量是否分析准确	准确		□通过 □未通过
Testcase009	本科生流量时域分布是否分析准确	准确		□通过 □未通过
Testcase010	硕士生流量时域分布是否分析准确	准确		□通过 □未通过
Testcase011	博士生流量时域分布是否分析准确	准确		□通过 □未通过
Testcase012	Wi-fi 数据类型是否显示	显示		□通过 □未通过
Testcase013	使用流量是否显示	显示		□通过 □未通过
Testcase014	本科生流量时域分布是否显示	显示		□通过 □未通过
Testcase015	硕士生流量时域分布是否显示	显示		□通过 □未通过
Testcase016	博士生流量时域分布是否显示	显示		□通过 □未通过

6.2.4 设备与科研数据分析

1. 概要设计

1）原型设计

设备与科研数据分析模块显示校园设备统计、设备使用趋势、科研立项统计、科研到款统计、科研著作统计、论文发表统计等内容。其页面如图 6-12 所示。

2）功能分析

（1）设备与科研数据分析页面描述。

设备与科研数据分析模块主要用于对设备、科研以及论文著作等内容进行查看，以了解教师的项目情况。

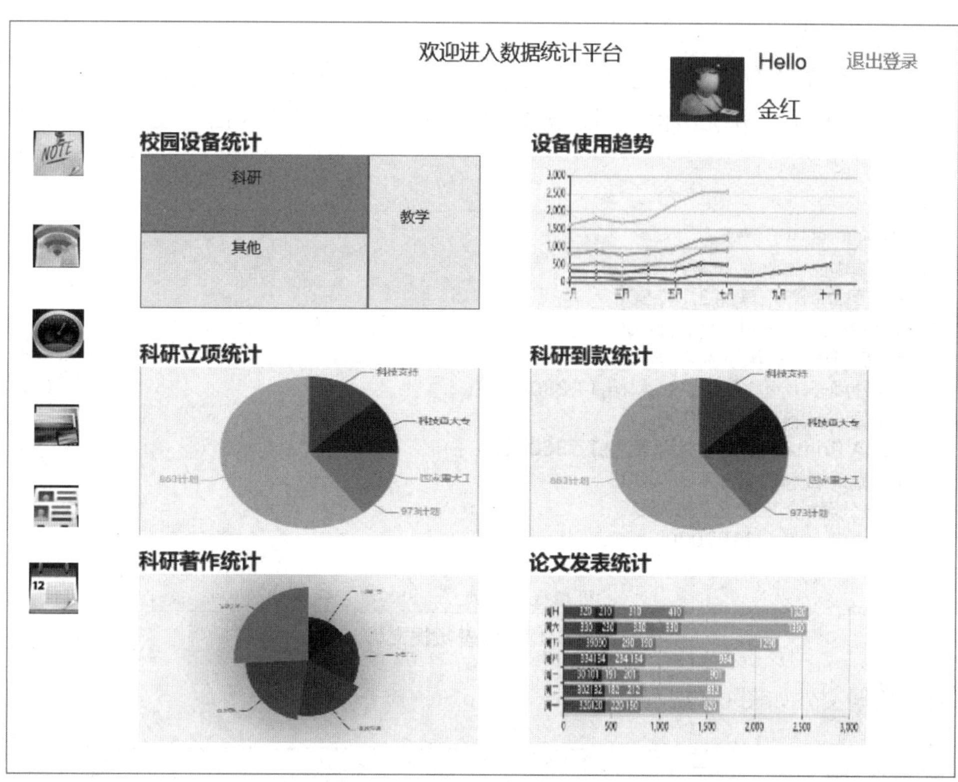

图 6-12　设备与科研数据分析页面

（2）设备与科研数据分析用例描述。

表 6-30　设备与科研数据分析用例描述

用例 ID	SFCMS-UC-06-04	用例名称	设备与科研数据分析
执行者	当前用户		
前置条件	用户点击导航栏中的设备与科研数据按钮		
后置条件	设备与科研数据显示成功		
基本事件流	1. 用户点击导航菜单 2. 用户查看设备与科研数据 3. 系统显示所有设备与科研数据 4. 服务器请求查询相关图表的数据库数据		
扩展事件流	a. 系统未检测到点击事件 b. 系统未检测到用户提交的信息 c. 系统信息显示失败		
异常事件流	第 2、3 步出现系统故障，例如页面无信息显示，系统弹出系统异常页面，提示“系统出错，请重试”		
待解决问题			

3）原数据格式

设备与科研数据分析主要通过对设备数据文件、科研数据文件以及论文著作数据文件中包含的数据进行分析统计得出，这些数据文件均通过数据库导出。设备数据文件如图6-13所示。

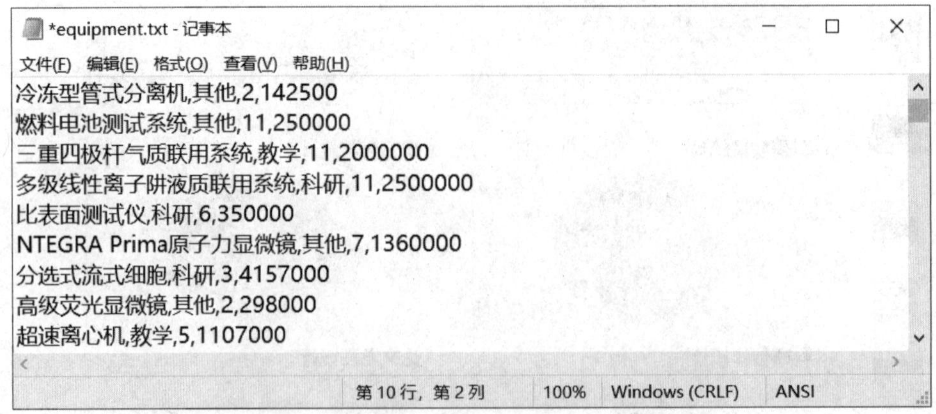
*equipment.txt - 记事本
文件(F) 编辑(E) 格式(O) 查看(V) 帮助(H)
冷冻型管式分离机,其他,2,142500
燃料电池测试系统,其他,11,250000
三重四极杆气质联用系统,教学,11,2000000
多级线性离子阱液质联用系统,科研,11,2500000
比表面测试仪,科研,6,350000
NTEGRA Prima原子力显微镜,其他,7,1360000
分选式流式细胞,科研,3,4157000
高级荧光显微镜,其他,2,298000
超速离心机,教学,5,1107000
第10行，第2列 100% Windows (CRLF) ANSI

图6-13 设备数据文件

科研数据文件如图6-14所示。

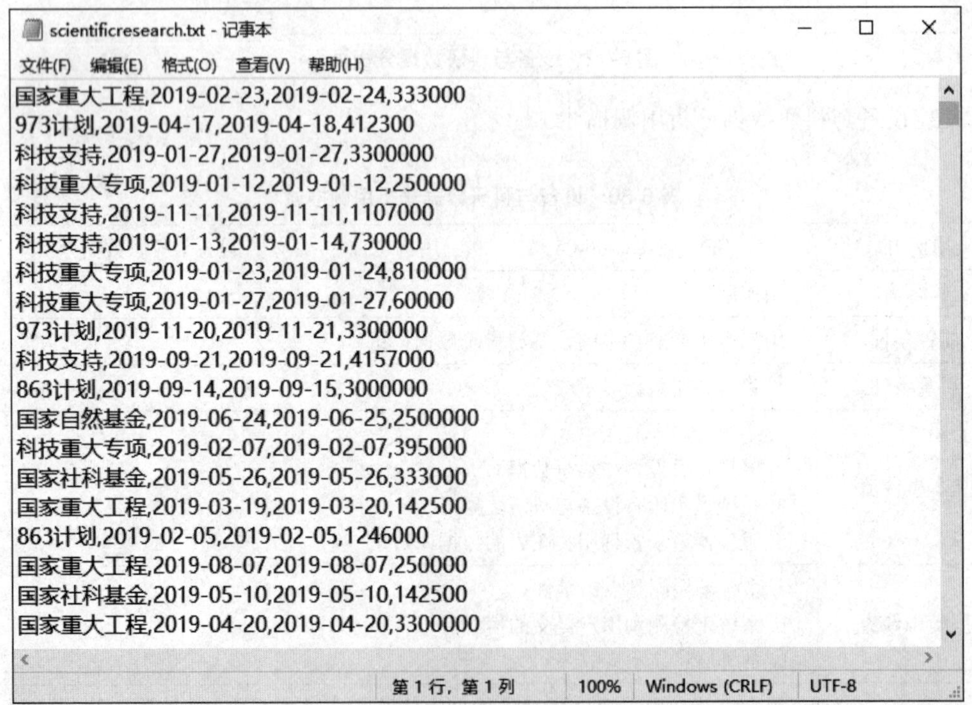
scientificresearch.txt - 记事本
文件(F) 编辑(E) 格式(O) 查看(V) 帮助(H)
国家重大工程,2019-02-23,2019-02-24,333000
973计划,2019-04-17,2019-04-18,412300
科技支持,2019-01-27,2019-01-27,3300000
科技重大专项,2019-01-12,2019-01-12,250000
科技支持,2019-11-11,2019-11-11,1107000
科技支持,2019-01-13,2019-01-14,730000
科技重大专项,2019-01-23,2019-01-24,810000
科技重大专项,2019-01-27,2019-01-27,60000
973计划,2019-11-20,2019-11-21,3300000
科技支持,2019-09-21,2019-09-21,4157000
863计划,2019-09-14,2019-09-15,3000000
国家自然基金,2019-06-24,2019-06-25,2500000
科技重大专项,2019-02-07,2019-02-07,395000
国家社科基金,2019-05-26,2019-05-26,333000
国家重大工程,2019-03-19,2019-03-20,142500
863计划,2019-02-05,2019-02-05,1246000
国家重大工程,2019-08-07,2019-08-07,250000
国家社科基金,2019-05-10,2019-05-10,142500
国家重大工程,2019-04-20,2019-04-20,3300000
第1行，第1列 100% Windows (CRLF) UTF-8

图6-14 科研数据文件

论文著作数据文件如图6-15所示。

works.txt - 记事本
文件(F) 编辑(E) 格式(O) 查看(V) 帮助(H)
2019-05-20,作品集,C类,教师
2019-02-13,教材,B类,博士
2019-05-10,外文翻译,其他,本科
2019-08-24,作品集,A类,教师
2019-11-25,其他,A类,本科
2019-06-07,教材,A类,硕士
2019-04-28,编著,其他,本科
2019-05-04,编著,SCI,本科
2019-09-24,其他,SCI,博士
2019-10-10,工具书、词典,C类,教师
2019-05-04,工具书、词典,B类,博士
2019-11-05,作品集,C类,本科
2019-12-15,编著,B类,硕士
2019-05-24,其他,A类,硕士
2019-11-01,教材,其他,本科
2019-07-25,工具书、词典,B类,本科
2019-06-21,作品集,SCI,教师
2019-12-03,作品集,A类,硕士
2019-02-03,编著,A类,本科
2019-04-09,其他C类本科
第 1 行，第 1 列　100%　Windows (CRLF)　UTF-8

图 6-15　论文著作数据文件

4）数据分析内容

按照原型图对提供的设备、科研、论文著作数据进行统计分析，分析内容如表 6-31 所示。

表 6-31　设备与科研数据分析内容

内容	描述
校园设备统计	对当前学校购买各类型设备所需的资金进行统计
设备使用趋势	对一年中各个月份购买科研和教学设备所需资金的趋势进行统计
科研立项统计	对科研立项总数和各类型科研立项占比进行统计
科研到款统计	对科研立项到款总金额和各类型科研立项到款占比进行统计
科研著作统计	对科研著作总数和各类型科研著作占比进行统计
论文发表统计	对各学历的学生和教师发表的各等级论文的数量进行统计

5）数据库设计

根据功能分析和数据分析内容可分析出设备与科研数据分析模块所需的数据库表，如表 6-32 至表 6-37 所示。

表 6-32 equipment_type_amount(校园设备统计表)

序号	列名	数据类型	数据来源	是否为空	是否主键	备注
1	id	int	自动生成	否	是	编号
2	equipmenttype	varchar(255)	数据分析结果	否	否	设备类型
3	money	float	数据分析结果	否	否	金额

表 6-33 month_money(设备使用趋势表)

序号	列名	数据类型	数据来源	是否为空	是否主键	备注
1	id	int	自动生成	否	是	编号
2	time	varchar(4)	数据分析结果	否	否	时间
3	money	int	数据分析结果	否	否	金额

表 6-34 quantity_of_research(科研立项统计表)

序号	列名	数据类型	数据来源	是否为空	是否主键	备注
1	id	int	自动生成	否	是	编号
2	research	varchar(255)	数据分析结果	否	否	科研类型
3	number	int	数据分析结果	否	否	数量

表 6-35 money_of_research(科研到款统计表)

序号	列名	数据类型	数据来源	是否为空	是否主键	备注
1	id	int	自动生成	否	是	编号
2	research	varchar(255)	数据分析结果	否	否	科研类型
3	money	float	数据分析结果	否	否	金额

表 6-36 statistics_of_scientific_research_works(科研著作统计表)

序号	列名	数据类型	数据来源	是否为空	是否主键	备注
1	id	int	自动生成	否	是	编号
2	typesofworks	varchar(255)	数据分析结果	否	否	著作类型
3	number	int	数据分析结果	否	否	数量

表 6-37 statistics_of_papers_published(论文发表统计表)

序号	列名	数据类型	数据来源	是否为空	是否主键	备注
1	id	int	自动生成	否	是	编号
2	level	varchar(255)	数据分析结果	否	否	类型
3	education	varchar(255)	数据分析结果	否	否	学历

续表

序号	列名	数据类型	数据来源	是否为空	是否主键	备注
4	number	int	数据分析结果	否	否	数量

2. 页面效果

按照上述步骤进行模块开发并实现如图 6-16 所示的效果。

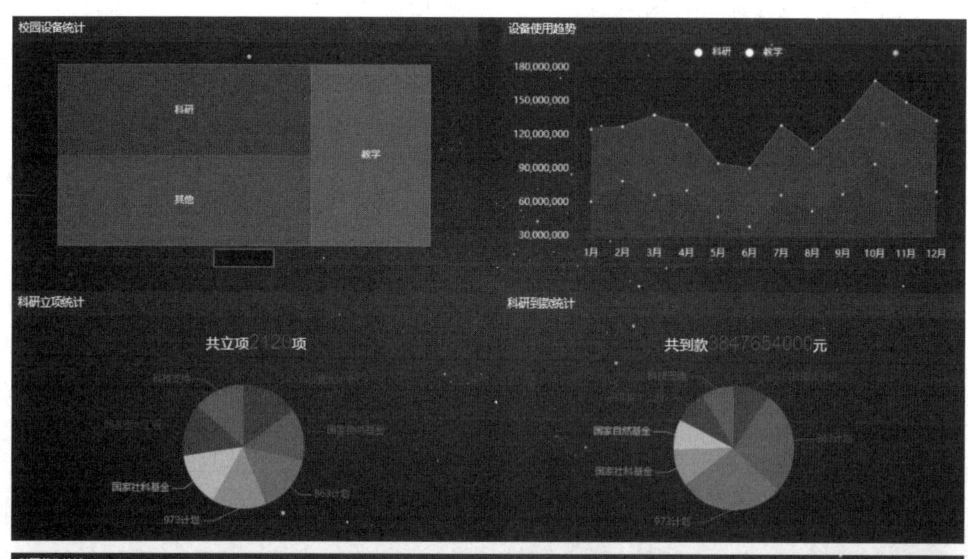

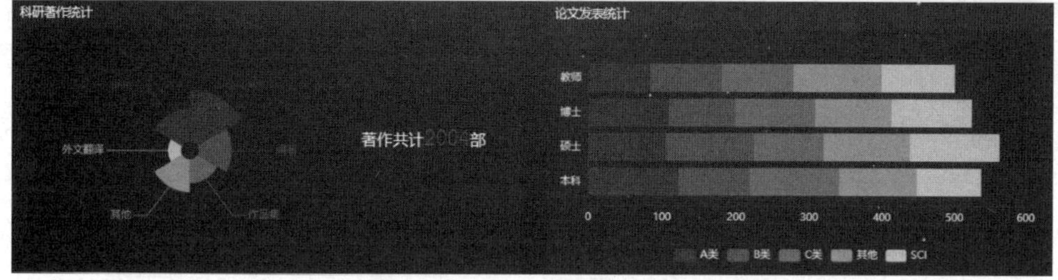

图 6-16　设备与科研数据分析页面效果

3. 单元测试

模块开发完成后按照表 6-38 给出的单元测试用例进行本模块的单元测试。

表 6-38　设备与科研数据分析模块单元测试

测试用例标识符	输入 / 动作	期望输出	实际输出	测试结果
Testcase001	点击导航菜单	跳转到相应的页面		□ 通过 □ 未通过
Testcase002	浮动校园设备统计图表	显示购买各类型设备所需的总金额		□ 通过 □ 未通过
Testcase003	浮动设备使用趋势图表	显示各月份购买科研和教学设备所需的金额		□ 通过 □ 未通过

续表

测试用例标识符	输入 / 动作	期望输出	实际输出	测试结果
Testcase004	浮动科研立项统计图表	显示当前类型科研立项的数量		□ 通过 □ 未通过
Testcase005	浮动科研到款统计图表	显示当前类型科研立项的到款金额		□ 通过 □ 未通过
Testcase006	浮动科研著作统计图表	显示当前类型科研著作的本数		□ 通过 □ 未通过
Testcase007	浮动论文发表统计图表	显示学生和教师发表的各等级论文的数量		□ 通过 □ 未通过
Testcase008	校园设备统计是否分析准确	准确		□ 通过 □ 未通过
Testcase009	设备使用趋势是否分析准确	准确		□ 通过 □ 未通过
Testcase010	科研立项统计是否分析准确	准确		□ 通过 □ 未通过
Testcase011	科研到款统计是否分析准确	准确		□ 通过 □ 未通过
Testcase012	科研著作统计是否分析准确	准确		□ 通过 □ 未通过
Testcase013	论文发表统计是否分析准确	准确		□ 通过 □ 未通过
Testcase014	科研立项总数是否分析准确	准确		□ 通过 □ 未通过
Testcase015	科研到款总额是否分析准确	准确		□ 通过 □ 未通过
Testcase016	科研著作数量是否分析准确	准确		□ 通过 □ 未通过
Testcase017	校园设备统计是否显示	显示		□ 通过 □ 未通过
Testcase018	设备使用趋势是否显示	显示		□ 通过 □ 未通过
Testcase019	科研立项统计是否显示	显示		□ 通过 □ 未通过
Testcase020	科研到款统计是否显示	显示		□ 通过 □ 未通过
Testcase021	科研著作统计是否显示	显示		□ 通过 □ 未通过
Testcase022	论文发表统计是否显示	显示		□ 通过 □ 未通过
Testcase023	科研立项总数是否显示	显示		□ 通过 □ 未通过
Testcase024	科研到款总额是否显示	显示		□ 通过 □ 未通过
Testcase025	科研著作数量是否显示	显示		□ 通过 □ 未通过

6.2.5　就业数据分析

1. 概要设计

1）原型设计

就业数据分析模块显示各专业就业人数排名前五、学生就业城市排名前五、平均薪资、各年级就业人数、市场需求工作薪资、市场需求工作年限、市场需求学历、各城市需求人数对比以及各城市提供职位对比等内容。其页面如图 6-17 所示。

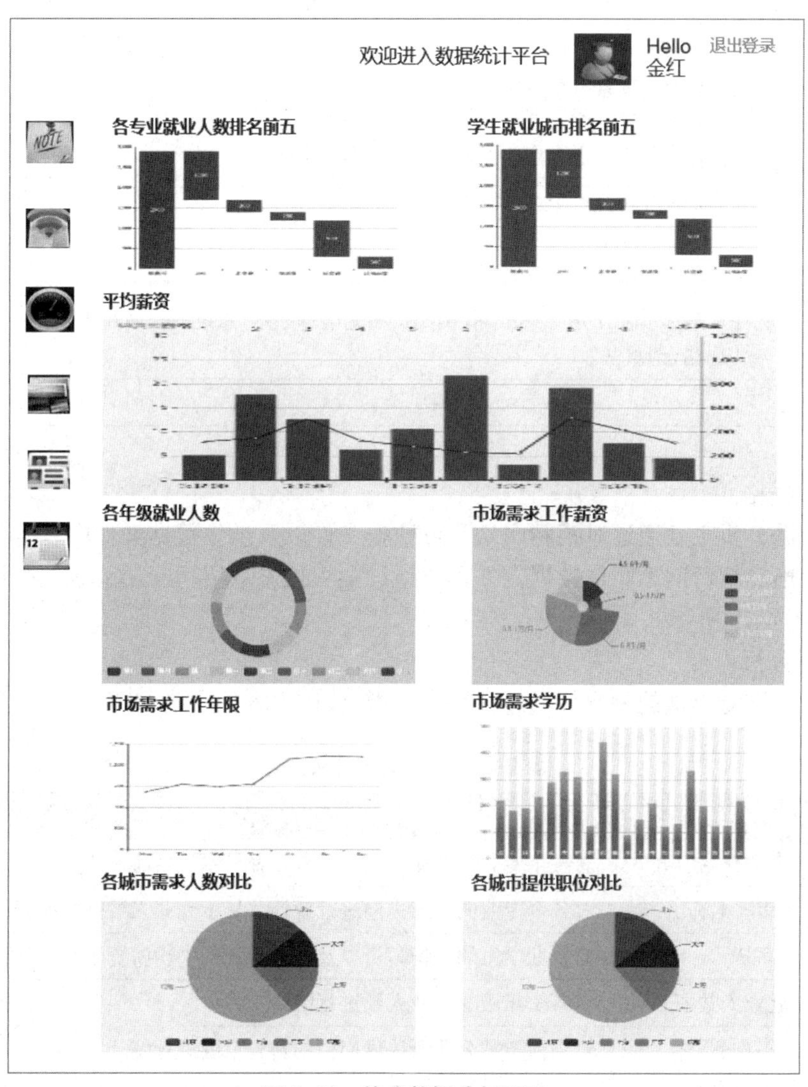

图 6-17　就业数据分析页面

2）功能分析

（1）就业数据分析页面描述。

就业数据分析模块主要用于查看学生的就业情况以及当前各个公司提供的职位信息，以方便用户了解当前的职业发展。

（2）就业数据分析用例描述。

表 6-39　就业数据分析用例描述

用例 ID	SFCMS-UC-06-05	用例名称	就业数据分析
执行者	当前用户		
前置条件	用户点击导航栏中的就业数据按钮		
后置条件	就业数据显示成功		
基本事件流	1. 用户点击导航菜单 2. 用户查看就业数据 3. 系统显示所有就业数据 4. 服务器请求查询相关图表的数据库数据		
扩展事件流	a. 系统未检测到点击事件 b. 系统未检测到用户提交的信息 c. 系统信息显示失败		
异常事件流	第 2、3 步出现系统故障，例如页面无信息显示，系统弹出系统异常页面，提示“系统出错，请重试”		
待解决问题			

3）原数据格式

就业数据分析主要通过对招聘网站职位数据文件以及学生数据文件中包含的数据进行分析统计得出。招聘网站职位数据文件主要通过爬虫技术从招聘网站上获取并保存到本地文件中，如图 6-18 所示。

4）数据分析内容

按照原型图对提供的就业数据进行统计分析，分析内容如表 6-40 所示。

表 6-40　就业数据分析内容

内容	描述
各专业就业人数排名前五	对各个专业的就业人数进行统计并显示排名前五的专业
学生就业城市排名前五	对各个专业的就业去向进行统计并显示就业人数排名前五的城市
平均薪资	对就业学生的平均薪资以及各个专业的平均薪资进行统计
各年级就业人数	对各个年级的就业人数进行统计
市场需求工作薪资	对当前招聘公司所提供岗位的薪资范围进行统计
市场需求工作年限	对当前招聘公司所提供岗位的工作年限要求进行统计
市场需求学历	对当前招聘公司所提供岗位的学历要求进行统计
各城市需求人数对比	对各个城市的需求人数进行统计
各城市提供职位对比	对各个城市提供的岗位数量进行统计

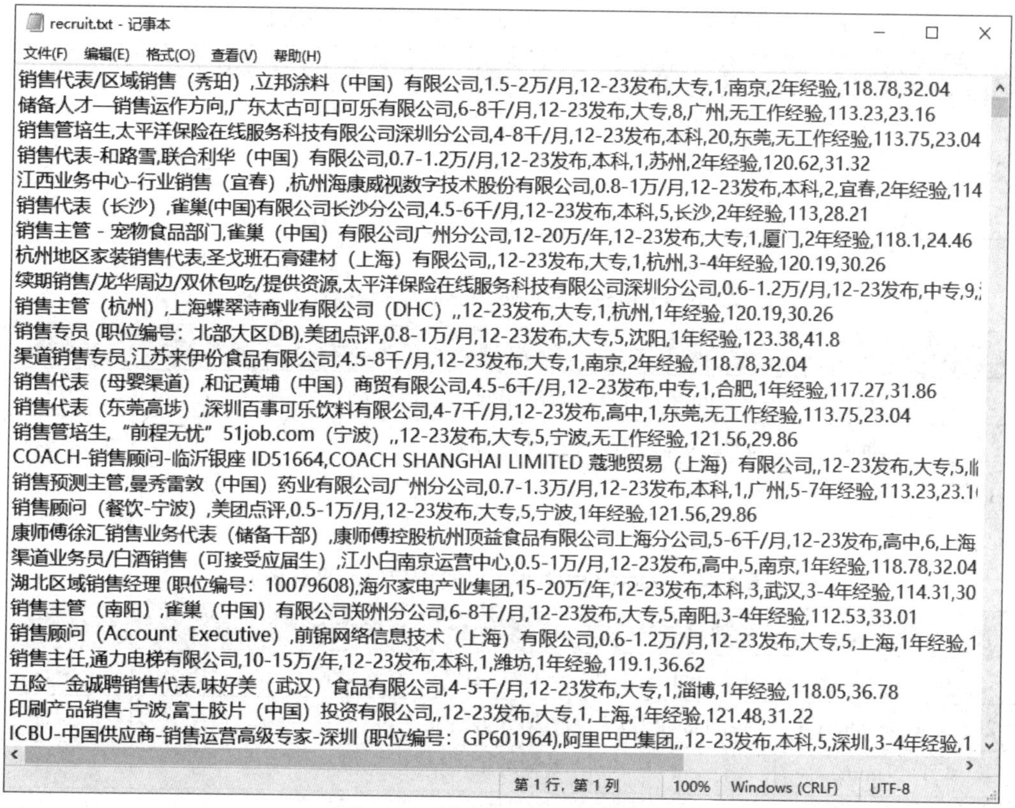

```
recruit.txt - 记事本
文件(F) 编辑(E) 格式(O) 查看(V) 帮助(H)
销售代表/区域销售（秀珀）,立邦涂料（中国）有限公司,1.5-2万/月,12-23发布,大专,1,南京,2年经验,118.78,32.04
储备人才—销售运作方向,广东太古可口可乐有限公司,6-8千/月,12-23发布,大专,8,广州,无工作经验,113.23,23.16
销售管培生,太平洋保险在线服务科技有限公司深圳分公司,4-8千/月,12-23发布,本科,20,东莞,无工作经验,113.75,23.04
销售代表-和路雪,联合利华（中国）有限公司,0.7-1.2万/月,12-23发布,本科,1,苏州,2年经验,120.62,31.32
江西业务中心-行业销售（宜春）,杭州海康威视数字技术股份有限公司,0.8-1万/月,12-23发布,本科,2,宜春,2年经验,114
销售代表（长沙）,雀巢(中国)有限公司长沙分公司,4.5-6千/月,12-23发布,本科,5,长沙,2年经验,113,28.21
销售主管 - 宠物食品部门,雀巢（中国）有限公司广州分公司,12-20万/年,12-23发布,大专,1,厦门,2年经验,118.1,24.46
杭州地区家装销售代表,圣戈班石膏建材（上海）有限公司,,12-23发布,大专,1,杭州,3-4年经验,120.19,30.26
续期销售/龙华周边/双休包吃/提供资源,太平洋保险在线服务科技有限公司深圳分公司,0.6-1.2万/月,12-23发布,中专,9,
销售主管（杭州）,上海蝶翠诗商业有限公司（DHC）,,12-23发布,大专,1,杭州,1年经验,120.19,30.26
销售专员 (职位编号：北部大区DB),美团点评,0.8-1万/月,12-23发布,大专,5,沈阳,1年经验,123.38,41.8
渠道销售专员,江苏来伊份食品有限公司,4.5-8千/月,12-23发布,大专,1,南京,2年经验,118.78,32.04
销售代表（母婴渠道）,和记黄埔（中国）商贸有限公司,4.5-6千/月,12-23发布,中专,1,合肥,1年经验,117.27,31.86
销售代表（东莞高埗）,深圳百事可乐饮料有限公司,4-7千/月,12-23发布,高中,1,东莞,无工作经验,113.75,23.04
销售管培生,“前程无忧”51job.com（宁波）,,12-23发布,大专,5,宁波,无工作经验,121.56,29.86
COACH-销售顾问-临沂银座 ID51664,COACH SHANGHAI LIMITED 蔻驰贸易（上海）有限公司,,12-23发布,大专,5,临
销售预测主管,曼秀雷敦（中国）药业有限公司广州分公司,0.7-1.3万/月,12-23发布,本科,1,广州,5-7年经验,113.23,23.1
销售顾问（餐饮-宁波）,美团点评,0.5-1万/月,12-23发布,大专,5,宁波,1年经验,121.56,29.86
康师傅徐汇销售业务代表（储备干部）,康师傅控股杭州顶益食品有限公司上海分公司,5-6千/月,12-23发布,高中,6,上海
渠道业务员/白酒销售（可接受应届生）,江小白南京运营中心,0.5-1万/月,12-23发布,高中,5,南京,1年经验,118.78,32.04
湖北区域销售经理 (职位编号：10079608),海尔家电产业集团,15-20万/年,12-23发布,本科,3,武汉,3-4年经验,114.31,30
销售主管（南阳）,雀巢（中国）有限公司郑州分公司,6-8千/月,12-23发布,大专,5,南阳,3-4年经验,112.53,33.01
销售顾问（Account Executive）,前锦网络信息技术（上海）有限公司,0.6-1.2万/月,12-23发布,大专,5,上海,1年经验,1
销售主任,通力电梯有限公司,10-15万/年,12-23发布,本科,1,潍坊,1年经验,119.1,36.62
五险一金诚聘销售代表,味好美（武汉）食品有限公司,4-5千/月,12-23发布,大专,1,淄博,1年经验,118.05,36.78
印刷产品销售-宁波,富士胶片（中国）投资有限公司,,12-23发布,大专,1,上海,1年经验,121.48,31.22
ICBU-中国供应商-销售运营高级专家-深圳 (职位编号：GP601964),阿里巴巴集团,,12-23发布,本科,5,深圳,3-4年经验,1
第 1 行，第 1 列　100%　Windows (CRLF)　UTF-8
```

图 6-18　招聘网站职位数据文件

5）数据库设计

根据功能分析和数据分析内容可分析出就业数据分析模块所需的数据库表，如表 6-41 至表 6-50 所示。

表 6-41　major_work_number(各专业就业人数排名前五表)

序号	列名	数据类型	数据来源	是否为空	是否主键	备注
1	id	int	自动生成	否	是	编号
2	major	varchar(255)	数据分析结果	否	否	专业
3	num	int	数据分析结果	否	否	人数

表 6-42　whereabouts_of_employment(学生就业城市排名前五表)

序号	列名	数据类型	数据来源	是否为空	是否主键	备注
1	id	int	自动生成	否	是	编号
2	workaddress	varchar(255)	数据分析结果	否	否	就业地址
3	num	int	数据分析结果	否	否	人数

表 6-43 major_avg_salary(各专业平均薪资表)

序号	列名	数据类型	数据来源	是否为空	是否主键	备注
1	id	int	自动生成	否	是	编号
2	major	varchar(255)	数据分析结果	否	否	专业
3	avg_salary	float	数据分析结果	否	否	工资

表 6-44 class_major_people_num(各年级就业人数表)

序号	列名	数据类型	数据来源	是否为空	是否主键	备注
1	id	int	自动生成	否	是	编号
2	class	varchar(255)	数据分析结果	否	否	班级
3	num	int	数据分析结果	否	否	人数

表 6-45 wage_distribution(市场需求工作薪资表)

序号	列名	数据类型	数据来源	是否为空	是否主键	备注
1	id	int	自动生成	否	是	编号
2	wage_interval	varchar(255)	数据分析结果	否	否	薪资
3	num	int	数据分析结果	否	否	数量

表 6-46 work_experience_distribution(市场需求工作年限表)

序号	列名	数据类型	数据来源	是否为空	是否主键	备注
1	id	int	自动生成	否	是	编号
2	experience	varchar(255)	数据分析结果	否	否	经验
3	num	int	数据分析结果	否	否	数量

表 6-47 academic_requirements(市场需求学历表)

序号	列名	数据类型	数据来源	是否为空	是否主键	备注
1	id	int	自动生成	否	是	编号
2	education	varchar(255)	数据分析结果	否	否	学历
3	num	int	数据分析结果	否	否	数量

表 6-48 address_people_num(各城市需求人数对比表)

序号	列名	数据类型	数据来源	是否为空	是否主键	备注
1	id	int	自动生成	否	是	编号
2	address	varchar(255)	数据分析结果	否	否	地址
3	num	int	数据分析结果	否	否	数量

表 6-49　address_work_num（各城市提供职位对比表）

序号	列名	数据类型	数据来源	是否为空	是否主键	备注
1	id	int	自动生成	否	是	编号
2	address	varchar（255）	数据分析结果	否	否	地址
5	num	int	数据分析结果	否	否	数量

表 6-50　average_salary（平均薪资表）

序号	列名	数据类型	数据来源	是否为空	是否主键	备注
1	id	int	自动生成	否	是	编号
2	money	float	数据分析结果	否	否	工资

2. 详细设计

1）实现顺序

就业数据分析模块主要对招聘信息和学生就业信息进行分析，得到各专业就业人数排名前五、学生就业城市排名前五、平均薪资、各年级就业人数、市场需求工作薪资、市场需求工作年限、市场需求学历、各城市需求人数对比和各城市提供职位对比。本系统中所有爬取数据分析的实现顺序一致，此处以各城市需求人数对比为例介绍爬取数据分析的实现顺序，如图 6-19 所示。

2）实现步骤

（1）Python 爬取招聘信息。

（2）Flume 监控爬取的招聘信息文件，将数据采集到 HDFS 中。

（3）编写 MapReduce 程序对数据进行清洗，并按照规定的格式输出到 HDFS 中。

（4）Hive 使用清洗后的数据创建表。

（5）使用 Hive 统计各城市需求人数对比，并将结果保存到一个新的 Hive 表中。

（6）在 MySQL 中创建与 Hive 中存储的分析结果表结构和名称一致的 MySQL 表，并使用 Sqoop 将 Hive 中的分析结果导出到 MySQL 中。

（7）用户点击就业数据分析页面。

（8）使用 Django 读取 MySQL 中的数据。

（9）Django 将数据返回到 HTML 页面生成视图。

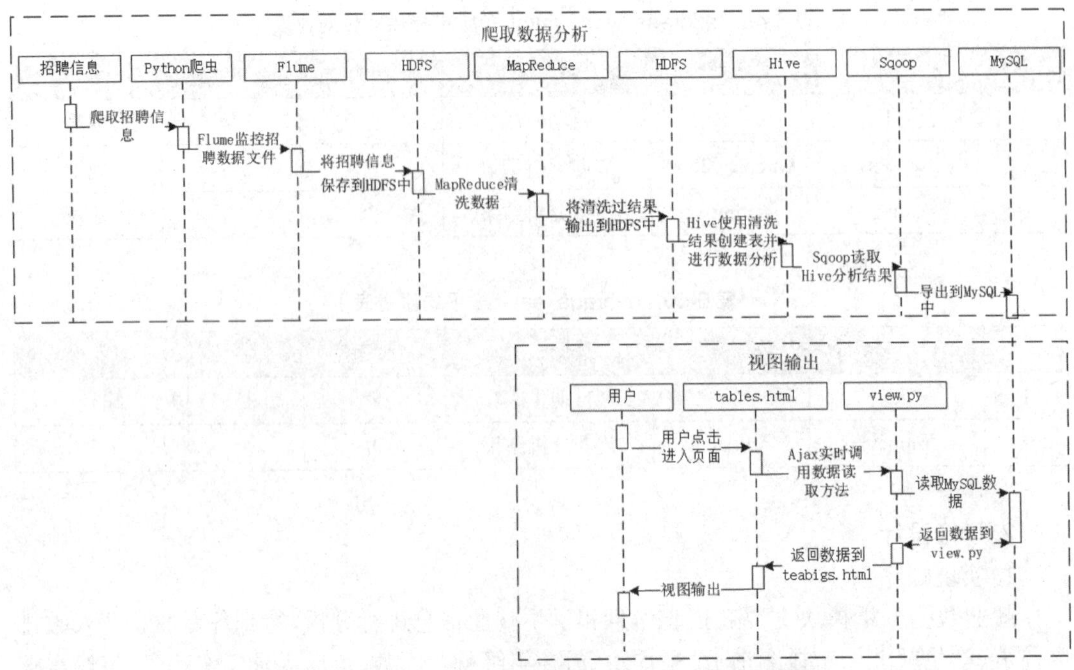

图 6-19 各城市需求人数对比爬取数据分析的实现顺序

3. 页面效果

按照上述步骤进行模块开发并实现如图 6-20 所示的效果。

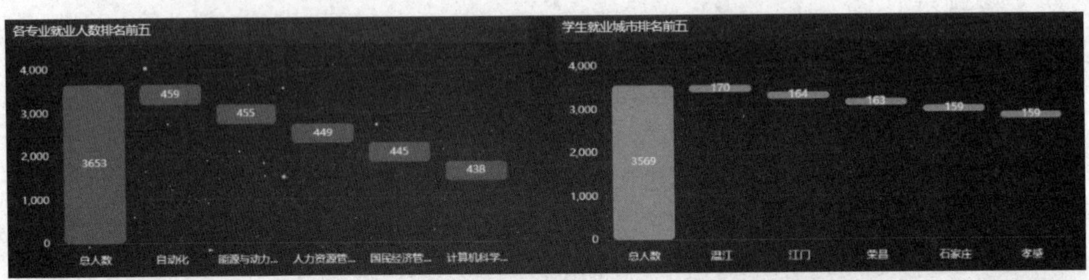

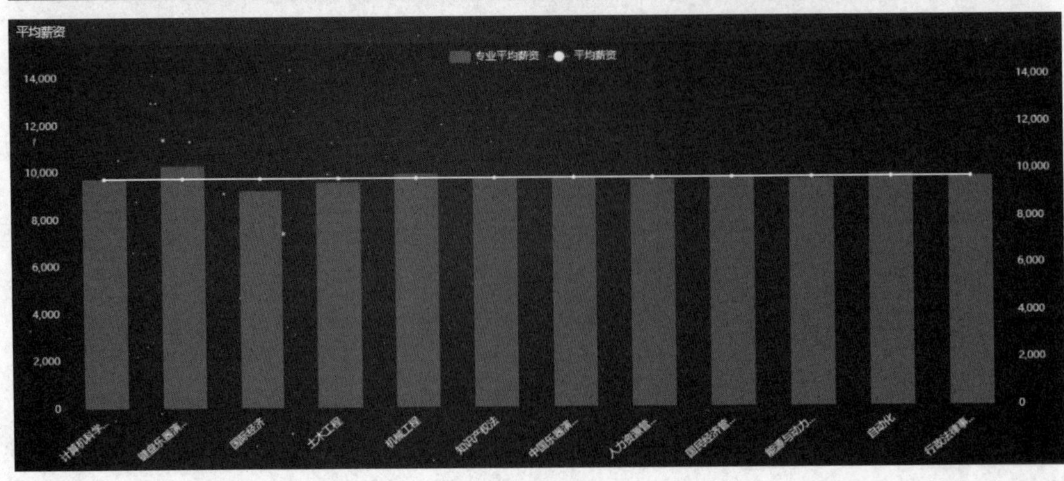

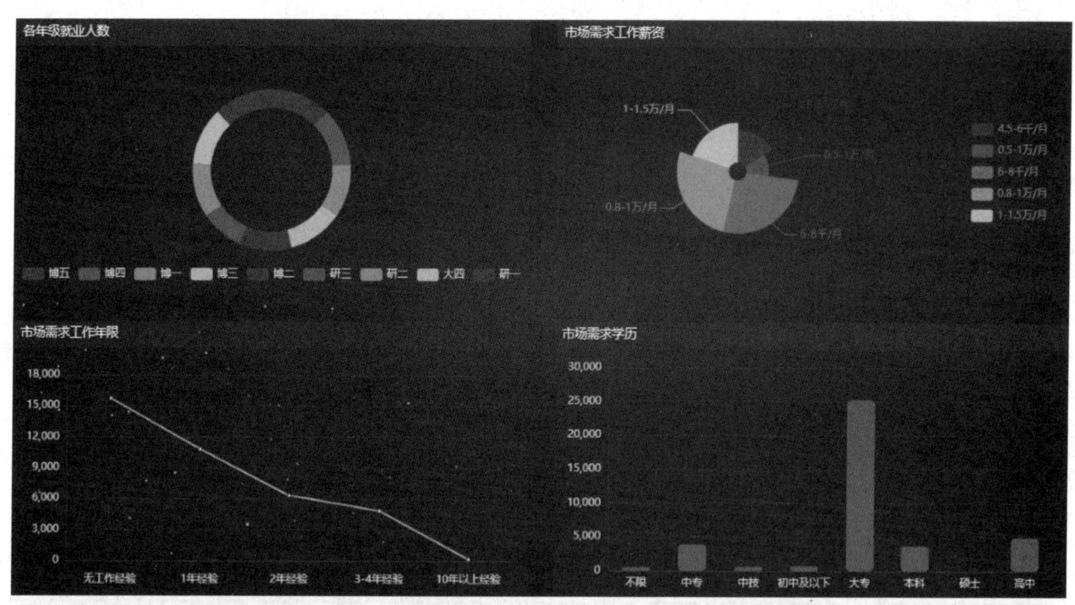

图 6-20　就业数据分析页面效果图

4. 单元测试

模块开发完成后按照表 6-51 给出的单元测试用例进行本模块的单元测试。

表 6-51　就业数据分析模块单元测试

测试用例标识符	输入 / 动作	期望输出	实际输出	测试结果
Testcase001	点击导航菜单	跳转到相应的页面		□ 通过 □ 未通过
Testcase002	浮动各专业就业人数排名前五图表	显示当前专业的就业人数		□ 通过 □ 未通过
Testcase003	浮动学生就业城市排名前五图表	显示当前城市的就业人数		□ 通过 □ 未通过
Testcase004	浮动平均薪资图表	显示当前专业的平均薪资与整体平均薪资对比		□ 通过 □ 未通过
Testcase005	浮动各年级就业人数图表	显示当前年级的就业人数及其占比		□ 通过 □ 未通过

续表

测试用例标识符	输入 / 动作	期望输出	实际输出	测试结果
Testcase006	浮动市场需求工作薪资图表	显示当前提供薪资的岗位数量及其占比		□ 通过 □ 未通过
Testcase007	浮动市场需求工作年限图表	显示当前所需工作经验等级的岗位数量		□ 通过 □ 未通过
Testcase008	浮动市场需求学历图表	显示当前所需学历等级的岗位数量		□ 通过 □ 未通过
Testcase009	浮动各城市需求人数对比图表	显示当前城市所需人才的数量		□ 通过 □ 未通过
Testcase010	浮动各城市提供职位对比图表	显示当前城市所提供职位的数量		□ 通过 □ 未通过
Testcase011	各专业就业人数排名前五是否分析准确	准确		□ 通过 □ 未通过
Testcase012	学生就业城市排名前五是否分析准确	准确		□ 通过 □ 未通过
Testcase013	平均薪资是否分析准确	准确		□ 通过 □ 未通过
Testcase014	各年级就业人数是否分析准确	准确		□ 通过 □ 未通过
Testcase015	市场需求工作薪资是否分析准确	准确		□ 通过 □ 未通过
Testcase016	市场需求工作年限是否分析准确	准确		□ 通过 □ 未通过
Testcase017	市场需求学历是否分析准确	准确		□ 通过 □ 未通过
Testcase018	各城市需求人数对比是否分析准确	准确		□ 通过 □ 未通过
Testcase019	各城市提供职位对比是否分析准确	准确		□ 通过 □ 未通过
Testcase020	各专业就业人数排名前五是否显示	显示		□ 通过 □ 未通过
Testcase021	学生就业城市排名前五是否显示	显示		□ 通过 □ 未通过
Testcase022	平均薪资是否显示	显示		□ 通过 □ 未通过
Testcase023	各年级就业人数是否显示	显示		□ 通过 □ 未通过

续表

测试用例标识符	输入 / 动作	期望输出	实际输出	测试结果
Testcase024	市场需求工作薪资是否显示	显示		□ 通过 □ 未通过
Testcase025	市场需求工作年限是否显示	显示		□ 通过 □ 未通过
Testcase026	市场需求学历是否显示	显示		□ 通过 □ 未通过
Testcase027	各城市需求人数对比是否显示	显示		□ 通过 □ 未通过
Testcase028	各城市提供职位对比是否显示	显示		□ 通过 □ 未通过

在本模块的开发过程中，小组成员每天提交开发日志。本模块开发完成后，以小组为单位提交模块开发报告及技术文档（不少于 3 份）。

综合信息分析模块开发报告		
小组名称		
负责人		
小组成员		
工作内容		
状态	□正常　□提前　□延期	
小组得分		
备注		

模块七　学生数据分析模块

本模块主要介绍如何实现学生数据分析模块的功能。通过本模块的学习，掌握JSON数据的读取与ECharts的使用，具有实现页面绘图的能力，并结合所学知识完成学生数据分析模块功能的开发。

- 熟悉学生数据分析模块的业务流程和设计要求。
- 掌握学生数据分析模块的总体结构和开发流程。
- 完成学生数据分析模块的单元测试任务。
- 提交学生数据分析模块开发报告及技术文档。

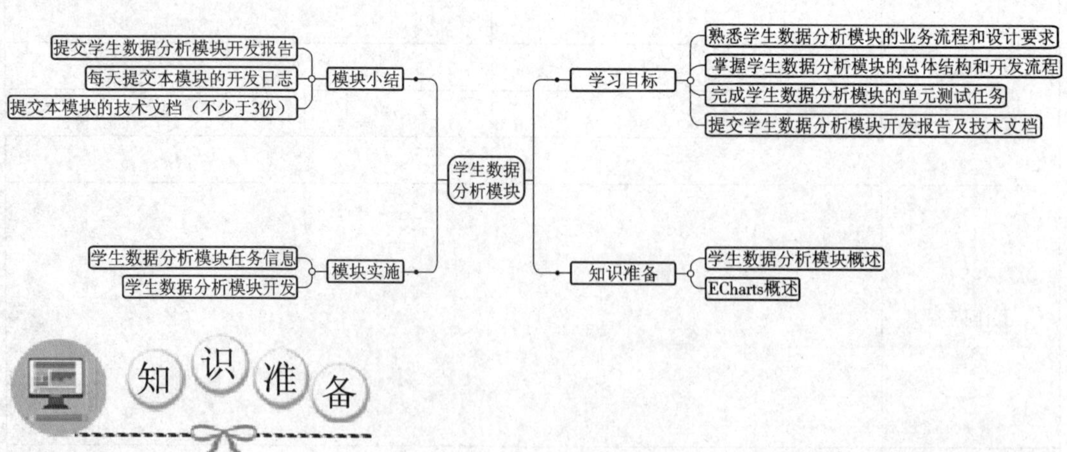

知识准备

在智慧校园数据监控系统中，为了查看学生的详细信息，建立了学生数据分析模块。通过学生数据分析模块，用户可以对学生的学习情况、饮食情况、清洁情况、生活情况等进行分析。

● 学生数据分析模块概述

学生数据分析模块展示与学生相关的一些信息。通过综合信息查看学生就业、市场需求信息等各个部分的总体情况，通过个人综合数据分析查看学生的学习、饮食、清洁、生活等详细情况，通过个人活动数据分析查看学生的网络使用、消费、生活预警、学习预警等详细情况。

● ECharts 概述

ECharts 是一个纯 JavaScript 编写的一个图表库，用户只需对其进行简单的配置并提供图表所需的数据，即可在 Web 网站或 Web 应用程序中添加有交互性的图表，支持的图表类型有曲线图、区域图、柱状图、饼状图、散状点图和综合图表。ECharts 运行速度快，兼容性好，能够完美地支持当前的大多数浏览器，并且主题多，动态交互性能好，操作简单。

7.1　学生数据分析模块任务信息

任务编号：SFCMS-07-01。

表 7-1　基本信息

任务名称	学生数据分析模块				
任务编号	SFCMS-07-01	版本	1.0	任务状态	
计划开始时间		计划完成时间		计划用时	
负责人		作者		审核人	
工作产品	【 】文档 【 】图表【 】测试用例【 】代码【 】可执行文件				

表 7-2　角色分工

岗位	系统分析	系统设计	系统页面实现	系统逻辑编程	系统测试
负责人					

7.2　学生数据分析模块开发

在校学生登录智慧校园数据监控系统后，可以在学生数据分析模块中查看个人的餐饮消费详情、上网浏览情况、使用流量时域情况、个人信息等。学生数据分析模块分为四部分，即综合信息、个人综合数据分析、个人活动数据分析以及个人信息修改。学生数据分析模块用例图如图 7-1 所示。

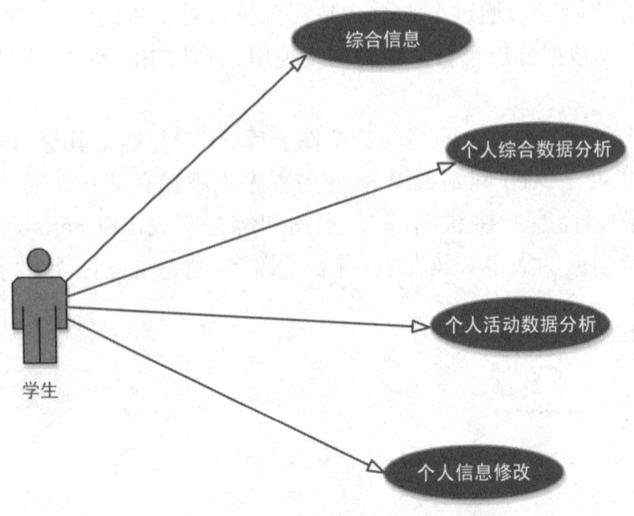

图 7-1 学生数据分析模块用例图

7.2.1 综合信息

1. 概要设计

1）原型设计

综合信息模块显示学生的一些简要信息，包括各年级就业人数对比、就业学生总数、就业去向分布、平均薪资、市场需求学历等内容。其页面如图 7-2 所示。

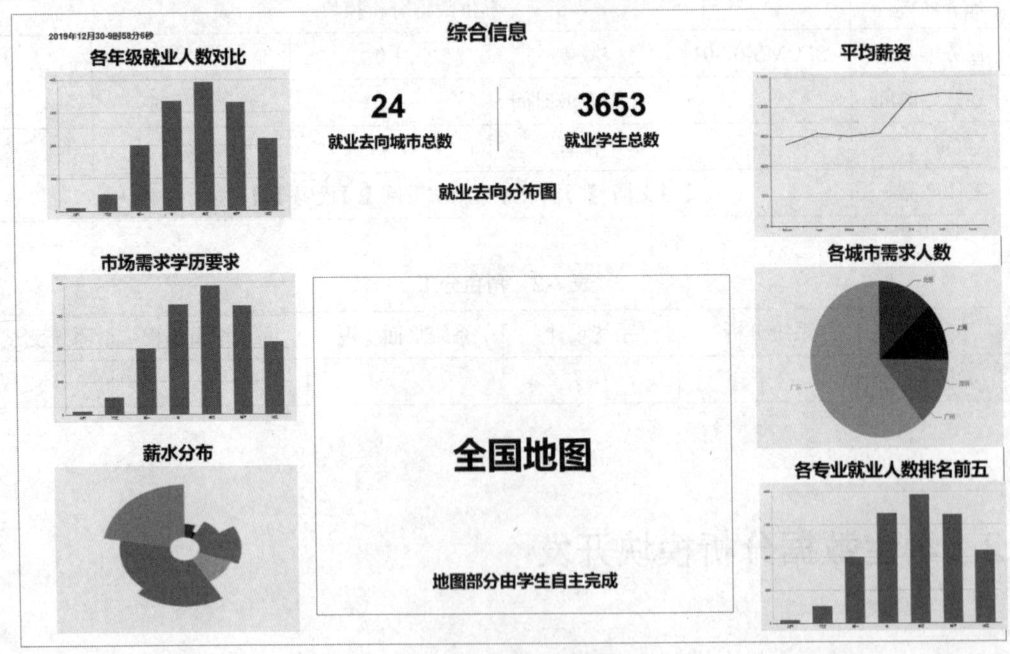

图 7-2 综合信息页面

2）功能分析

（1）综合信息页面描述。

综合信息模块显示学生就业情况、市场需求情况，通过该模块学生可以查看当前的职位需求情况、薪水分布、学历要求、本校毕业生就业情况等。

（2）综合信息用例描述。

表 7-3　综合信息用例描述

用例 ID	SFCMS-UC-07-01	用例名称	综合信息
执行者	当前用户		
前置条件	用户点击学生登录按钮		
后置条件	成功跳转到综合信息页面		
基本事件流	1. 用户点击进入管理平台按钮 2. 服务器请求查询相关图表的数据库数据 3. 将最新的数据显示在页面上		
扩展事件流	a. 系统未检测到点击事件 b. 系统未检测到用户提交的信息 c. 系统信息显示失败		
异常事件流	第 2、3 步出现系统故障，例如页面无信息显示，系统弹出系统异常页面，提示“系统出错，请重试”		
待解决问题			

3）原数据格式

综合信息主要通过对多个不同的原数据文件中包含的数据进行分析统计得出，包括就业学生数据文件、招聘网站职位数据文件等。

4）数据分析内容

按照原型图对提供的综合信息数据进行统计分析，分析内容如表 7-4 所示。

表 7-4　综合信息数据分析内容

内容	描述
各年级就业人数对比	对当前各个年级的就业人数进行统计
市场需求学历	对当前招聘公司提供的岗位的学历要求进行统计
薪水分布	对当前招聘公司提供的岗位薪资范围进行统计
平均薪资	对各个专业的平均薪资进行统计
就业去向城市总数	对就业去向的城市总数进行统计
就业学生总数	对就业学生的总人数进行统计
就业去向分布	对就业学生的就业省市进行统计
各城市需求人数	对各个城市的需求人数进行统计
各专业就业人数排名前五	对各个专业的就业人数进行统计并显示排名前五的专业

5）数据库设计

根据功能分析和数据分析内容可分析出综合信息模块所需的数据库表，如表 7-5 至表 7-12 所示。

表 7-5 class_work_num(各年级就业人数对比表)

序号	列名	数据类型	数据来源	是否为空	是否主键	备注
1	id	int	自动生成	否	是	编号
2	class	int	数据分析结果	否	否	年级
3	num	int	数据分析结果	否	否	数量

表 7-6 academic_requirements(市场需求学历表)

序号	列名	数据类型	数据来源	是否为空	是否主键	备注
1	id	int	自动生成	否	是	编号
2	education	varchar(255)	数据分析结果	否	否	学历
3	num	int	数据分析结果	否	否	数量

表 7-7 wage_distribution(薪水分布表)

序号	列名	数据类型	数据来源	是否为空	是否主键	备注
1	id	int	自动生成	否	是	编号
2	wages	varchar(255)	数据分析结果	否	否	工资
3	num	int	数据分析结果	否	否	数量

表 7-8 worknumber(就业学生总数表)

序号	列名	数据类型	数据来源	是否为空	是否主键	备注
1	id	int	自动生成	否	是	编号
2	worknumber	int	数据分析结果	否	否	人数

表 7-9 whereabouts_of_employment(就业去向分布表)

序号	列名	数据类型	数据来源	是否为空	是否主键	备注
1	id	int	自动生成	否	是	编号
2	workaddress	varchar(255)	数据分析结果	否	否	就业地
3	num	int	数据分析结果	否	否	数量

表 7-10　major_avg_salary（平均薪资表）

序号	列名	数据类型	数据来源	是否为空	是否主键	备注
1	id	int	自动生成	否	是	编号
2	major	varchar（255）	数据分析结果	否	否	专业
3	avg_salary	float	数据分析结果	否	否	平均薪资

表 7-11　address_people_num（各城市需求人数表）

序号	列名	数据类型	数据来源	是否为空	是否主键	备注
1	id	int	自动生成	否	是	编号
2	address	varchar（255）	数据分析结果	否	否	地址
3	num	int	数据分析结果	否	否	数量

表 7-12　major_work_number（各专业就业人数排名前五表）

序号	列名	数据类型	数据来源	是否为空	是否主键	备注
1	id	int	自动生成	否	是	编号
2	major	varchar（255）	数据分析结果	否	否	专业
3	num	int	数据分析结果	否	否	数量

2. 页面效果

按照上述步骤进行模块开发并实现如图 7-3 所示的效果。

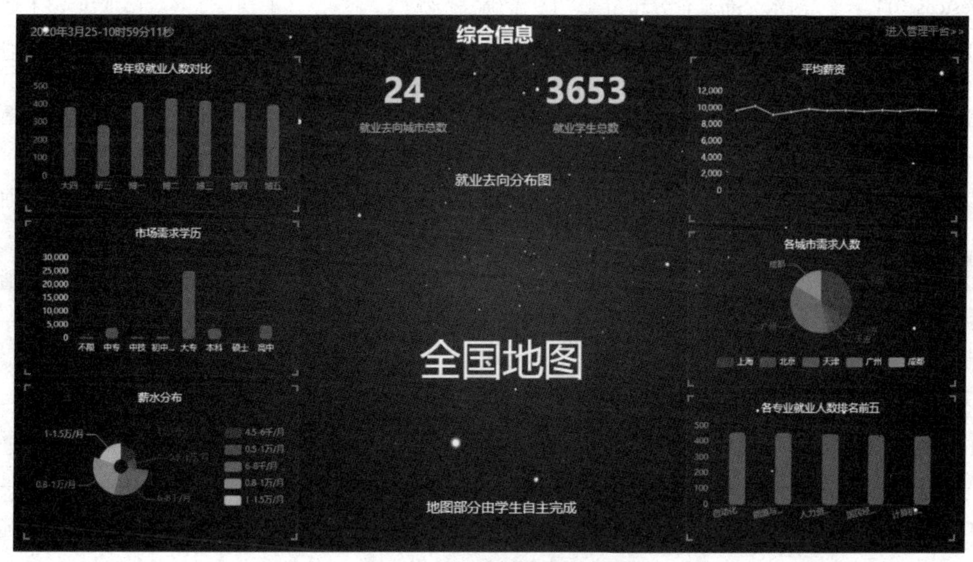

图 7-3　综合信息页面效果

3. 单元测试

模块开发完成后按照表 7-13 给出的单元测试用例进行本模块的单元测试。

表 7-13 综合信息模块单元测试

测试用例标识符	输入 / 动作	期望输出	实际输出	测试结果
Testcase001	点击进入信息分析平台按钮	跳转到个人信息分析平台		□通过 □未通过
Testcase002	浮动各年级就业人数对比图表	显示每个年级的就业人数		□通过 □未通过
Testcase003	浮动市场需求学历图表	显示有当前学历要求的公司的数量		□通过 □未通过
Testcase004	浮动薪水分布图表	显示提供当前薪水的公司的数量		□通过 □未通过
Testcase005	浮动平均薪资图表	显示各个专业的平均薪资		□通过 □未通过
Testcase006	浮动就业去向分布图表	显示每个城市的就业学生人数		□通过 □未通过
Testcase007	浮动各城市需求人数图表	显示当前城市需要招聘的总人数		□通过 □未通过
Testcase008	浮动各专业就业人数排名前五图表	显示就业人数排名前五的专业		□通过 □未通过
Testcase009	各年级就业人数对比是否分析准确	准确		□通过 □未通过
Testcase010	市场需求学历是否分析准确	准确		□通过 □未通过
Testcase011	薪水分布是否分析准确	准确		□通过 □未通过
Testcase012	平均薪资是否分析准确	准确		□通过 □未通过
Testcase013	就业去向分布是否分析准确	准确		□通过 □未通过
Testcase014	各城市需求人数是否分析准确	准确		□通过 □未通过
Testcase015	各专业就业人数排名前五是否分析准确	准确		□通过 □未通过
Testcase016	就业去向城市总数是否分析准确	准确		□通过 □未通过
Testcase017	就业学生总数是否分析准确	准确		□通过 □未通过
Testcase018	就业去向城市总数是否显示	显示		□通过 □未通过
Testcase019	就业学生总数是否显示	显示		□通过 □未通过
Testcase020	当前时间是否显示	显示		□通过 □未通过

续表

测试用例标识符	输入 / 动作	期望输出	实际输出	测试结果
Testcase021	图表标题是否显示	显示		□通过 □未通过
Testcase022	图表坐标值是否显示	显示		□通过 □未通过

7.2.2　个人综合数据分析

1. 概要设计

1）原型设计

个人综合数据分析模块显示学生的个人信息、学习情况、饮食情况、清洁情况、生活情况、网络情况、综合情况等内容。其页面如图 7-4 所示。

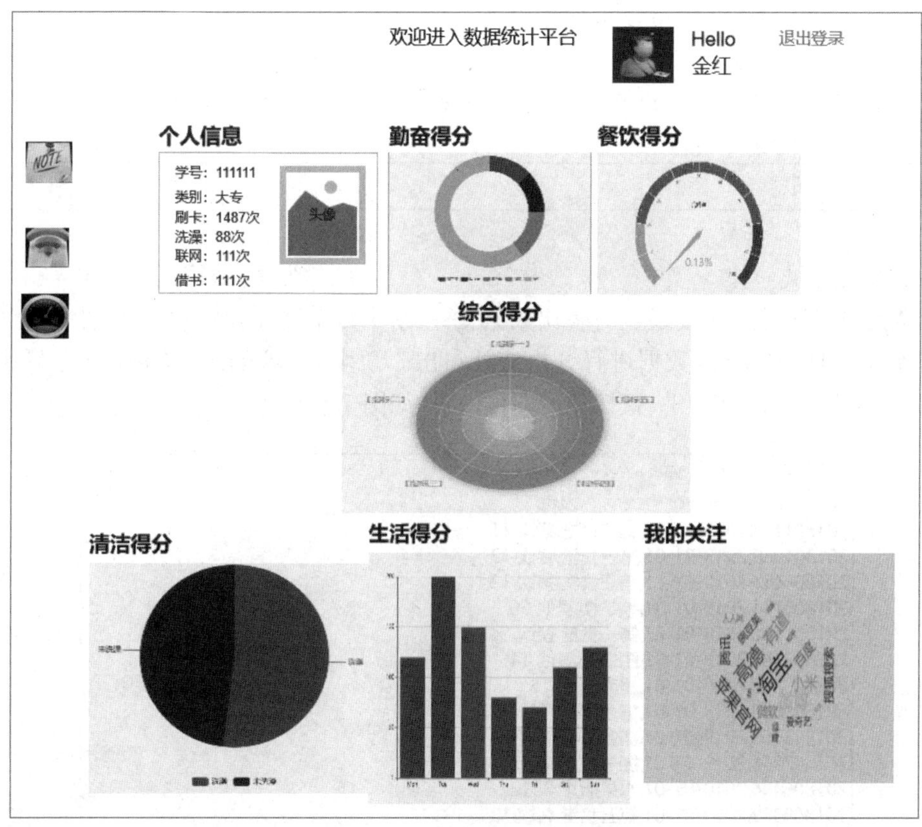

图 7-4　个人综合数据分析页面

2）功能分析

（1）个人综合数据分析页面描述。

个人综合数据分析模块主要用于查看学生的餐饮消费情况、学习情况、饮食习惯等，从而有针对性地对其在校生活习惯进行调节。

（2）个人综合数据分析用例描述。

表 7-14 个人综合数据分析用例描述

用例 ID	SFCMS-UC-07-02	用例名称	个人综合数据分析
执行者	当前用户		
前置条件	用户点击进入个人信息分析平台按钮		
后置条件	个人综合数据显示成功		
基本事件流	1. 用户点击导航菜单 2. 用户查看个人综合数据 3. 系统显示所有个人综合数据 4. 服务器请求查询相关图表的数据库数据		
扩展事件流	a. 系统未检测到点击事件 b. 系统未检测到用户提交的信息 c. 系统信息显示失败		
异常事件流	第 2、3 步出现系统故障，例如页面无信息显示，系统弹出系统异常页面，提示“系统出错，请重试”		
待解决问题			

3）原数据格式

个人综合数据分析主要通过对餐饮数据文件、学生数据文件、网络数据文件以及学生刷卡记录数据文件中包含的数据进行分析统计得出。学生刷卡记录数据由于数据量比较庞大，因此被存储在本地文件中，直接使用即可，文件如图 7-5 所示。

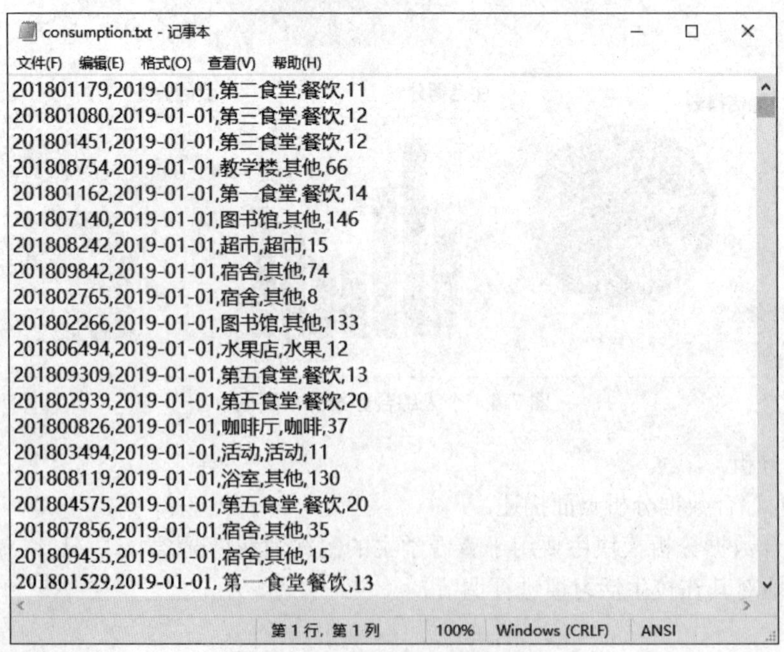

consumption.txt - 记事本
文件(F) 编辑(E) 格式(O) 查看(V) 帮助(H)

```
201801179,2019-01-01,第二食堂,餐饮,11
201801080,2019-01-01,第三食堂,餐饮,12
201801451,2019-01-01,第三食堂,餐饮,12
201808754,2019-01-01,教学楼,其他,66
201801162,2019-01-01,第一食堂,餐饮,14
201807140,2019-01-01,图书馆,其他,146
201808242,2019-01-01,超市,超市,15
201809842,2019-01-01,宿舍,其他,74
201802765,2019-01-01,宿舍,其他,8
201802266,2019-01-01,图书馆,其他,133
201806494,2019-01-01,水果店,水果,12
201809309,2019-01-01,第五食堂,餐饮,13
201802939,2019-01-01,第五食堂,餐饮,20
201800826,2019-01-01,咖啡厅,咖啡,37
201803494,2019-01-01,活动,活动,11
201808119,2019-01-01,浴室,其他,130
201804575,2019-01-01,第五食堂,餐饮,20
201807856,2019-01-01,宿舍,其他,35
201809455,2019-01-01,宿舍,其他,15
201801529,2019-01-01, 第一食堂餐饮,13
```

第 1 行，第 1 列 100% Windows (CRLF) ANSI

图 7-5 学生刷卡记录数据文件

4）数据分析内容

按照原型图对提供的数据进行统计分析，分析内容如表7-15所示。

表7-15　个人综合数据分析内容

内容	描述
个人信息	对当前学生的学号、类别、刷卡次数、洗澡次数、联网次数、借书次数等进行统计
勤奋得分	对当前学生去各个地点打卡的次数进行统计
餐饮得分	对当前学生去食堂就餐和点外卖就餐的情况进行统计
综合得分	对勤奋得分、餐饮得分、清洁得分、生活得分等进行计算，其中勤奋得分即去教学楼和图书馆打卡的次数占打卡总次数的比例，餐饮得分即去食堂就餐的次数占就餐总次数的比例，清洁得分即去浴室打卡的次数占全年总天数的比例，生活得分即咖啡、水果、超市、餐饮的消费金额占消费总金额的比例
清洁得分	对当前学生去浴室的次数进行统计
生活得分	对当前学生各项生活消费的次数进行统计
我的关注	对当前学生浏览网站的频次进行统计

5）数据库设计

根据功能分析和数据分析内容可分析出个人综合数据分析模块所需的数据库表，如表7-16至表7-21所示。

表7-16　personal_information（个人信息表）

序号	列名	数据类型	数据来源	是否为空	是否主键	备注
1	id	int	自动生成	否	是	编号
2	stuno	varchar（255）	数据分析结果	否	否	学号
3	gendereducation	varchar（255）	数据分析结果	否	否	学历
4	cardnum	int	数据分析结果	否	否	刷卡次数
5	bathnum	int	数据分析结果	否	否	洗澡次数
6	networknum	int	数据分析结果	否	否	联网次数
7	borrowingnum	int	数据分析结果	否	否	借书次数

表7-17　diligent_score（勤奋得分表）

序号	列名	数据类型	数据来源	是否为空	是否主键	备注
1	id	int	自动生成	否	是	编号
2	stuno	varchar（255）	数据分析结果	否	否	学号
3	address	varchar（255）	数据分析结果	否	否	地址

续表

序号	列名	数据类型	数据来源	是否为空	是否主键	备注
4	num	varchar(11)	数据分析结果	否	否	次数

表 7-18 catering_score(餐饮得分表)

序号	列名	数据类型	数据来源	是否为空	是否主键	备注
1	id	int	自动生成	否	是	编号
2	stuno	varchar(255)	数据分析结果	否	否	学号
3	waimainum	varchar(255)	数据分析结果	否	否	外卖次数
4	shitangnum	varchar(255)	数据分析结果	否	否	食堂次数

表 7-19 clean_score(清洁得分表)

序号	列名	数据类型	数据来源	是否为空	是否主键	备注
1	id	int	自动生成	否	是	编号
2	stuno	varchar(255)	数据分析结果	否	否	学号
3	cleannum	varchar(255)	数据分析结果	否	否	洗澡天数
4	nocleannum	varchar(255)	数据分析结果	否	否	未洗澡天数

表 7-20 life_score(生活得分表)

序号	列名	数据类型	数据来源	是否为空	是否主键	备注
1	id	int	自动生成	否	是	编号
2	stuno	varchar(255)	数据分析结果	否	否	学号
3	type	varchar(255)	数据分析结果	否	否	消费类型
4	money	float	数据分析结果	否	否	消费

表 7-21 my_concern(我的关注表)

序号	列名	数据类型	数据来源	是否为空	是否主键	备注
1	id	int	自动生成	否	是	编号
2	stuno	varchar(255)	数据分析结果	否	否	学号
3	url	varchar(255)	数据分析结果	否	否	连接
4	urlnum	int	数据分析结果	否	否	连接次数

2. 页面效果

按照上述步骤进行模块开发并实现如图 7-6 所示的效果。

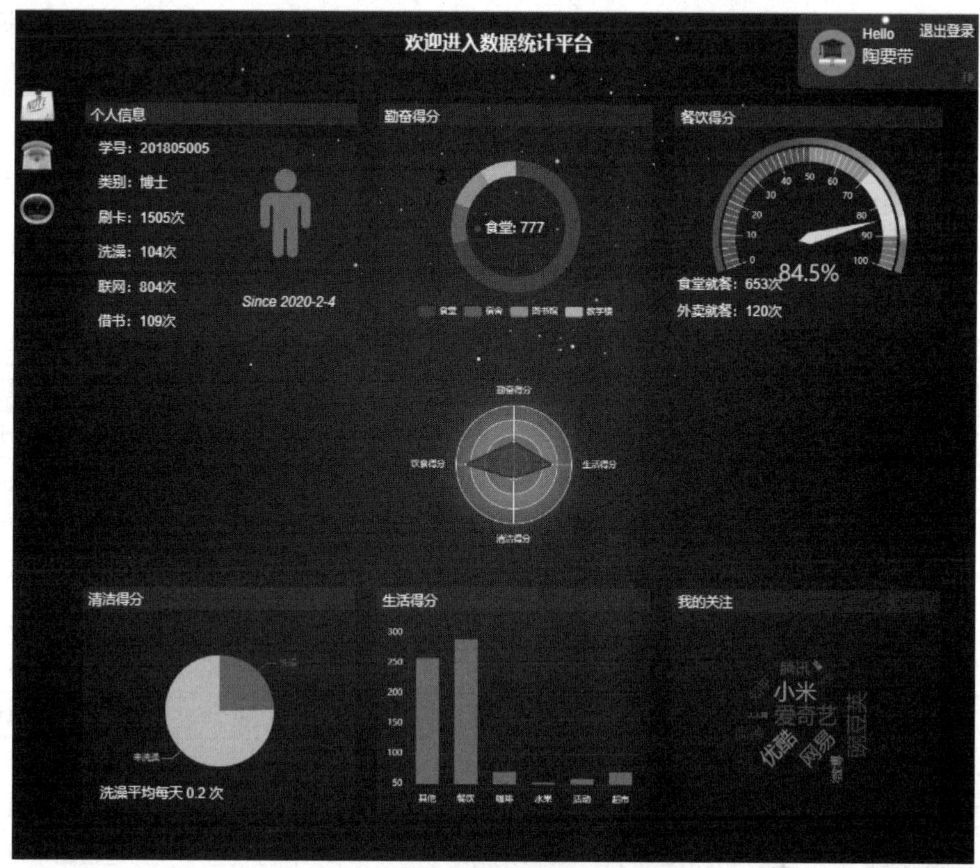

图 7-6　个人综合数据分析页面效果

3. 单元测试

模块开发完成后按照表 7-22 给出的单元测试用例进行本模块的单元测试。

表 7-22　个人综合数据分析模块单元测试

测试用例标识符	输入 / 动作	期望输出	实际输出	测试结果
Testcase001	点击导航菜单	跳转到相应的页面		□通过 □未通过
Testcase002	浮动勤奋得分图表	显示去各个地点打卡的次数		□通过 □未通过
Testcase003	浮动餐饮得分图表	显示去食堂就餐和点外卖就餐的次数及其占比		□通过 □未通过
Testcase004	浮动综合得分图表	显示勤奋、餐饮、清洁、生活等得分		□通过 □未通过
Testcase005	浮动清洁得分图表	显示洗澡次数和未洗澡次数及其占比		□通过 □未通过

续表

测试用例标识符	输入 / 动作	期望输出	实际输出	测试结果
Testcase006	浮动生活得分图表	显示各项生活消费的次数		□通过 □未通过
Testcase007	勤奋得分是否分析准确	准确		□通过 □未通过
Testcase008	餐饮得分是否分析准确	准确		□通过 □未通过
Testcase009	综合得分是否分析准确	准确		□通过 □未通过
Testcase010	清洁得分是否分析准确	准确		□通过 □未通过
Testcase011	生活得分是否分析准确	准确		□通过 □未通过
Testcase012	刷卡次数是否分析准确	准确		□通过 □未通过
Testcase013	洗澡次数是否分析准确	准确		□通过 □未通过
Testcase014	联网次数是否分析准确	准确		□通过 □未通过
Testcase015	借书次数是否分析准确	准确		□通过 □未通过
Testcase016	我的关注是否分析准确	准确		□通过 □未通过
Testcase017	勤奋得分是否显示	显示		□通过 □未通过
Testcase018	餐饮得分是否显示	显示		□通过 □未通过
Testcase019	综合得分是否显示	显示		□通过 □未通过
Testcase020	清洁得分是否显示	显示		□通过 □未通过
Testcase021	生活得分是否显示	显示		□通过 □未通过
Testcase022	刷卡次数是否显示	显示		□通过 □未通过
Testcase023	洗澡次数是否显示	显示		□通过 □未通过
Testcase024	联网次数是否显示	显示		□通过 □未通过
Testcase025	借书次数是否显示	显示		□通过 □未通过
Testcase026	我的关注是否显示	显示		□通过 □未通过

7.2.3 个人活动数据分析

1. 概要设计

1）原型设计

个人活动数据分析模块显示校园活动频次、生活特征比较、互联网情况、消费情况展示、生活预警、学习预警等内容，通过对学生的相关信息进行分析得出学生的在校情况。其页面如图 7-7 所示。

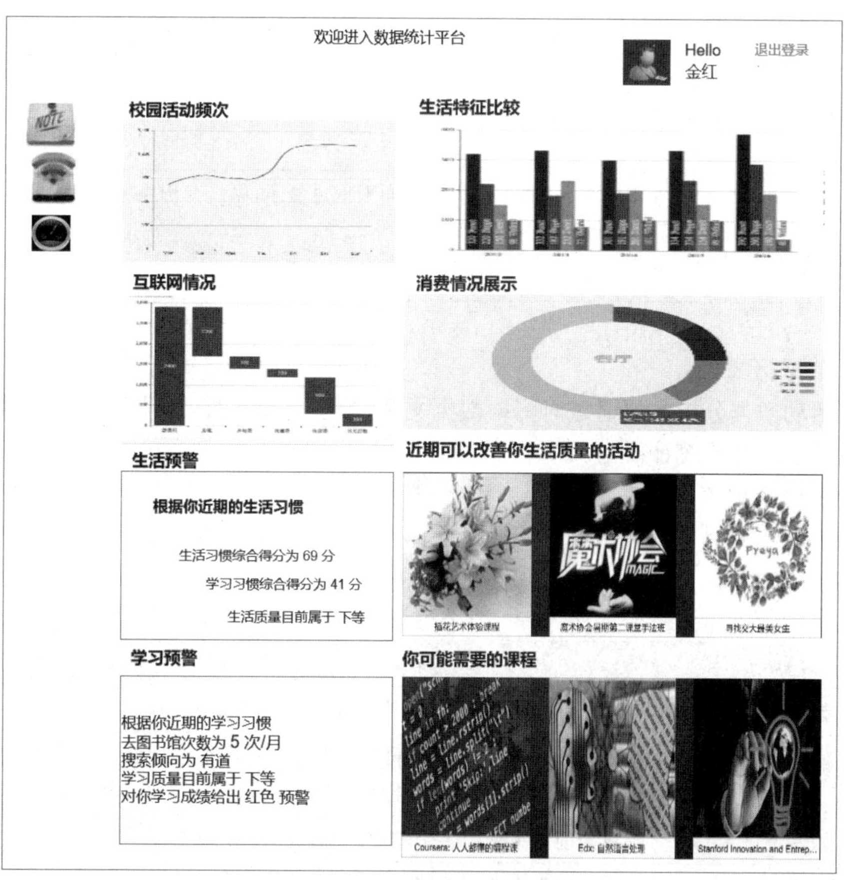

图 7-7　个人活动数据分析页面

2）功能分析

（1）个人活动数据分析页面描述。

个人活动数据分析模块的主要作用是查看学生的流量使用情况。

（2）个人活动数据分析用例描述。

表 7-23　个人活动数据分析用例描述

用例 ID	SFCMS-UC-07-03	用例名称	个人活动数据分析
执行者	当前用户		
前置条件	用户点击导航栏中的个人活动数据按钮		
后置条件	个人活动数据显示成功		
基本事件流	1. 用户点击导航菜单 2. 用户查看个人活动数据 3. 系统显示所有个人活动数据 4. 服务器请求查询相关图表的数据库数据		

续表

扩展事件流	a. 系统未检测到点击事件 b. 系统未检测到用户提交的信息 c. 系统信息显示失败
异常事件流	第 2、3 步出现系统故障，例如页面无信息显示，系统弹出系统异常页面，提示“系统出错，请重试”
待解决问题	

3）原数据格式

个人活动数据分析主要通过对网络数据文件、学生数据文件、学生刷卡记录数据文件中包含的数据进行分析统计得出。

4）数据分析内容

按照原型图对提供的数据进行统计分析，分析内容如表 7-24 所示。

表 7-24　个人活动数据分析内容

内容	描述
校园活动频次	对每个月的 Wi-fi 连接次数和刷卡次数进行统计
生活特征比较	对同年级学习成绩不同的学生的生活特征进行统计，之后将当前学生的生活特征与各个层次学生的生活特征进行比较，了解其不足与优势
互联网情况	对当前学生使用各个软件的流量及总流量进行统计
消费情况展示	对当前学生的消费情况进行统计
生活预警	计算生活得分和勤奋得分，之后根据得分的平均值对生活质量进行判断
学习预警	计算图书馆刷卡次数，即全年刷卡总次数除以 12 得到每个月的刷卡次数，搜索倾向主要是关注度高的浏览网站，根据刷卡次数划分学习质量并给出相关预警，以提示学生应该努力学习

5）数据库设计

根据功能分析和数据分析内容可分析出个人活动数据分析模块所需的数据库表，如表 7-25 至表 7-29 所示。

表 7-25　Wi-fi_connect_num(Wi-fi 请求次数表)

序号	列名	数据类型	数据来源	是否为空	是否主键	备注
1	id	int	自动生成	否	是	编号
2	stuno	varchar(255)	数据分析结果	否	否	学号
3	time	varchar(255)	数据分析结果	否	否	时间
4	num	float	数据分析结果	否	否	数量

表 7-26　card_solution_num(刷卡次数表)

序号	列名	数据类型	数据来源	是否为空	是否主键	备注
1	id	int	自动生成	否	是	编号
2	stuno	varchar(255)	数据分析结果	否	否	学号
3	time	varchar(255)	数据分析结果	否	否	时间
4	frequency	float	数据分析结果	否	否	数量

表 7-27　life_characteristics(生活特征比较表)

序号	列名	数据类型	数据来源	是否为空	是否主键	备注
1	id	int	自动生成	否	是	编号
2	stuno	varchar(255)	数据分析结果	否	否	学号
3	library	varchar(255)	数据分析结果	否	否	图书馆次数
4	Wi-fi request	varchar(255)	数据分析结果	否	否	Wi-fi 请求次数
5	absorbed	varchar(255)	数据分析结果	否	否	专注指数
6	diligence	varchar(255)	数据分析结果	否	否	勤奋指数
7	eat	varchar(255)	数据分析结果	否	否	就餐指数
8	sleep	varchar(255)	数据分析结果	否	否	睡眠指数
9	healthy	varchar(255)	数据分析结果	否	否	健康指数

表 7-28　internet_use(互联网情况表)

序号	列名	数据类型	数据来源	是否为空	是否主键	备注
1	id	int	自动生成	否	是	编号
2	stuno	varchar(255)	数据分析结果	否	否	学号
3	urltype	varchar(255)	数据分析结果	否	否	网址类型
4	flow	float	数据分析结果	否	否	流量

表 7-29　life_score(消费情况展示表)

序号	列名	数据类型	数据来源	是否为空	是否主键	备注
1	id	int	自动生成	否	是	编号
2	stuno	varchar(255)	数据分析结果	否	否	学号
3	type	varchar(255)	数据分析结果	否	否	类型
4	money	float	数据分析结果	否	否	金额

2. 页面效果

按照上述步骤进行模块开发并实现如图 7-8 所示的效果。

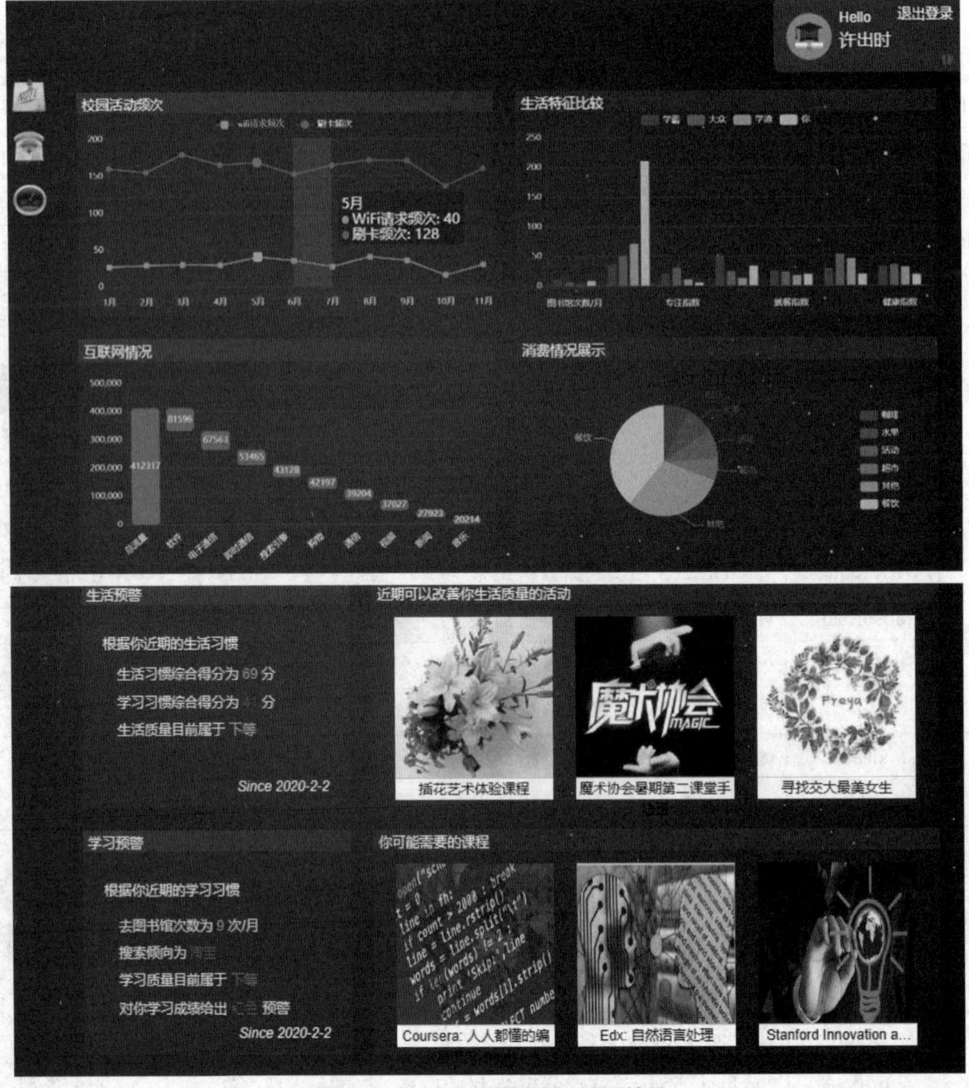

图 7-8 个人活动数据分析页面效果

3. 单元测试

模块开发完成后按照表 7-30 给出的单元测试用例进行本模块的单元测试。

表 7-30 个人活动数据分析模块单元测试

测试用例标识符	输入 / 动作	期望输出	实际输出	测试结果
Testcase001	点击导航菜单	跳转到相应页面		□通过 □未通过
Testcase002	浮动校园活动频次图表	显示各个月份的 Wi-fi 连接次数和刷卡次数		□通过 □未通过

续表

测试用例标识符	输入 / 动作	期望输出	实际输出	测试结果
Testcase003	浮动生活特征比较图表	显示当前学生与不同学习成绩的学生各项生活特征的对比		□通过 □未通过
Testcase004	浮动互联网情况图表	显示各个软件使用的流量和总流量		□通过 □未通过
Testcase005	浮动消费情况展示图表	显示生活中各项消费的金额及其占比		□通过 □未通过
Testcase006	校园活动频次是否分析准确	准确		□通过 □未通过
Testcase007	生活特征比较是否分析准确	准确		□通过 □未通过
Testcase008	互联网情况是否分析准确	准确		□通过 □未通过
Testcase009	消费情况展示是否分析准确	准确		□通过 □未通过
Testcase010	生活习惯综合得分是否分析准确	准确		□通过 □未通过
Testcase011	学习习惯综合得分是否分析准确	准确		□通过□未通过
Testcase012	生活质量是否分析准确	准确		□通过 □未通过
Testcase013	当前时间是否显示准确	准确		□通过 □未通过
Testcase014	学习预警是否分析准确	准确		□通过 □未通过
Testcase015	学习质量是否分析准确	准确		□通过 □未通过
Testcase016	搜索倾向是否分析准确	准确		□通过 □未通过
Testcase017	校园活动频次是否显示	显示		□通过 □未通过
Testcase018	生活特征比较是否显示	显示		□通过 □未通过
Testcase019	互联网情况是否显示	显示		□通过 □未通过
Testcase020	消费情况展示是否显示	显示		□通过 □未通过
Testcase021	生活习惯综合得分是否显示	显示		□通过 □未通过
Testcase022	学习习惯综合得分是否显示	显示		□通过 □未通过
Testcase023	生活质量是否显示	显示		□通过 □未通过
Testcase024	当前时间是否显示	显示		□通过 □未通过
Testcase025	学习预警是否显示	显示		□通过 □未通过
Testcase026	学习质量是否显示	显示		□通过 □未通过
Testcase027	搜索倾向是否显示	显示		□通过 □未通过
Testcase028	去图书馆次数是否显示	显示		□通过 □未通过
Testcase029	近期可以改善你生活质量的活动包含的图片是否显示	显示		□通过 □未通过

续表

测试用例标识符	输入 / 动作	期望输出	实际输出	测试结果
Testcase030	你可能需要的课程包含的图片是否显示	显示		□通过 □未通过

7.2.4 个人信息修改

1. 概要设计

1）原型设计

个人信息修改模块的主要功能是通过学生的学号对其姓名、性别、年级、专业、住址和密码等信息进行修改，并判断填写的信息是否符合格式，其页面如图 7-9 所示。

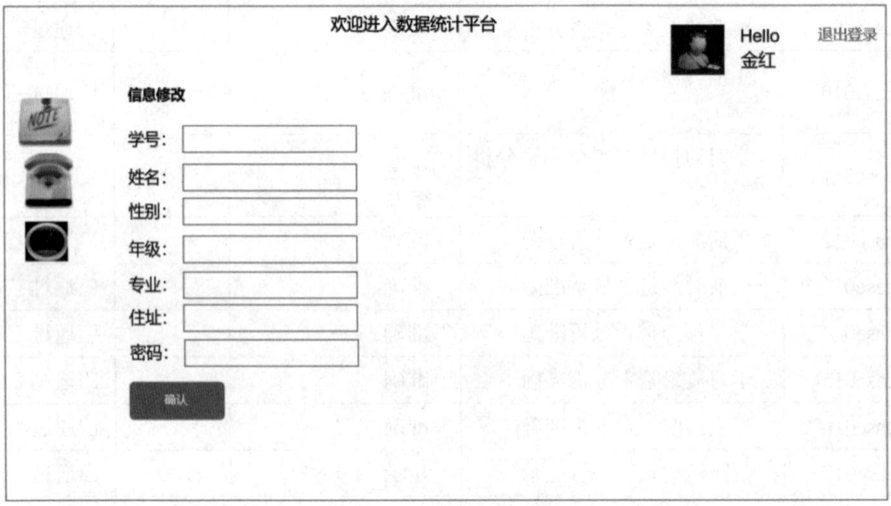

欢迎进入数据统计平台

Hello 金红 退出登录

信息修改

学号:

姓名:

性别:

年级:

专业:

住址:

密码:

确认

图 7-9 个人信息修改页面

2）功能分析

（1）个人信息修改页面描述。

在该页面对相关信息进行修改，然后后台验证输入的学号是否存在，验证成功则进行信息的修改，验证失败则提示学号不存在。

（2）个人信息修改用例描述。

表 7-31 个人信息修改用例描述

用例 ID	SFCMS-UC-07-04	用例名称	个人信息修改
执行者	系统已有的用户		
前置条件	用户点击导航栏中的个人信息修改按钮		
后置条件	个人信息数据显示成功		

续表

基本事件流	1. 用户对信息进行修改 2. 用户点击确认按钮 3. 用户点击还原按钮 4. 系统验证学号
扩展事件流	a. 系统未检测到用户信息修改请求 b. 用户修改信息失败
异常事件流	第 2、4 步出现系统故障,例如网络故障、数据库服务器故障,系统弹出系统异常页面,提示“系统出错,请重试”
待解决问题	

3)流程处理

个人信息修改模块主要用于采集用户输入的相关信息,并验证所输入的信息格式是否正确。当用户输入基本信息并点击确认按钮之后,首先判断用户输入的信息是否符合格式,然后将信息传递给后台进行验证并实现个人信息的修改。个人信息修改流程如图 7-10 所示。

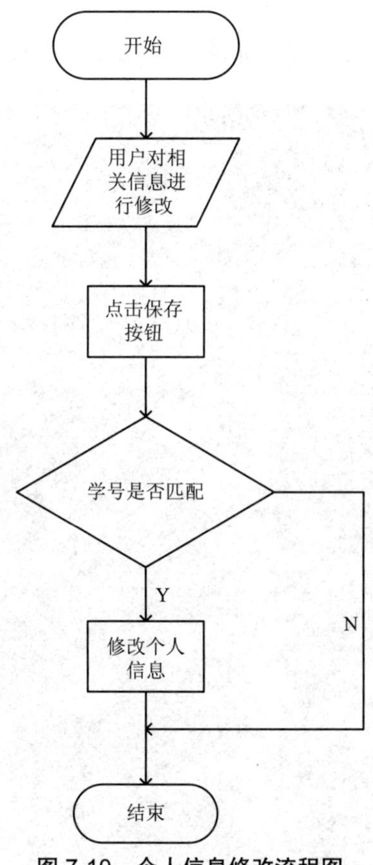

图 7-10　个人信息修改流程图

4）数据库设计

根据功能分析和流程处理可分析出个人信息修改模块所需的数据库表，如表 7-32 所示。

表 7-32 student（学生信息表）

序号	列名	数据类型	数据来源	是否为空	是否主键	备注
1	id	int	自动生成	否	是	编号
2	stuno	varchar（255）	管理员输入	否	否	学号
3	name	varchar（255）	管理员输入	否	否	姓名
4	sex	char（2）	管理员输入	否	否	性别
5	class	varchar（255）	管理员输入	否	否	年级
6	major	varchar（255）	管理员输入	否	否	专业
7	address	varchar（255）	管理员输入	否	否	住址
8	password	varchar（255）	管理员输入	否	否	密码

2. 页面效果

按照上述步骤进行模块开发并实现如图 7-11 所示的效果。

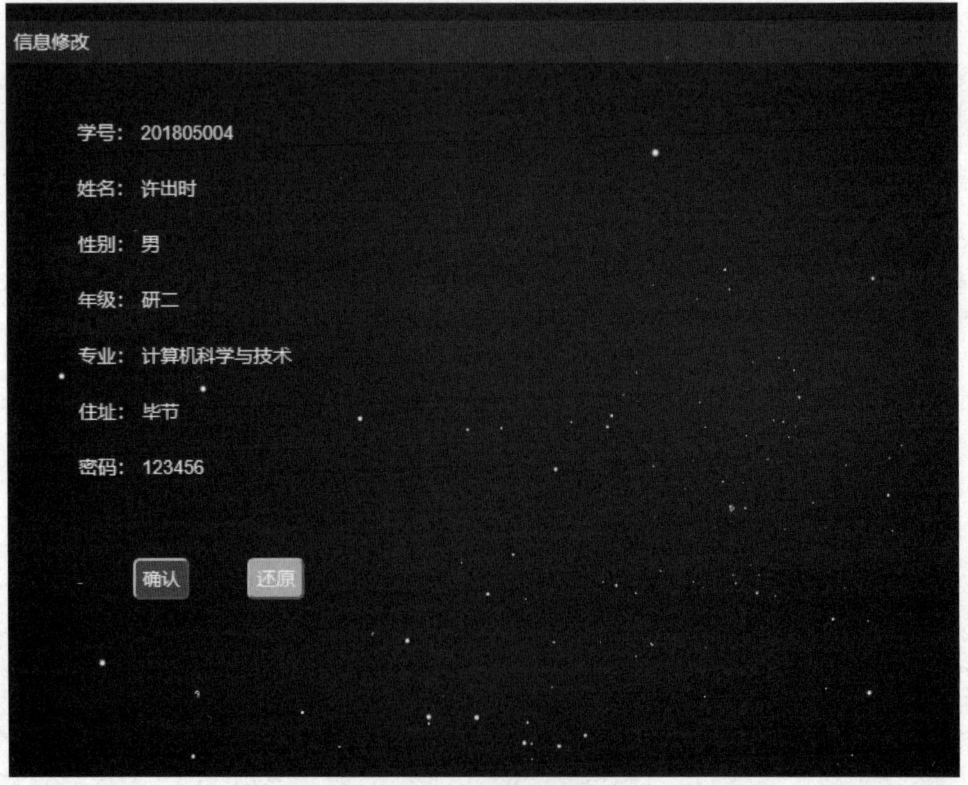

图 7-11 个人信息修改页面效果

3. 单元测试

模块开发完成后按照表 7-33 给出的单元测试用例进行本模块的单元测试。

表 7-33　个人信息修改模块单元测试

测试用例标识符	输入 / 动作	期望输出	实际输出	测试结果
Testcase001	用户点击确认按钮	提示修改成功		□通过 □未通过
Testcase002	用户点击还原按钮	个人信息还原		□通过 □未通过
Testcase003	用户修改姓名	显示姓名		□通过 □未通过
Testcase004	用户修改密码	显示密码		□通过 □未通过
Testcase005	用户修改年级	显示年级		□通过 □未通过
Testcase006	用户修改性别	显示性别		□通过 □未通过
Testcase007	用户修改专业	显示专业		□通过 □未通过
Testcase008	用户修改住址	显示住址		□通过 □未通过
Testcase009	姓名格式是否符合要求	符合		□通过 □未通过
Testcase010	密码格式是否符合要求	符合		□通过 □未通过
Testcase011	年级格式是否符合要求	符合		□通过 □未通过
Testcase012	性别格式是否符合要求	符合		□通过 □未通过
Testcase013	专业格式是否符合要求	符合		□通过 □未通过
Testcase014	住址格式是否符合要求	符合		□通过 □未通过
Testcase015	姓名输入错误是否提示	提示		□通过 □未通过
Testcase016	密码输入错误是否提示	提示		□通过 □未通过
Testcase017	年级输入错误是否提示	提示		□通过 □未通过
Testcase018	性别输入错误是否提示	提示		□通过 □未通过
Testcase019	专业输入错误是否提示	提示		□通过 □未通过
Testcase020	住址输入错误是否提示	提示		□通过 □未通过

在本模块的开发过程中，小组成员每天提交开发日志。本模块开发完成后，以小组为单位提交模块开发报告及技术文档（不少于 3 份）。

学生数据分析模块开发报告	
小组名称	
负责人	

续表

<table>
<tr><td rowspan="5">小组成员</td><td></td><td></td></tr>
<tr><td></td><td></td></tr>
<tr><td></td><td></td></tr>
<tr><td></td><td></td></tr>
<tr><td></td><td></td></tr>
<tr><td>工作内容</td><td colspan="2"></td></tr>
<tr><td>状态</td><td colspan="2">□正常 □提前 □延期</td></tr>
<tr><td>小组得分</td><td colspan="2"></td></tr>
<tr><td>备注</td><td colspan="2"></td></tr>
</table>

模块八　系统测试和部署

本模块主要介绍如何实现 Django 应用程序和 Hadoop 大数据统计分析程序的测试和部署。通过本模块的学习，理解并掌握系统测试和部署的主要流程以及系统测试方法，调试程序使之达到预期的结果。

- 熟悉项目测试文档以及项目部署文档的结构。
- 掌握项目测试的主要流程及方法。
- 熟悉本系统需测试的所有用例以及预期结果。
- 掌握项目部署的主要流程及方法。

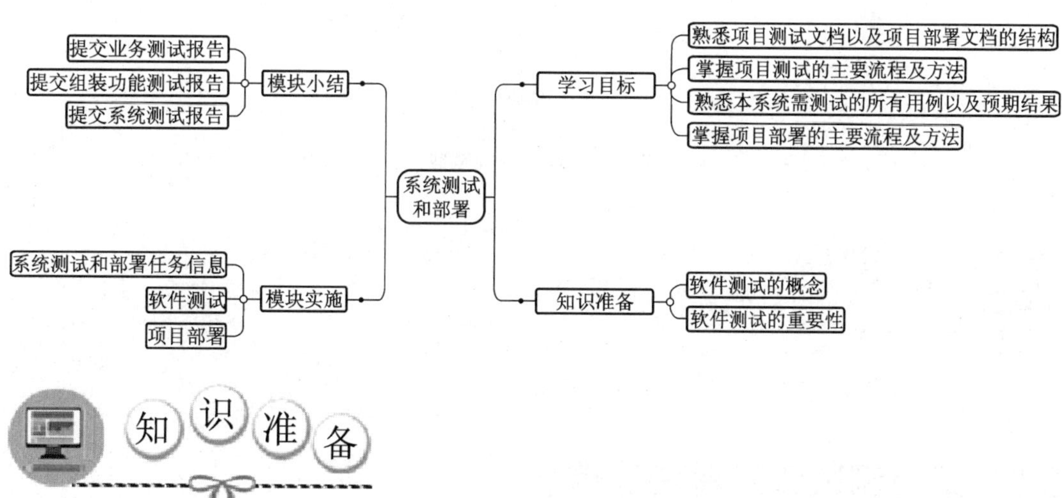

知识准备

随着软件的大型化和复杂化，软件的质量变得尤为重要，保证软件质量的重要手段之一就是软件测试。软件测试可以对软件的质量进行全面的评估，通过持续的测试及时提高软件的质量，降低软件的开发成本。

● 软件测试的概念

软件测试是伴随着软件的产生而产生的，软件测试是一种实际输出与预期输出之间的审核或者比较过程。软件测试的经典定义是：在规定的条件下对程序进行操作，以发现程序的错误，衡量软件的质量，并对其是否能满足设计要求进行评估的过程。

● 软件测试的重要性

软件测试是软件开发过程的一个重要组成部分，在这个过程中，将对智慧校园数据监控系统的功能进行验证和确认，并根据需求文档以及设计文档对智慧校园数据监控系统及其功能用例进行测试。将整个系统作为测试对象，在实际的应用环境中，在用户的直接参与下进行测试，目的是尽快、尽早地发现功能与用户需求和预先定义的是否一致以及系统中存在的各种问题，并且在实际的应用环境中可以对系统性能的实现、与其他系统的配合情况以及遇到环境异常和人为恶意破坏时系统的自我保护等进行测试。软件测试模型如图 8-1 所示。

软件测试合格后，将进行系统部署，系统部署是将系统部署在甲方服务器上的过程，包括网络环境、硬件环境、软件环境的安装以及配置，以保证系统在服务器上稳定地运行。

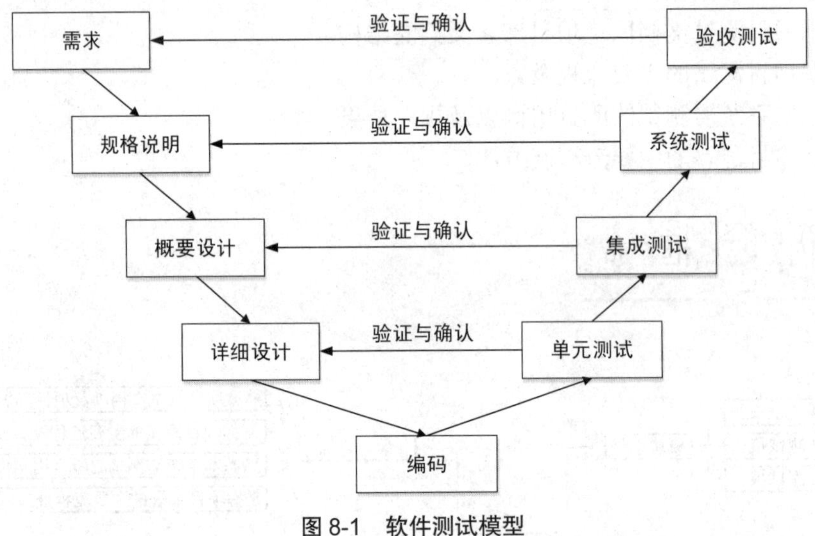

图 8-1 软件测试模型

8.1 系统测试和部署任务信息

任务编号：SFCMS-08-01。

表 8-1　基本信息

任务名称	系统测试和部署				
任务编号	SFCMS-08-01	版本	1.0	任务状态	
计划开始时间		计划完成时间		计划用时	
负责人		作者		审核人	
工作产品	【 】文档 【 】图表【 】测试用例【 】代码【 】可执行文件				

表 8-2　角色分工

岗位	系统分析	系统设计	系统页面实现	系统逻辑编程	系统测试
负责人					

8.2　软件测试

软件测试是软件开发过程的一个重要组成部分，是对产品进行验证和确认的过程，在这个阶段要对智慧校园数据监控系统进行测试计划的制订以及测试用例的编写；之后按照测试计划以及测试用例对项目进行测试，整理出测试结果并对其进行分析；最后对项目进行 bug 的修复。软件测试的基本流程如图 8-2 所示。

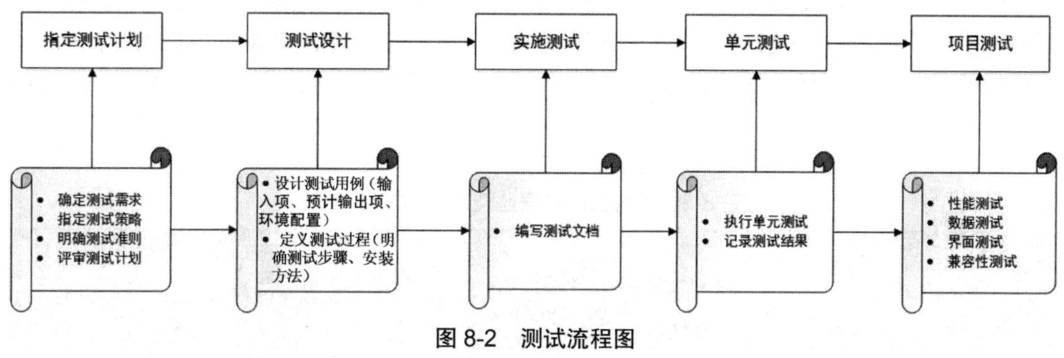

图 8-2　测试流程图

8.2.1　系统测试简介

1. 系统测试的目的

智慧校园数据监控系统的系统测试是基于系统的整体需求说明书的黑盒类测试，对象不仅仅包括需测试的软件，还包含软件所依赖的硬件，如服务器、外部设备、数据采集系统、数据分析系统、数据存储系统等。系统测试应该在实际的应用环境中，在用户的直接参与下进行，目的是在实际的应用环境中观察系统性能的实现。

2. 系统测试的范围

系统测试主要根据用户需求说明书以及系统设计过程中的相应文档对系统进行检验。单元测试由开发人员执行，而最终的系统测试由测试人员进行。系统测试主要包括功能测试、性能测试、数据测试、界面测试和兼容性测试等内容。

功能测试主要对登录模块、人员管理模块、综合信息分析模块、学生数据分析模块的数据采集、处理、分析、存储、可视化展示功能进行测试，记录相应的测试流程以及测试结果（相当于开发过程中的单元测试）。

性能测试是对项目整体进行的测试，包括大数据量测试、负载测试、压力测试、按钮状态是否正确测试等。

数据测试是对系统内数据的获取情况、存储情况进行的测试，查看是否能够正确获取数据并显示在页面上、获取的数据是否正确、数据存储格式是否符合需求等。

界面测试主要查看调整浏览器大小后页面还能否完整显示，页面上的提示、警告、错误说明是否清楚、明了、恰当等。

兼容性测试主要查看改变浏览器是否会对可视化系统造成影响，更换服务器系统版本是否会对数据采集、处理、存储等功能造成影响等。

3. 测试参考资料

在软件测试过程中，将根据开发过程中提交的文档进行全面、详细的测试，具体文档有《智慧校园数据监控系统需求分析报告》《智慧校园数据监控系统详细设计报告》《智慧校园数据监控系统数据库设计报告》《智慧校园数据监控系统测试计划》。

8.2.2 软件测试计划

在制订测试计划之前要整理软件测试所需的资源，包括软件资源、硬件资源、人力资源，具备了这些条件，测试才能展开。软件测试要规定清晰的测试阶段和测试内容，明确测试目的和测试周期，每一个测试周期的时间起始点都要写明，以便测试如期进行。本系统的测试计划如表 8-3 所示。

表 8-3 智慧校园数据监控系统测试计划

测试阶段	测试内容	测试目的	测试人数（个）	工作时间（天）
环境配置	MySQL 数据库	搭建系统测试环境	2	1
	Django 框架环境	搭建客户端开发环境	2	1
	Hadoop 环境	搭建客户端开发环境	2	1

续表

测试阶段	测试内容		测试目的	测试人数（个）	工作时间（天）
功能测试	登录模块	是否能够正确登录，忘记密码模块是否能够正确修改信息，是否能够正确区分教师登录和学生登录	核实所有功能均已实现，即可按用户的需求使用系统业务流程检验： （1）各个业务流程都能够满足用户的需求，用户使用不会产生疑问 （2）数据准确性，各数据输入、输出时系统计算准确	4	3
	人员管理模块	信息的修改、删除、条件查询是否正确，查看详情是否正确跳转页面，数据显示是否完整，数据分析是否准确，数据格式是否正确，数据清洗是否合理，数据存储格式是否符合需求			
	综合信息分析模块	数据显示是否完整，数据统计是否准确，数据格式是否正确，数据清洗是否合理，数据存储格式是否符合需求，综合信息是否正确			
	学生数据分析模块	数据显示是否完整，数据统计是否准确，数据格式是否正确，数据清洗是否合理，数据存储格式是否符合需求，学生数据是否正确			
性能测试	（1）最大并发数 （2）发送请求时系统的响应时间		核实在大流量数据与多用户操作时系统性能的稳定性，软件使用时和数据操作时不造成系统崩溃等现象	2	2
界面测试	（1）页面结构，包括菜单、背景、颜色、字体、按钮、title、提示信息的一致性等 （2）友好性、易用性、合理性、正确性		核实页面风格是否符合标准，是否能够保证用户界面友好、易操作，符合用户的操作习惯	2	1
兼容性测试	（1）用不同版本的不同浏览器测试：IE 6.0、IE 8.0、火狐、遨游、搜狗、360；分辨率：1024×768、800×600；操作系统：Linux （2）不同的操作系统、浏览器、分辨率等组合测试		核实系统在不同的软件和硬件配置中运行是否稳定	2	1

8.2.3　软件测试环境的配置

在配置测试环境的过程中，需要遵循以下几个原则：

（1）满足软件运行的最低要求，首先要保证支持软件正常运行；

（2）测试机的操作系统选用相对普及的版本，保证不存在差异性；

（3）搭建相对简单、独立的测试环境，除了操作系统外，测试机上只安装系统测试过程必需的软件，以免不相关的软件影响测试的实施；

（4）在实施软件测试前，要用有效的正版杀毒软件检测软件环境，保证测试环境中没有病毒。

1. 网络环境

网络环境是由软件运行时的网络系统、网络结构以及其他网络设备构成的环境，在本系统中，使用 Windows 自带的网络即可。

2. 服务器环境

服务器环境配置如表 8-4 所示。

表 8-4 服务器环境配置

资源名称 / 类型	配置
测试 PC	主频 1.6 GHz，硬盘 40 G，内存 512 MB
应用服务器	Django、Hadoop、Spark
数据库管理系统	MySQL
应用软件	IntelliJ IDEA、JetBrains、PyCharm

3. 搭建环境的流程

根据所需的网络环境、服务器环境以及对硬件、软件的需求进行环境的搭建。在搭建环境的过程中系会暴露问题，需要进行记录并修改，直至环境搭建完成。搭建环境的流程如图 8-3 所示。

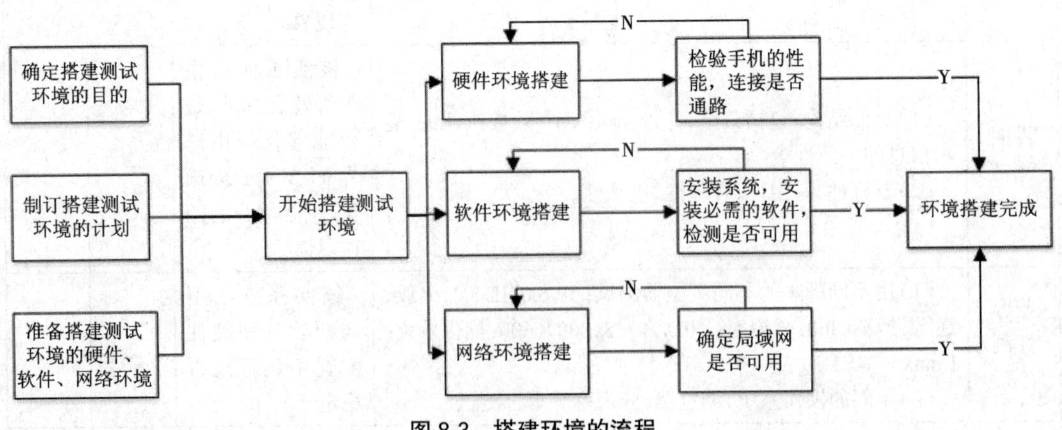

图 8-3 搭建环境的流程

8.2.4 软件测试过程

1. 测试流程

测试流程如表 8-5 所示。

表 8-5　测试流程

测试用例标识符	输入 / 动作	期望输出	实际输出	测试结果	备注
业务测试					
Testcase	用户登录流程	完成流程		□通过 □未通过	
Testcase	训练流程	完成流程		□通过 □未通过	
功能测试					
Testcase				□通过 □未通过	登录模块测试
Testcase				□通过 □未通过	
Testcase				□通过 □未通过	
Testcase				□通过 □未通过	人员管理模块测试
Testcase				□通过 □未通过	
Testcase				□通过 □未通过	
Testcase				□通过 □未通过	综合信息分析模块测试
Testcase				□通过 □未通过	
Testcase				□通过 □未通过	
Testcase				□通过 □未通过	学生数据分析模块测试
Testcase				□通过 □未通过	
Testcase				□通过 □未通过	
应用测试					
Testcase001	大数据量测试			□通过 □未通过	性能测试
Testcase002	负载测试			□通过 □未通过	
Testcase003	压力测试			□通过 □未通过	
Testcase004	采集的数据的存储格式是否正确			□通过 □未通过	数据测试
Testcase005	数据清洗是否完整、准确			□通过 □未通过	
Testcase006	数据分析结果是否正确			□通过 □未通过	
Testcase007	所有数据是否均显示在页面上			□通过 □未通过	
Testcase008	数据是否存在			□通过 □未通过	
Testcase009	应用中是否有孤立的页面			□通过 □未通过	
Testcase010	提示、警告、错误说明是否清楚、明了、恰当			□通过 □未通过	
Testcase011	是否有错误提示			□通过 □未通过	
Testcase012	是否有提示说明			□通过 □未通过	
Testcase013	更换浏览器、浏览器版本以及系统版本进行测试			□通过 □未通过	兼容性测试

2. 测试人员

测试人员如表 8-6 所示。

表 8-6 测试人员

职务	姓名	E-mail	电话
开发工程师			
测试人员			

8.2.5 软件测试结果

在软件测试过程中，不可能所有的功能用例全部通过复杂的测试，应对没有通过测试的用例进行记录并在全部用例测试完成后进行 bug 的修复。bug 修复表如表 8-7 所示。

表 8-7 bug 修复表

测试用例标识符	错误或问题描述	错误原因	解决方案	测试结果
Testcase	跳转的页面不存在	没有在主文件夹下的 urls.py 文件中配置路径	改正地址拼写	√通过 □ 未通过
Testcase				□ 通过 □ 未通过
Testcase				□ 通过 □ 未通过
Testcase				□ 通过 □ 未通过
Testcase				□ 通过 □ 未通过
Testcase				□ 通过 □ 未通过
Testcase				□ 通过 □未通过
Testcase				□ 通过 □未通过
Testcase				□ 通过 □未通过

8.3 项目部署

8.3.1 环境准备

1.JDK 安装

由于大数据相关环境需要依靠 Java，因此还需要进行 JDK 的安装。但由于 CentOS 系统自带 JDK，因此需要删除自带的 JDK 中的相关 openJDK 文件才可以进行 JDK 的安装。JDK 安装文件在开发工具的安装包中。安装完成后检验是否安装成功，进入命令行模式，输入“java -version”，出现如图 8-4 所示的页面则表示成功安装 JDK。

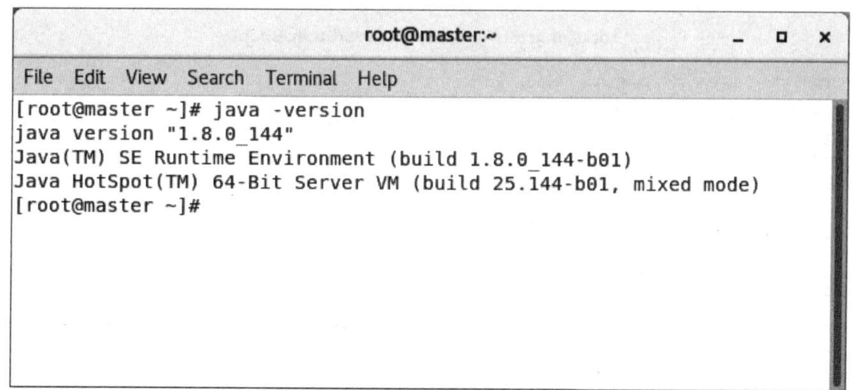

图 8-4　JDK 安装成功示意

2.MySQL 安装

本系统采用 MySQL 数据库，在开发工具中有安装包，通过 rpm 指令安装即可。数据库安装配置完成后如图 8-5 所示。

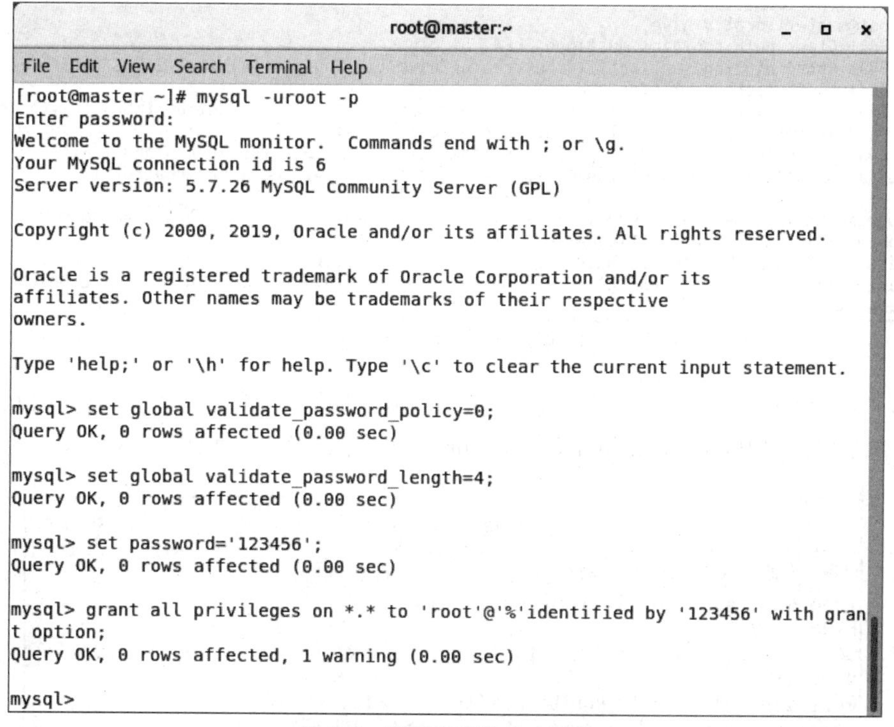

图 8-5　数据库安装成功示意

3.Hadoop 环境

Hadoop 由多个功能不同的组件组成，包括 HDFS、MapReduce、Hive、Flume、Sqoop、Spark、Kafka 等，能够实现数据的采集、处理、分析、存储等功能。因此，需要进行各个组件的安装配置，步骤如下。

第一步：Hadoop 安装。在开发工具中有安装包，解压安装包并安装到固定的位置，进行相关文件的配置，之后启动 Hadoop 进程，通过“jps”查看即可，安装成功如图 8-6 所示。

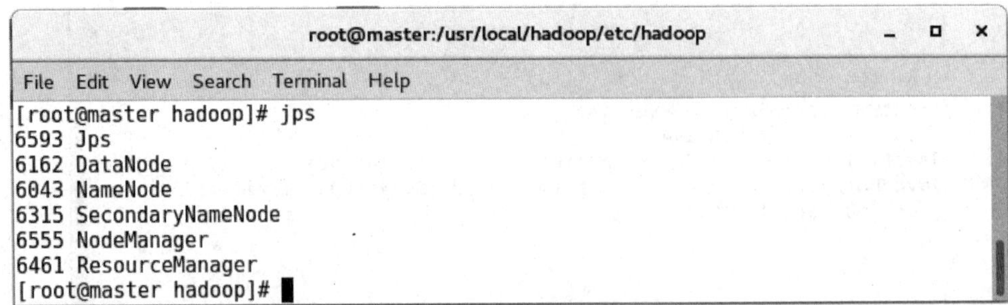

图 8-6 Hadoop 安装成功示意

第二步：Hive 安装。在开发工具中有安装包，解压安装包并安装到固定的位置，进行相关文件的配置并初始化数据库后，通过“hive”命令启动 Hive 数据仓库即可，安装成功如图 8-7 所示。

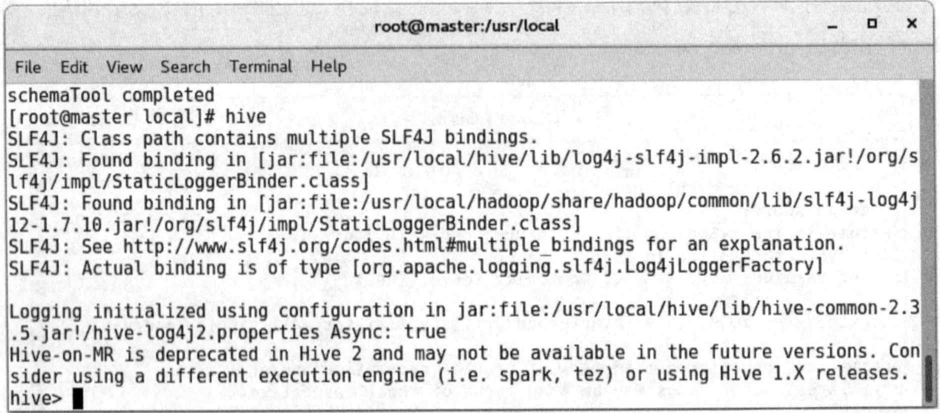

图 8-7 Hive 安装成功示意

第三步：Flume 安装。在开发工具中有安装包，解压安装包并安装到固定的位置，配置环境变量后，输入“flume-ng version”查看 Flume 的版本，安装成功如图 8-8 所示。

```
[root@master local]# flume-ng version
Flume 1.7.0
Source code repository: https://git-wip-us.apache.org/repos/asf/flume.git
Revision: 511d868555dd4d16e6ce4fedc72c2d1454546707
Compiled by bessbd on Wed Oct 12 20:51:10 CEST 2016
From source with checksum 0d21b3ffdc55a07e1d08875872c00523
[root@master local]#
```

图 8-8 Flume 安装成功示意

第四步：Sqoop 安装。在开发工具中有安装包，解压安装包并安装到固定的位置，进行相关文件的配置，之后输入“sqoop version”查看 Sqoop 的版本，验证 Sqoop 是否安装成功，安装成功如图 8-9 所示。

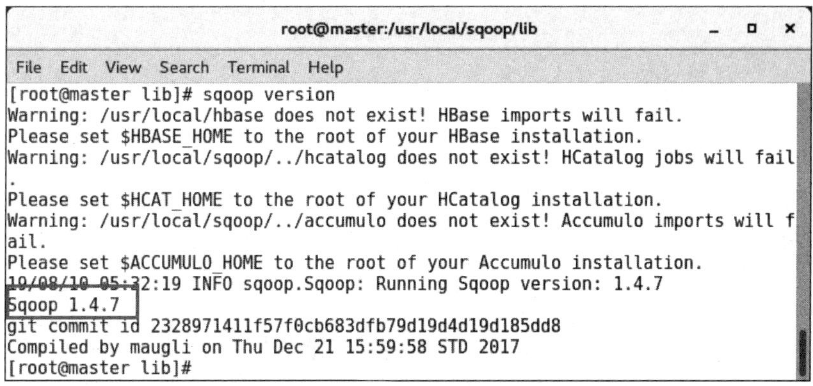

```
root@master:/usr/local/sqoop/lib
File Edit View Search Terminal Help
[root@master lib]# sqoop version
Warning: /usr/local/hbase does not exist! HBase imports will fail.
Please set $HBASE_HOME to the root of your HBase installation.
Warning: /usr/local/sqoop/../hcatalog does not exist! HCatalog jobs will fail
.
Please set $HCAT_HOME to the root of your HCatalog installation.
Warning: /usr/local/sqoop/../accumulo does not exist! Accumulo imports will f
ail.
Please set $ACCUMULO_HOME to the root of your Accumulo installation.
19/08/10 05:32:19 INFO sqoop.Sqoop: Running Sqoop version: 1.4.7
Sqoop 1.4.7
git commit id 2328971411f57f0cb683dfb79d19d4d19d185dd8
Compiled by maugli on Thu Dec 21 15:59:58 STD 2017
[root@master lib]#
```

图 8-9　Sqoop 安装成功示意

第五步：Spark 安装。在开发工具中有安装包，解压安装包并安装到固定的位置，进行相关文件的配置，之后启动 Spark 进程，并使用 Spark 自带的案例测试 Spark 是否能够正常使用，如图 8-10 和图 8-11 所示。

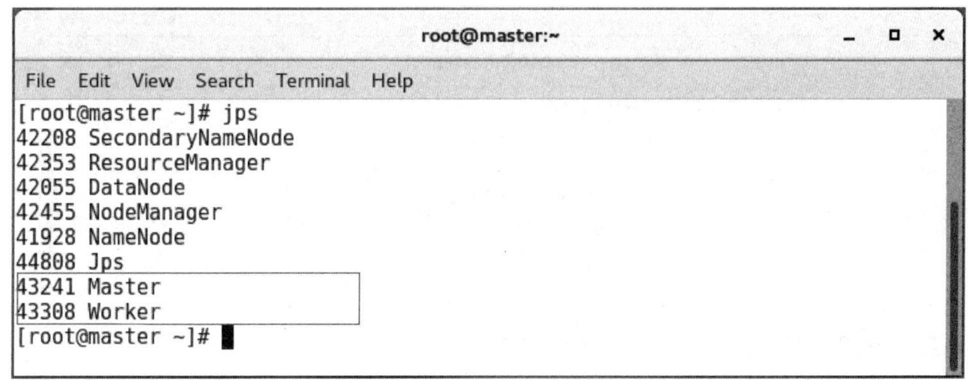

```
root@master:~
File Edit View Search Terminal Help
[root@master ~]# jps
42208 SecondaryNameNode
42353 ResourceManager
42055 DataNode
42455 NodeManager
41928 NameNode
44808 Jps
43241 Master
43308 Worker
[root@master ~]#
```

图 8-10　启动 Spak 进程

```
root@master:/usr/local/spark/bin
File Edit View Search Terminal Help
19/04/28 15:22:05 INFO storage.BlockManagerMaster: BlockManagerMaster stopped
19/04/28 15:22:05 INFO scheduler.OutputCommitCoordinator$OutputCommitCoordinatorEn
dpoint: OutputCommitCoordinator stopped!
19/04/28 15:22:05 INFO spark.SparkContext: Successfully stopped SparkContext
19/04/28 15:22:05 INFO util.ShutdownHookManager: Shutdown hook called
19/04/28 15:22:05 INFO util.ShutdownHookManager: Deleting directory /tmp/spark-c2d
10511-4c1e-49c4-986d-660d6ac789be
19/04/28 15:22:05 INFO util.ShutdownHookManager: Deleting directory /tmp/spark-c6e
2ee4c-29df-4940-948c-ebc611c55b10
[root@master bin]# cat ./SparkPi.txt
Pi is roughly 3.141867141867142
[root@master bin]#
```

图 8-11　使用 Spark 计算 PI 值

第六步：Kafka 安装。在开发工具中有安装包，解压安装包并安装到固定的位置，进行相关文件的配置，之后启动 Kafka 进程，输入“jps”查看即可，安装成功如图 8-12 所示。

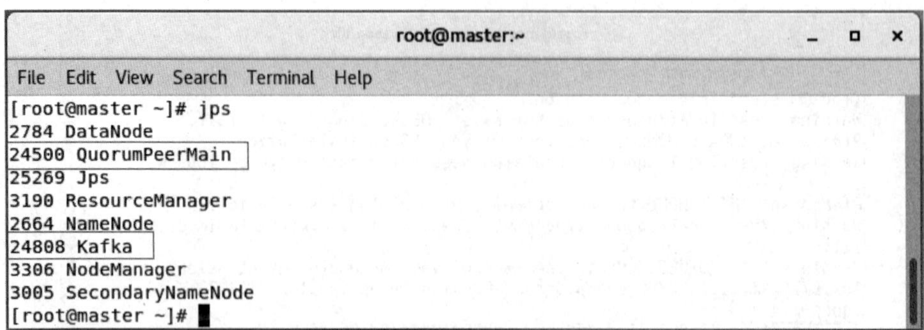
```
[root@master ~]# jps
2784 DataNode
24500 QuorumPeerMain
25269 Jps
3190 ResourceManager
2664 NameNode
24808 Kafka
3306 NodeManager
3005 SecondaryNameNode
[root@master ~]#
```

图 8-12 Kafka 安装成功示意

4.Python 环境

Hadoop 在实现数据的清洗时需要 Python，另外，Django 可视化项目的实现也需要 Python 语言的支持。Python 的安装文件同样存放在开发工具的安装包中，解压安装包到固定的位置，编译安装并创建软连接即可。但需要注意的是，CentOS 自带 Python 2.0，可能影响 Python 3.0 的安装，安装成功如图 8-13 所示。

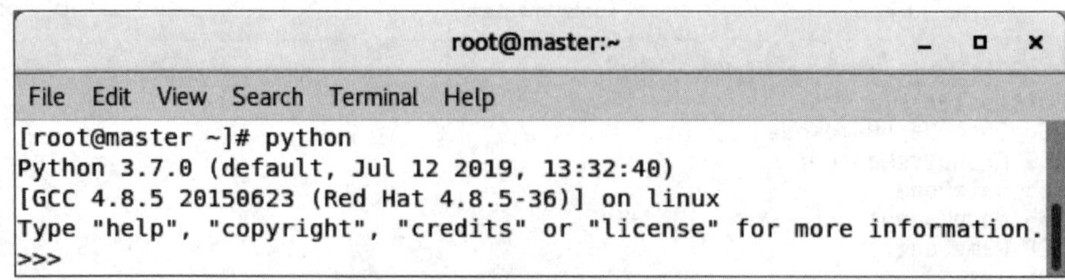
```
[root@master ~]# python
Python 3.7.0 (default, Jul 12 2019, 13:32:40)
[GCC 4.8.5 20150623 (Red Hat 4.8.5-36)] on linux
Type "help", "copyright", "credits" or "license" for more information.
>>>
```

图 8-13 Python 安装成功示意

5.Django 环境

1）安装

本系统的可视化部分使用 Django 3.0 及以上的版本，开发工具中提供了 Django-3.0.tar.gz。解压安装包到固定的文件夹中，之后通过“python setup.py install”指令进行安装即可。然后输入“django-admin.py”查看 Django 的相关指令，安装成功如图 8-14 所示。

2）配置

Django 需要进行相关的配置，包括 url 路径、配置文件修改、MySQL 数据库连接配置等。

3）运行

在项目及 APP 创建完成后，配置 settings.py 以及 urls.py，定义模板，输入“python manager.py runserver”启动 Django，在浏览器中输入“http://127.0.0.1:8000/ 路径”即可进入相应的页面。

8.3.2 系统部署

1.SQL 文件的导入

将 SQL 文件附加到数据库中，创建完整的数据库，并进行简单的测试，验证数据库是否能正常使用，完整的数据库如图 8-15 所示。

```
root@master:/usr/local/Django-3.0
File  Edit  View  Search  Terminal  Help
[root@master Django-3.0]# django-admin.py

Type 'django-admin.py help <subcommand>' for help on a specific subcom
mand.

Available subcommands:

[django]
    check
    compilemessages
    createcachetable
    dbshell
    diffsettings
    dumpdata
    flush
    inspectdb
    loaddata
    makemessages
    makemigrations
    migrate
    runserver
    sendtestemail
    shell
```

图 8-14　Django 安装成功示意

图 8-15　完整的数据库

2. 大数据任务的导入

将测试完成的 MapReduce、Hive、Sqoop、Flume 和 Spark 等数据分析代码导入生产环境中。

1）MapReduce

将 MapReduce 代码导入大数据生产环境中，并编写定时执行脚本，设置程序每隔一段时间自动执行数据清洗任务，实现数据更新。

2）Hive

将 Hive 的 SQL 语句导入集群中，同样编写定时执行脚本，在 MapReduce 程序执行后执行，完成数据的定时分析。

3）Sqoop

数据清洗与数据分析完成后将 Sqoop 的代码导入集群中，完成数据向可视化系统的迁移。

4）Flume 与 Kafka

将测试完成的 Flume 代码导入集群中进行实时数据的采集，并采用 Kafka 接收。

5）Spark

将测试完成的 Spark Streaming 程序编译为 jar 包的形式上传到集群中，实时接收 Kafka 的数据并完成数据的实时分析和数据库的导入。

3. 可视化模块的部署及访问

Django 项目的部署非常简单，只需将项目文件拷贝到服务器中，再运行项目进行访问即可。

1）使用 IP 地址访问

启动 Django，打开浏览器，在地址栏中输入“http://127.0.0.1:8000/ 路径”，进入项目登录界面，对客户机的系统进行简单的测试，保证项目能够正常地使用服务器数据库数据并正常运行。

2）使用域名访问

除了通过 IP 地址访问空间，还可以通过域名对空间进行访问。域名是为了方便记忆而专门建立的一套地址转换系统，但是要访问一台互联网上的服务器，必须通过 IP 地址来实现。域名解析就是将域名重新转换为 IP 地址的过程。一个域名对应一个 IP 地址，但一个 IP 地址可以对应多个域名，所以多个域名可以同时被解析为一个 IP 地址。域名的解析需要由专业的域名服务器（DNS）来完成，流程为：域名→ DNS（域名解析服务器）→网站，整个过程为自动操作，只需要将申请到的域名与网站空间的 IP 地址绑定即可。

完成本模块的学习后，填写并提交智慧校园数据监控系统测试报告。

智慧校园数据监控系统测试报告				
测试用例标识符	测试用例名称	状态	测试结果	备注
业务测试				

续表

Testcase				
Testcase				
组装功能测试				
Testcase				登录模块测试
Testcase				
Testcase				
Testcase				
Testcase				人员管理模块测试
Testcase				
Testcase				
Testcase				
Testcase				综合数据分析模块测试
Testcase				
Testcase				
Testcase				
Testcase				学生数据分析模块测试
Testcase				
Testcase				
Testcase				
系统测试				
Testcase				性能测试
Testcase				
Testcase				
Testcase				
Testcase				数据测试
Testcase				
Testcase				
Testcase				界面测试
Testcase				
Testcase				
Testcase				
Testcase				
Testcase				兼容性测试